競争と
社会の
非合理戦略

I

合理性と柔軟性

猪原健弘

勁草書房

はじめに ── 合理性・柔軟性・非合理戦略

　私たちの生活は意思決定の連続である．企業組織は言うに及ばず，公的な組織の活動や，友人との個人的なつき合い，家庭の中での活動に至るまで，意思決定の機会はどんな場面にも現れる．
　意思決定主体である私たちは，自分にとってより望ましい結果を導くために，意思決定状況を正しく認識し，自分が持っている情報を適切に処理し，合理的に判断したうえで，考えられる選択肢の中から最良のものを選ぶべきである．このような，いわゆる「合理的な意思決定」についての理論が大きく発展したのも，私たちの生活の中に意思決定の機会が数多く存在するようになったからであろう．
　合理的な意思決定は強力である．合理的な意思決定主体は自分が巻き込まれている状況を完全に把握していて，同時に意思決定状況に巻き込まれている他の主体の行動を考慮しながら，自らにとって最良の結果を導くような行動を「利己的に」選択する．そこには，裏切ることで自分だけが得をするということに対する遠慮や，妥協しようという柔軟性は少しもない．合理的な意思決定主体は限りなく利己的なのである．もちろん，だからこそ，競争の中での行動指針としては強力なのであり，理論としても大きく発展したのである．
　しかし，合理的な意思決定が矛盾を内包しているのも事実である．複数の合理的な意思決定主体が巻き込まれている意思決定状況の中では，各主体はそれぞれ利己的に振る舞う．しかし状況によっては，各主体は自らをより良い状態にするように行動選択したはずなのに，意思決定主体全体，つまり社会にとっては無駄が多い結果に至ってしまう可能性があるのである．このような矛盾を前にしても，合理的な意思決定は私たちが従うべき指針として適切だといえるだろうか．あるいは私たちの意思決定のやり方をうまく表現できているといえるだろうか．私たちは裏切りに躊躇するし，ある程度の柔軟性も持ち合わせている．
　合理性が求められる意思決定の場面で，適度に非合理戦略を選択したらどんな結果になるか．意見を頑固に変えないのではなく，他人の意見に柔軟に対応したら結果はどうなるのか．合理的な意思決定に矛盾を感じ始めた私たちの中に，

しだいにこのような疑問が浮かんでくるようになり，やがて理論として分析され始めた．

本書では，合理的な意思決定，特にゲーム理論で考えられている合理性とはどういうものかについての入門的な解説から始め，柔軟性による非合理性を取り入れた意思決定が理論の中でどのように扱われているかについて最近の発展を中心に紹介していく．

本書は，シリーズ「競争と社会の非合理戦略」のうちの1冊であり，主題を「柔軟性と合理性」として，主に合理的な意思決定と柔軟性に基づく非合理戦略についての解説を行う．一方，姉妹書である「感情と認識 ― 競争と社会の非合理戦略 II」では，意思決定主体の主観，特に感情と認識の側面に基づく非合理戦略についての理論が紹介される．こちらも是非ご一読いただきたい．

シリーズ「競争と社会の非合理戦略」は，読者として，

- 社会における意思決定の問題が，数理的にどのように記述され，どんなふうに分析され得るのかを知りたい文科系学科・専攻所属の学生

- 数理的な記述や分析が，社会における意思決定の問題にどの程度まで通用するのかを知りたい理科系学科・専攻所属の学生

- 多くの人が関わる意思決定を数理的に記述・分析してみたいと考えている知的好奇心が旺盛な社会人

を想定している．そして，このシリーズを読んだ皆さんに「意思決定」という分野に興味を持ってもらい，より深い学習・研究のきっかけにしてもらうことを目的としている．

シリーズ「競争と社会の非合理戦略」では，意思決定についての記述・分析を厳密にするために，数理的な表現が必要不可欠であった．もちろん数理的な概念や記号を新しく導入するときにはその都度十分な説明を付けている．数学としては決して難しいものではなく，単に用語の定義や論理展開を明快にするために必要な程度のものなので，大学生・大学院生・社会人の方々であれば容易に読み進むことができる．

目　次

はじめに i
目次 iii
表目次 ix
図目次 xi

第 1 章　競争と社会の意思決定　　3
1.1　競争の意思決定 4
1.1.1　囚人のジレンマの状況 5
1.1.2　チキンゲームの状況 7
1.2　社会の意思決定 8
1.2.1　車選びの会議の状況 8
1.2.2　採決のルールと最終的な決定 9
1.3　本書の構成 10

第 I 部　柔軟性と競争の戦略　　13

第 2 章　標準形ゲーム　　17
2.1　記号の準備 17
2.2　標準形ゲームの基礎 21
2.2.1　ゲームの要素 22
2.2.2　標準形ゲームの例 23
2.3　標準形ゲームの分析 26

	2.3.1 ゲームの分析のための概念	26
	2.3.2 個人の合理性と社会の効率性の矛盾	31
2.4	標準形ゲームの応用―― 公共政策の評価	32
	2.4.1 政策評価の問題状況	33
	2.4.2 メカニズムのデザイン	36
	2.4.3 戦略的な情報操作の不可能性	38

第3章 展開形ゲーム　43

- 3.1 記号の準備 …… 43
- 3.2 展開形ゲームの基礎 …… 44
  - 3.2.1 展開形ゲームの要素 …… 45
  - 3.2.2 展開形ゲームにおける戦略 …… 51
- 3.3 展開形ゲームの分析 …… 52
  - 3.3.1 ナッシュ均衡 …… 53
  - 3.3.2 後ろ向き帰納法 …… 54
  - 3.3.3 主体の視野 …… 56
- 3.4 繰り返しゲーム …… 62
  - 3.4.1 囚人のジレンマの繰り返しゲーム …… 62
  - 3.4.2 繰り返しゲームの戦略 …… 64
  - 3.4.3 割引因子と繰り返しゲームの利得 …… 69
  - 3.4.4 合理性と効率性の両立 …… 71

第4章 メタゲーム分析とコンフリクト解析　75

- 4.1 メタゲーム分析 …… 76
  - 4.1.1 メタゲーム戦略とメタゲーム …… 77
  - 4.1.2 メタゲームの木 …… 80
  - 4.1.3 メタゲームを用いた分析 …… 82
- 4.2 コンフリクト解析 …… 85
  - 4.2.1 コンフリクト解析での状況の表現 …… 86
  - 4.2.2 コンフリクト解析での分析枠組 …… 89

　　　　4.2.3　表を用いた分析 96

第5章　ハイパーゲームとソフトゲーム　　　101
5.1　ハイパーゲーム 102
　　5.1.1　情報の完備性とハイパーゲーム 103
　　5.1.2　ハイパーゲームでの状況の表現 106
　　5.1.3　主体の認識の階層 108
5.2　ソフトゲーム 111
　　5.2.1　情報交換と感情 112
　　5.2.2　意思決定主体のモデル 116
　　5.2.3　全体の効率性の達成 121

第II部　柔軟性と社会の戦略　　　127

第6章　協力ゲーム　　　131
6.1　協力ゲームの定義 132
　　6.1.1　費用分配問題 132
　　6.1.2　協力ゲームの要素 134
　　6.1.3　費用の分配と利得の分配 136
6.2　協力ゲームの分析 138
　　6.2.1　コア 138
　　6.2.2　シャプレー値 141
　　6.2.3　仁 143
6.3　協力ゲームの応用 — 提携の形成の分析 147
　　6.3.1　提携構造を考慮した協力ゲーム 147
　　6.3.2　ゲームの変換 151
　　6.3.3　提携の形成の分析 153

第7章　会議の理論　　　161
7.1　会議の定義 162

　　　　7.1.1　会議の流れ 162
　　　　7.1.2　シンプルゲーム 164
　　　　7.1.3　会議の定義と提携の強さの比較 169
　　7.2　会議のコア 173
　　　　7.2.1　代替案の支配関係 174
　　　　7.2.2　中村数 175
　　　　7.2.3　コアの存在 176
　　7.3　選好の違いと提携の形成 177
　　　　7.3.1　選好の間の距離 178
　　　　7.3.2　整合的な提携 179
　　　　7.3.3　整合的な提携が持つ性質 183

第 8 章　許容会議の理論　　　　　　　　　　　　　　　193
　　8.1　許容会議の定義 194
　　　　8.1.1　主体の許容範囲 194
　　　　8.1.2　許容ゲーム 195
　　　　8.1.3　許容ゲームの分類 199
　　8.2　許容ゲームと提携の比較 205
　　　　8.2.1　提携の強さ 206
　　　　8.2.2　支持者と提携の強さ 207
　　　　8.2.3　提携の望ましさ 212
　　8.3　提携の安定性 218
　　　　8.3.1　安定な提携 219
　　　　8.3.2　選択の一致 221

第 9 章　会議と情報交換　　　　　　　　　　　　　　　223
　　9.1　仮想会議の定義 224
　　　　9.1.1　仮想許容範囲 224
　　　　9.1.2　仮想許容会議 226
　　9.2　仮想会議とコア 226

	9.2.1 仮想許容会議で安定な代替案と提携	227
	9.2.2 後悔のない代替案と会議のコアの関係	232
9.3	理想の選好と許容範囲	235
	9.3.1 許容会議の再定義	236
	9.3.2 会議のコアの一般化	238
	9.3.3 代替案の安定性と無後悔性	242
	9.3.4 一般化されたコアの特徴付け	248

参 考 文 献 255
お わ り に 261
索 引 263

表 目 次

1.1 囚人のジレンマの状況 6
1.2 チキンゲームの状況 7
1.3 車選びの会議の状況 9

2.1 囚人のジレンマの状況 24
2.2 チキンゲームの状況 25
2.3 国民の利得と損失 41

3.1 1回目の結果と情報集合との対応 65

4.1 囚人のジレンマの状況 76
4.2 囚人のジレンマの状況 79
4.3 囚人のジレンマの状況の囚人1から見たメタゲーム 80
4.4 囚人のジレンマの状況の囚人2から見たメタゲーム 81
4.5 囚人のジレンマの状況 83
4.6 囚人2から見たメタゲーム 83
4.7 囚人1から見た「囚人2から見たメタゲーム」 84
4.8 起こり得る結果からの移動：$M_S(u)$ 92
4.9 より望ましい結果：$m_S^+(u)$ 93
4.10 起こり得る結果からの改善 $M_S^+(u)$ 93
4.11 より望ましくはない結果：$m_S^-(u)$ 94
4.12 制裁：$M_{S'}^+(u') \cap m_S^-(u)$ 94
4.13 可能な改善 97

4.14	安定な結果	98
5.1	意思決定状況の真の状態	104
5.2	囚人1が認識している状況	105
5.3	囚人2が認識している状況	105
5.4	囚人1が認識している状況	106
5.5	囚人2が認識している状況	107
5.6	囚人のジレンマの状況	111
6.1	利益関数の値（提携値の場合）	154
6.2	利益関数の値（仁の場合）	155
6.3	可能な改善（提携値）	156
6.4	安定性分析の結果（提携値）	158
6.5	仁を用いた利益関数の値	159
7.1	車選びの会議の状況	163
7.2	車選びの会議の状況	170
7.3	提携の強さの比較	173
8.1	許容ゲームと制限許容ゲームの対称性	206
9.1	安定な代替案	229
9.2	仮想許容会議の分析	229
9.3	安定な代替案	231
9.4	仮想許容会議の分析	231

図目次

3.1 ムカデゲームの状況 45
3.2 展開形ゲームで表現された囚人のジレンマの状況 49
3.3 ムカデゲームの状況 57
3.4 ムカデゲームの状況における評価 60
3.5 展開形ゲームで表現された囚人のジレンマの状況 62
3.6 囚人のジレンマを2回繰り返す状況 64

4.1 メタゲームの木 81

6.1 情報網敷設の費用分配問題 139

柔軟性と合理性

競争と社会の非合理戦略 I

第1章　競争と社会の意思決定

　本書の副題「競争と社会の非合理戦略」は，意思決定の二面性を反映している．ゲーム理論が「非協力ゲーム理論」と「協力ゲーム理論」の2つに大きく分類されるように，本書では意思決定状況を「競争の意思決定」と「社会の意思決定」に二分して考える．しかし「競争」と「社会」という用語は，「非協力」と「協力」を単純に置き換えただけのものではない．

　ゲーム理論での「非協力 対 協力」の分類は，考えている意思決定状況において「拘束力のある合意」が可能であるかどうかによってなされる．非協力的な意思決定状況についての理論では「拘束力のある合意」が可能であるとは仮定されず，主に「各主体は意思決定状況の中でどの行動を選択するだろうか」という疑問に答えるような研究がなされる．一方，協力的な意思決定状況についての理論では「拘束力のある合意」が可能であると仮定される．各主体が，主体全体にとって最も効率的な結果を導くために必要な行動を選択することに合意することで，主な問題は「全体として得たものをどのように分配するか」ということになる．

　ゲーム理論における「非協力 対 協力」の分類は明快であり，分析するべき問題をはっきりさせる．しかし，私たちの周りにはこのどちらにも属さないような意思決定状況が存在する．非協力的な意思決定状況に巻き込まれている企業組織が効率性や競争力を高めるためにしばしば行う「提携」や，議会や役員会など協力的な意思決定状況の中での「派閥間の争い」などがその例である．このような「非協力の中の協力」や「協力の中の非協力」を理論的に上手に扱うには「非協力 対 協力」の分類はむしろ不適切である場合がある．本書では意思決定状況はゲーム理論でいう非協力と協力の間に無数にある中間的な状況のうちの

一点であると考え，そのことをはっきりさせるために，別の用語「競争」と「社会」を用いることにした．つまり，「競争の意思決定」の最も極端な場合がゲーム理論での非協力の状況，「社会の意思決定」の最も極端な場合がゲーム理論での協力の状況，というわけである．

　意思決定状況の捉え方を変えたとしても，ゲーム理論における意思決定状況の表現方法や分析方法が使えなくなるわけではない．事実ゲーム理論からは，意思決定状況の多様性に合わせてその強力な数理的分析枠組がさまざまに拡張されることで，多くの理論が派生している．メタゲーム分析，ハイパーゲーム理論，ソフトゲーム理論などはすべて非協力ゲーム理論から派生したものであり，また，提携形成理論や許容ゲーム理論は，協力ゲーム理論から生み出されたものである．本書はこれらの理論を紹介しながら，柔軟性が導く非合理性について解説していくので，ゲーム理論の数理的枠組を用いることになる．本格的な議論は次章から始めることにして，この章では「競争の意思決定」と「社会の意思決定」の例について見ることにしよう．

1.1　競争の意思決定

　競争の意思決定の状況は，標準形ゲームと展開形ゲームという2つのタイプのゲームで表現することができる．標準形ゲームは3つの要素を書き下すことで記述される．「プレーヤー」，「戦略」，「選好」である．プレーヤーは意思決定状況に巻き込まれている主体であり，戦略は各プレーヤーが選択することができる行動の代替案である．選好は各プレーヤーが戦略を選択することによって定まる結果に対する各プレーヤーの好みを指す．一方，展開形ゲームを用いると，意思決定の順番や意思決定主体の知識などを表現できる．しかしそのためには，プレーヤー，戦略，選好という要素以外に，「ノード」，「ノード間のつながり」，「ノードとプレーヤーの対応」，「行動」，「ノードと行動の対応」，「情報集合」，「情報集合と行動の対応」といったたくさんの要素を書き下す必要がある．以下，プレーヤーを「意思決定主体」あるいは「主体」と呼ぶ．

　競争の意思決定状況の代表例として「囚人のジレンマの状況」と「チキンゲー

ムの状況」という 2 つの標準形ゲームを紹介する．これらは個人の合理性と社会の効率性が矛盾する可能性があることを示す有名な例である．本書では，理解を助けるためにあまり現実的でない話を用いて状況の説明を行っているが，より現実的な意思決定の中にもこれらのゲームと同じ意思決定状況が現れることがある．本書の姉妹書である「感情と認識 — 競争と社会の非合理戦略 II」の中にその例があるので，参照していただきたい．

1.1.1 囚人のジレンマの状況

「囚人のジレンマの状況」は，以下の 2 人の囚人の話で理解しやすくなるだろう．

> 2 人組の殺人犯が，それぞれ殺人とは別の軽犯罪で捕まり，囚人となって別々の部屋で取り調べを受けている．取調官は，この 2 人が組んで殺人を犯したようだと考えているが，2 人が共犯であるということを示す証拠がない．殺人犯として 2 人を捕まえるためには，どうしても 2 人の自白が必要である．そこで取調官は，2 人それぞれに次のような提案をする．
>
> > 「実は，もう 1 つの部屋におまえの仲間がいて，おまえと同じように軽犯罪を犯した疑いで取り調べを受けているんだ．私は，おまえ達 2 人が例の殺人事件の犯人だと思っている．私も長い取り調べで疲れた．おまえも疲れただろう．そうだ，こうしないか．もしおまえが殺人について自白してくれたら軽犯罪にも目をつぶってすぐに釈放してやるよ．そして，おまえの仲間に殺人犯として死刑になってもらおう．ただしこれはおまえの仲間が殺人について黙秘し続けたらの場合だ．もしおまえの仲間も自白したら，そのときは 2 人とも長い懲役刑だろう．でももし，おまえがこのまま殺人について黙秘を続け，おまえの仲間が自白したときには，逆におまえが死刑で，おまえの仲間は無罪

放免だ.」

もしあなたが囚人の 1 人だったら,殺人について自白するだろうか,黙秘を続けるだろうか.この状況は表 1.1 のような表形式で表すことができる.

表 1.1: 囚人のジレンマの状況

意思決定主体		囚人 2	
	戦略	黙秘	自白
囚人 1	黙秘	3, 3	1, 4
	自白	4, 1	2, 2

　各囚人が「黙秘」あるいは「自白」を選ぶと,その組み合わせによって結果が決まる.各結果は表の中のマス目に対応していて,それぞれには各囚人の選好を表す数字が書き込まれている.左側の数字が囚人 1,右側の数字が囚人 2 の選好を表す.例えば,囚人 1 が「黙秘」し囚人 2 が「自白」したときの囚人 1 の選好は 1,囚人 2 の選好は 4 と表される.数字が大きければ大きいほどその結果が好ましいことを表す.
　さて,この状況に巻き込まれた囚人は黙秘と自白どちらを選ぶべきだろうか.各囚人にとっては,相手がどちらを選んだとしても,自分は自白を選ぶ方が好ましい結果になる.つまり,各囚人が合理的に行動するならば(自白, 自白)という結果が達成される.しかしこれは(黙秘, 黙秘)という結果よりも両方の主体にとって望ましくない.ところが,両方の主体が(黙秘, 黙秘)という結果を導きたいと考えていても,各囚人は自分だけが選択を変えることでより望ましい結果を実現することができる.両方の囚人ともが行動を変更する誘因を持つため,結局は(自白, 自白)に陥ってしまう.このように,囚人のジレンマの状況は「個人の合理性と社会の効率性の矛盾」という問題をはらんだ状況なのである.

1.1.2 チキンゲームの状況

「チキンゲームの状況」も，以下の 2 人の若者の話で理解しやすくなる．

> 2 人の若者が自分が持っている「勇気」を競っている．2 人は車に乗り，離れたところから互いに向かって全速力で走る．途中で怖くなって避けた方は「弱虫」となり，避けなかった方は「勇者」としてたたえられる．両者が同時に避けた場合は引き分けだが，両者ともが避けなかった場合には車は正面衝突し，2 人ともひどい怪我を負う．

あなたが若者の立場だったら「避ける」だろうか，「避けない」だろうか．この状況は表 1.2 のように書ける．

表 1.2: チキンゲームの状況

意思決定主体		若者 2	
	戦略	避ける	避けない
若者 1	避ける	3, 3	2, 4
	避けない	4, 2	1, 1

ここでは（避けない, 避ける）と（避ける, 避けない）の 2 つの合理的な結果がある．この 2 つの結果においては，もし相手が選択を変えないならば自分も選択を変える必要がない．もし自分だけが選択を変えると，より望ましくない結果になってしまうからである．しかし，この 2 つの結果のうちいずれが達成されるのかはわからない．両方の若者の選択がかみあわず（避けない, 避けない）が達成されることになると両者にとって最悪である．両者がこの事態を回避しようとすると（避ける, 避ける）が達成されることが予想されるが，このときには両者とも行動を変える誘因を持つので，結局（避けない, 避けない）が達成される可能性がなくならない．チキンゲームの状況も囚人のジレンマの状況と同様，「個人の合理性と社会の効率性の矛盾」の問題をはらんだ状況なのである．

1.2 社会の意思決定

社会の意思決定の状況は，特性関数形ゲームで表現することが可能である．特性関数形ゲームは，利得の分配に関わる社会の意思決定一般を扱うことができる枠組であり，意思決定状況は，主体と「特性関数」と呼ばれる関数で記述される．特性関数は，主体のグループ（提携）が協力して得られる利得を表現するために用いられる．また特性関数形ゲームの特別な形としてシンプルゲームがある．シンプルゲームは，社会の意思決定のうち，選挙や会議など，ある集団が代替案の中から1つを選ぶ意思決定状況を分析するときに有用な枠組である．シンプルゲームでは，主体と「勝利提携」を特定することで，過半数のルールや認定投票のルールなどの採決のルールを表現する．勝利提携とは，主体全体としての意思決定を完全にコントロールするだけの力を持ったグループのことを指す．主体と勝利提携に加えて，「代替案」と主体の選好という要素を特定すると，1つの会議が表現される．

社会の意思決定状況の例として「車選びの会議の状況」を紹介する．この状況は，採決のルールの選び方によって全体としての選択が変わってくるということの例となっている．

1.2.1 車選びの会議の状況

今，「父親」，「母親」，「長女」，「次女」，「長男」の5人からなる家族が，今度買う車を選んでいる状況を考える．候補に挙がっているのは，「白いセダン」，「シルバーのワゴン」，「赤いスポーツ」であるとする．これらの車をそれぞれ，W (white), S (silver), R (red) と書くことにしよう．

各主体の選好は次のようになっているとする．父親は仕事にも車を使うのであまり派手でない方が良いと考えていて，母親は買い物のときに便利なように大きい車を欲しがっている．長女は，恋人とのデートだけを気に留めていてスマートな車を好んでいる．次女は恋人とのデートも大事だけれど家族旅行も行きたいと考えている．長男はきびきびと走る車がほしい．

主体のこれらの選好を表で書くと表 1.3 のようになる．各主体とも，より上に

表 1.3: 車選びの会議の状況

父親	母親	長女	次女	長男
W	S	R	S	R
S	W	W	R	W
R	R	S	W	S

書かれた車をより好んでいる.

1.2.2 採決のルールと最終的な決定

さて,このときどの車が選ばれるだろうか.もちろんこれは採決のルールによる.ここでは,過半数のルール,認定投票のルール,一対一の比較のルールで考えていこう.

まず過半数のルールで採決するとどうなるだろうか.各主体は自分が最も好ましいと考えている車に1票を入れるとすると,SとRがそれぞれ2票を獲得しWは1票しか得られないことがわかる.SとRは同数の票を獲得しているので,Wを候補からはずして決選投票を行うと,Sが3票,Rが2票をとって,最終的にSが選ばれることになる.

次に認定投票のルールで考えてみよう.認定投票は,いわゆる信任・不信任投票で,自分が良いと認定する候補すべてに1票ずつを投じることができる.ここではまず,各主体が上位2つの候補を認定するとしてみよう.すると,Wが4票,SとRが3票ずつを獲得することがわかる.結果として,Wが選ばれることになる.

同じように認定投票のルールを採用していても各主体の認定の仕方が異なれば,最終的な選択も違ってくる.実際,次女が上位2つを認定し他の主体は上位1つだけを認定すると考えると,Wは1票,Sが2票,Rが3票となり,最終的な選択はRになる.

最後に，各候補を一対一で比べていき，他のどの候補にも負けなかった候補を選ぶことを考えよう．まず，WとSの対戦では，Wが3票，Sが2票獲得することになり，Wが勝つ．次に，SとRの対戦では，Sが3票，Rが2票獲得することになり，Sが勝つ．最後に，RとWの対戦では，Rが3票，Wが2票獲得することになり，Wが勝つ．結局，他の候補に負けない候補はいないことがわかり，この方法では最終的な選択を決めることはできない．

結局，どの車も選ばれる可能性を持っているし，さらに何も決まらない可能性まであるということがわかる．では，社会にとって望ましい結果を導くにはどのように意思決定が行われるのがよいのだろうか．これもまた，個人の合理性と社会の効率性の間の関係についての問題である．

1.3 本書の構成

本書では，意思決定主体がとり得る非合理戦略のうち，特に柔軟性が導く非合理戦略についての理論の紹介をする．前の2つの節で述べたように，意思決定の状況は大きく「競争の意思決定」と「社会の意思決定」に分けられる．本書では後の8章を2つの部に分け，この2つのタイプの状況それぞれにおいて柔軟性が導く非合理戦略が意思決定にどのような影響を与えるかについて解説していく．

まず第I部は「柔軟性と競争の戦略」と題して，競争の意思決定の中での柔軟性の役割についての理論を扱う．ここでは主として，囚人のジレンマの状況やチキンゲームの状況における「個人の合理性と社会の効率性の矛盾」を柔軟性で克服しようとする試みが紹介される．第2章では非協力ゲーム理論の基礎的な事柄の解説を行う．意思決定状況の数理的な表現方法や分析方法が紹介され，合理性がはらんでいる矛盾と柔軟性が導く非合理性の必要性が議論される．次の第3章では，「意思決定状況を短期的なものではなく長期的なものとして捉える」というタイプの柔軟性を扱う．意思決定状況に対する長期的視点はゲーム理論の中の繰り返しゲームの枠組を用いて議論される．第4章での柔軟性は「相手の意思決定を深く読む」というタイプのものである．メタゲーム分析やコ

1.3. 本書の構成

ンフリクト解析の枠組を解説することで,「手の内の読みあい」の側面の分析方法を紹介する. 第I部最後の章である第5章では, ハイパーゲーム理論やソフトゲーム理論を紹介することで,「認識の間違いや感情の影響を許容する柔軟性」が扱われる. この話題には「意思決定主体の主観」という新たな視点が含まれてくるため, 本書での紹介は概論的なレベルのとどめ, より詳しい内容は本書の姉妹書である「感情と認識― 競争と社会の非合理戦略II」にゆずる.

そして第II部は「柔軟性と社会の戦略」として, 社会の意思決定の中での柔軟性がどのように理論的に扱われているかについて紹介する. まず, 第6章では, 協力ゲーム理論の基礎的な知識の紹介を行う. 社会の意思決定状況が数理的にどのように表現され分析されるかがわかるはずである. 第7章は, 社会の意思決定の状況のうち, 特に選挙や会議の場面を扱うときに有用な「会議の理論」の紹介にあてる. 会議の分類方法や望ましい会議の形態についての示唆が得られるはずである. 第8章では, 会議に参加している主体が柔軟性を持つ場合を考えていく. ここでの柔軟性は「情報交換を通じて適切に妥協する」というタイプのものである. 最後の第9章では, 柔軟性と情報交換, そして主体全体にとって望ましい選択の間の関係についての議論を紹介する. 第II部を通じて, 社会の意思決定における情報交換と柔軟性の必要性が議論されることになる.

第Ⅰ部

柔軟性と競争の戦略

第I部「柔軟性と競争の戦略」では，競争の意思決定の状況における柔軟性の役割を扱っている理論を紹介していく．特に注目するのは「個人の合理性と社会の効率性の矛盾」を柔軟性で克服しようとする試みである．

　競争の意思決定の状況の表現の方法として標準形ゲームや展開形ゲームがある．第2章「標準形ゲーム」では，標準形ゲームの基本的な事項の解説を行い，「個人の合理性と社会の効率性の矛盾」がゲーム理論の用語でどのように記述されるかについて説明する．さらに標準形ゲームの応用例として，意思決定主体に嘘をつかせないためのメカニズムの巧みな設計方法の1つである「グローブス・メカニズム」について紹介する．

　第3章「展開形ゲーム」は，展開形ゲームの入門から始め，「ムカデゲームの状況」などの代表的な展開形ゲームについて触れる．さらに展開形ゲームの特別な形である繰り返しゲームを考え，「長期的視点を持つ」というタイプの柔軟性が「個人の合理性と社会の効率性の矛盾」をどのように解消するかについて見る．

　第2章と第3章の内容はゲーム理論の標準的な教科書により詳しく紹介されている．日本語の文献としては，岡田章 [42]，鈴木 [48] などが，英語の文献としては，Eichberger [12]，Friedman [15]，Owen [44] などが参考になるだろう．

　第4章「メタゲーム分析とコンフリクト解析」で考える柔軟性は「手の内の読みあい」というタイプである．メタゲーム分析とコンフリクト解析がこのタイプの柔軟性を扱っている理論であり，このタイプの柔軟性によっても「個人の合理性と社会の効率性の矛盾」が回避できることを見る．メタゲーム分析とコンフリクト解析についてのより深い理解には，参考文献のうち，Hipel and Meister [21]，Howard [23]，岡田憲夫・ハイプル・フレーザー・福島 [43] などが有用である．

　第I部最後の章である第5章「ハイパーゲームとソフトゲーム」では，認識の多様性による柔軟性を扱うハイパーゲーム理論と，感情の影響による柔軟性を扱うソフトゲーム理論を紹介する．ハイパーゲーム理論の理解には参考文献のうち，Bennett [3]，Inohara [33]，Rosenhead [46]，Wang [51] などが，ソフトゲーム理論の理解には Howard [26, 31]，Inohara [32] などが有効だろう．しかし「認識」や「感情」という側面は，意思決定主体の柔軟性としてよりは，むしろ主体

の主観として考えた方が捉えやすい．そこで，これらの理論の本書での紹介は入門的なレベルのとどめ，より詳しい解説は姉妹書「感情と認識 ─ 競争と社会の非合理戦略 II」にゆずることにする．

第2章　標準形ゲーム

　競争の意思決定の状況の記述の方法の1つに標準形ゲームがある．この第2章では，まず，標準形ゲームが数理的にどのように記述されるかについて解説する．主体，戦略，選好という3つの要素からなる標準形ゲームの数理的な表現の仕方を理解してほしい．次に，競争の意思決定の状況の分析に使われる，支配戦略均衡，ナッシュ均衡，パレート最適性といった最も基本的な概念を紹介する．さらに，囚人のジレンマの状況やチキンゲームの状況の中に潜む「個人の合理性と社会の効率性の矛盾」が，これらの概念でどのように記述されるかを見る．本章の最後で紹介するのは，意思決定主体に嘘をつかせないメカニズムの設計方法についてである．支配戦略均衡の考え方を使ったグローブス・メカニズムの巧みなメカニズム設計方法に触れてほしい．
　では，標準形ゲームの解説に入る前に，数理的な記述に必要な数学的な記号の準備をしておこう．これらの記号は本書全体を通じて使うものである．

2.1　記号の準備

　競争の意思決定の状況を標準形ゲームで記述する場合，主体，戦略，選好という3つの要素を特定することが必要になる．これらは，以下のような，集合論に基づいた数理的な記号を用いて表現することができる．

- **集合** ── 「もの」の集まり．

  意思決定主体の集まりや，各主体が持っている戦略などを扱う場合に用い，通常はアルファベットの大文字で表す．例えば，$N = \{1, 2, \ldots, n\}$ であれ

ば，N は 1 から n までの整数の集合を表す．これは，

$$N = \{i \mid i \text{ は 1 から } n \text{ までの整数}\}$$

と書いてもよい．特別な集合として「空（から）」の集合を考え，これを「空集合（くうしゅうごう）」と呼び，$\emptyset$ という記号で表す．

- **要素** — ある「もの」がある集合に属しているとき，その「もの」はその集合の要素である，あるいは，その「もの」はその集合に属している，という．

  1 人の意思決定主体や，主体が持っている 1 つの戦略などを扱うときに用い，通常はアルファベットの小文字で表す．例えば，「i は 集合 N の要素である」という．このことは記号で $i \in N$ と書かれる．i が N の要素ではないことは $i \notin N$ で表す．

  特に，空集合 $\emptyset$ は要素を 1 つも持たない集合である．

- **集合の大きさ** — 集合の中に含まれている要素の数．

  意思決定状況に巻き込まれている主体の数や各主体が持っている戦略の数を問題にする場合に用いる．例えば，$N = \{1, 2, \ldots, n\}$ という集合を考えると，集合 N の大きさは n であるという．これを $|N| = n$ と表す．集合が無限の要素を持つ場合には，$|N| = \infty$ と表し，また，空集合 $\emptyset$ に対してはその大きさは 0 である．

- **部分集合** — 2 つの集合を考えて，一方の集合のすべての要素がもう一方の集合の要素になっているとき，前者は後者の部分集合であるという．

  ある状況に巻き込まれている意思決定主体の中の一部分だけを考える場合や，各主体の戦略のうち特別なものだけを考える場合に用いる．例えば，2 つの集合 N と M を考えて，M の要素すべてが N の要素になっているとき，M は N の部分集合である．このことは，$M \subset N$ と表される．特に，空集合 $\emptyset$ は，どんな集合についても，その部分集合である．

2.1. 記号の準備

- **部分集合の族** — ある集合の部分集合のうちのいくつかの集まり．

  「一定の数以上からなる主体の集まり」など，ある条件を満たす主体の集まりをすべて考えたい場合などに用いる．例えば，$N = \{1,2,3\}$ を考えると，その部分集合としては，$\emptyset, \{1\}, \{2\}, \{3\}, \{1,2\}, \{2,3\}, \{3,1\}, \{1,2,3\}$ の 8 つが考えられる．このうちのいくつかをまとめて考えるときには，例えば，$W = \{\{1\}, \{1,2\}, \{3,1\}, \{1,2,3\}\}$ という，部分集合の族 W を用いる．集合 N のある部分集合 S が族 W に入っていることは，$S \in W$ と書く．例えば，上の例では，$\{1,2\} \in W$ である．また，特に，ある集合の部分集合全体の族を，その集合のべき集合と呼ぶ．集合 $N = \{1,2,3\}$ であれば，そのべき集合は，$\{\emptyset, \{1\}, \{2\}, \{3\}, \{1,2\}, \{2,3\}, \{3,1\}, \{1,2,3\}\}$ であり，これは記号で $P(N)$ と表される．

- **添え字** — ある集合の要素それぞれに集合や他の集合の要素が対応付けられている場合，上付きの添え字や下付きの添え字を使う．

  戦略や選好などがどの主体のものかを明示したい場合などに用いる．例えば，$N = \{1, 2, \ldots, n\}$ の要素 $i \in N$ に対してある集合やその要素が対応づけられているときには，例えば R_i, s_i などと書く．これによって，R_1, R_2, $\ldots$, R_n や，$s_1, s_2, \ldots, s_n$ などのすべてを考えることができる．さらに，添え字を重ねることもできる，例えば，N の要素 $i, j \in N$ に対して e_{ij} とすると，$e_{11}, \ldots, e_{1n}, e_{21}, \ldots, e_{2n}, \ldots, e_{n1}, \ldots, e_{nn}$ のそれぞれを考えることができる．

- **直積集合** — 複数の集合がある場合に，各集合の要素を 1 つずつとり，並べたものを考えることができる．

  意思決定主体による戦略の選択の組み合わせ全体の集合などを考えたい場合に用いる．例えば，$N = \{1, 2, \ldots, n\}$ の各要素 i に対して集合 S_i があるとする（つまり，$S_1, S_2, \ldots, S_n$ がある）．各 i について S_i の要素 s_i をとり，それを添え字に関して並べたもの $(s_1, s_2, \ldots, s_n)$ を 1 つの要素として捉える．このような要素すべてを集めた集合を，$S_1, S_2, \ldots, S_n$ の直積集合といい，$S_1 \times S_2 \times \cdots \times S_n$，または $\prod_{i \in N} S_i$ で表

す．$(s_1, s_2, \ldots, s_n)$ という要素の表し方として，次の2つがしばしば用いられる．1つは，集合 N の要素に対応して添え字がついていることを使って，$(s_i)_{i \in N}$ と書く方法，もう1つは，ある特定の i を固定して，i 以外のものを並べたもの $(s_1, s_2, \ldots, s_{i-1}, s_{i+1}, \ldots, s_n)$ を s_{-i} と表し，(s_i, s_{-i}) と書く方法である．この場合，s_{-i} という要素をすべて集めた集合 $S_1 \times S_2 \times \cdots \times S_{i-1} \times S_{i+1} \times \cdots \times S_n$ は S_{-i} と書かれる．

- **順序** —— ある集合の要素に「順番」を付けることができる．

  各主体が持っている選好を表現するときなどに用いる．例えば，集合 S と，$S \times S$ の部分集合 R を考える．そして $S \times S$ の要素 (a, b) が R に属していること，つまり $(a, b) \in R$ を，「a は b と同じかそれより上の順番である」という意味であるとみなし，$a\,R\,b$ と書くのである．また，$a\,R\,b$ ではないことを $\neg(a\,R\,b)$ と書く．さらに，$a\,R\,b$ かつ $\neg(b\,R\,a)$ であることを $a\,P\,b$ と書き，$a\,P\,b$ ではないことを $\neg(a\,P\,b)$ と書く．

  R が「順番」を表現していると考えるためには，R が一定の条件を満たしていることが必要である．この本では主に以下の2つの条件を考える．つまり，もし R が，

  - **完備性** S のどんな2つの要素の組 $a, b \in S$ に対しても，$a\,R\,b$ または $b\,R\,a$ が成り立つ．
  - **推移性** S のどんな3つの要素の組み合わせ $a, b, c \in S$ に対しても，もし $a\,R\,b$ かつ $b\,R\,c$ ならば $a\,R\,c$ である．

  という2つの条件を満たしていれば，R のことを S 上の順序と呼ぶ．完備性は，どんな2つの要素も比較が可能であるということを表し，推移性は，順番に整合性があることを表している．さらに，もし，

  - **反対称性** S のどんな2つの要素の組 $a, b \in S$ に対しても，もし $a\,R\,b$ かつ $b\,R\,a$ ならば $a = b$ である．

  という条件が成り立つならば，R を S 上の線形順序と呼ぶ．反対称性は，

順番を比較して同じになるのは，もともと同一の要素を比較したときだけであることを表している．

R を S 上の線形順序とし，S の要素 $a_1, a_2, \ldots, a_m$ に対して $R = (a_1, a_2, \ldots, a_m)$ と書いた場合，これは，$a_1\ P\ a_2$ かつ $a_2\ P\ a_3$ かつ $\cdots$ かつ $a_{m-2}\ P\ a_{m-1}$ かつ $a_{m-1}\ P\ a_m$ であることを表す．

- $\forall$（**任意の**）と $\exists$（**存在する**）——任意性と存在性を表すために用いる．

意思決定に関する概念や性質を記述するときには，扱っている対象をはっきりさせる必要がある．そのためにしばしば，「どんな $\sim$ に対しても $\cdots$」や「ある $\sim$ が存在して $\cdots$」といった表現を用いる．これらの表現に対応する記号が，$\forall$ と $\exists$ である．

例えば，集合 E を「偶数全体の集合」であるとする．このとき，

- 任意の $e \in E$ に対して，ある整数 n が存在して，$e = 2n$ を満たす．
- ある $e \in E$ が存在して，任意の整数 n に対して，$e \times n = 0$ を満たす．

という2つの命題を考える．これらを記号を用いて表すとそれぞれ以下のようになる．ただし，$\mathbb{Z}$ は整数全体の集合を表す．

- $(\forall e \in E)(\exists n \in \mathbb{Z})(e = 2n)$
- $(\exists e \in E)(\forall n \in \mathbb{Z})(e \times n = 0)$

注意すべき点は，$\forall$ や $\exists$ のどちらを付けるか，あるいは，これらを付ける順番で言明が変わってくるということである．

2.2 標準形ゲームの基礎

標準形ゲームでは，意思決定状況を主体，戦略，選好という3つの要素で記述する．これらは，前節で見たような数理的な記号を用いて記述できる．

2.2.1 ゲームの要素

標準形ゲームを特徴付けるために必要な要素は，主体，戦略，選好の3つである．

- **主体**

  意思決定状況に巻き込まれていて，その中で何らかの行動の選択を行う主体のことを意思決定主体，または単に主体と呼ぶ．各主体は，1, 2, ..., など，正の整数を用いて表され，一般の主体を指す場合には，$i, j, k, ...$ などの文字を使う．例えば，主体 1，主体 2，主体 i，主体 j などのように用いる．主体全体の集合は N で表される．意思決定状況に巻き込まれている主体が n 人の場合には，$N = \{1, 2, ..., n\}$ となる．

- **戦略**

  意思決定状況に巻き込まれている各意思決定主体は，状況の中で何らかの行動の選択を行う．考えている意思決定状況で各主体が選択し得る行動の代替案それぞれのことを，その主体の戦略と呼ぶ．戦略は主体によって異なるので，1つの戦略は，$s, t, ...$ などの文字に，主体を表す添え字を付けて表す．例えば，主体 i の戦略は，s_i などと表される．ある主体の戦略をすべて集めた集合は，S などの文字にその主体を表す文字を添え字として付けて表す．主体 i の戦略全体の集合であれば S_i となる．

  意思決定状況に巻き込まれている意思決定主体それぞれが戦略を1つ選択すると，状況の結果が1つ定まる．結果は，各主体がどの戦略を選ぶかによって異なってくるので，各主体が選択した戦略をすべて並べることで表現する．例えば，主体 1 が戦略 s_1，主体 2 が戦略 s_2, $\cdots$，主体 n が戦略 s_n を選んだ場合に定まる結果であれば，$(s_1, s_2, ..., s_n)$ と表す．これは，$(s_i)_{i \in N}$，あるいは (s_i, s_{-i}) などと書かれることも多い．

  1つの結果は各主体の戦略の選択の組み合わせに応じて決まるので，起こり得る結果全体の集合は，各主体の戦略の集合の直積集合となる．これを S と書く．つまり，$S = \prod_{i \in N} S_i$ であり，S の要素の1つが，$(s_i)_{i \in N}$ で

2.2. 標準形ゲームの基礎

ある.

- **選好**

  主体全体の集合 N に属している主体 $i \in N$ それぞれが, 自分の戦略 $s_i \in S_i$ を選択すると結果 $s \in S$ が定まる. 各主体 i は起こり得る結果それぞれに対して好みを持っている. 例えば,「主体 i は結果 s を結果 s' 以上に好んでいる」などである. 各主体の結果に対する好みのことをその主体の選好と呼び, 起こり得る結果全体の集合 S 上の順序で表す. 主体 i の選好であれば, R_i と書く. 例えば,「主体 i は結果 s を結果 s' 以上に好んでいる」ということは, $s\, R_i\, s'$ と表される.

標準形ゲームは, 上の 3 つの要素の組 (N, S, R) が与えられることで定義される.

定義 2.1 (標準形ゲーム) 主体全体の集合を N, 各主体 $i \in N$ の戦略全体の集合 S_i の直積集合を $S = \prod_{i \in N} S_i$, 各主体 $i \in N$ の起こり得る結果に対する選好 R_i の組を $R = (R_i)_{i \in N}$ とする. 標準形ゲームとは, 組 (N, S, R) である. ただし, 任意の $i \in N$ に対して, R_i は S 上の順序であるとする. □

本来なら S は, 各主体の戦略全体の集合 S_i の組, すなわち $S = (S_i)_{i \in N}$ と定義するべきかもしれないが, S という記号を「起こり得る結果全体の集合」として使いたいので, 本書では上記のように直積を用いて定義する.

2.2.2 標準形ゲームの例

第 1.1.1 節で見た囚人のジレンマの状況を, 上記の標準形ゲームの定義に沿って表現してみよう. 囚人のジレンマの状況は, 表 2.1 のように表現される状況であった.

この状況を, 主体, 戦略, 選好という標準形ゲームの要素を特定することで記述してみよう. まず, この状況に巻き込まれている主体は「囚人 1」と「囚人 2」であるから, $N = \{$ 囚人 1, 囚人 2 $\}$ とすればよい.

表 2.1: 囚人のジレンマの状況

主体		囚人2	
	戦略	黙秘	自白
囚人1	黙秘	3, 3	1, 4
	自白	4, 1	2, 2

次に，各主体の戦略全体の集合を考える．この状況で囚人1,囚人2が選択することができる戦略は，それぞれ「黙秘」と「自白」であるから，囚人1,囚人2の戦略全体の集合 $S_{囚人1}, S_{囚人2}$ は，それぞれ，

$$S_{囚人1} = \{\, 黙秘, 自白 \,\}, \quad S_{囚人2} = \{\, 黙秘, 自白 \,\}$$

となる．

各主体の戦略全体の集合が決まると，起こり得る結果全体の集合 $S = S_{囚人1} \times S_{囚人2}$ が定まる．囚人のジレンマの状況の場合には，

$$S = \{(黙秘,黙秘),(黙秘,自白),(自白,黙秘),(自白,自白)\}$$

となる．各主体はこれらの結果に対して，それぞれ選好を持っている．例えば，囚人1にとっては，(自白,黙秘) は (黙秘,黙秘) よりも好ましく，(黙秘,黙秘) は (自白,自白) よりも好ましい．さらに，(自白,自白) は (黙秘,自白) よりも好ましい．これらの関係を記号を用いて表現すると，

$$(自白,黙秘) \ P_{囚人1} \ (黙秘,黙秘)$$

$$(黙秘,黙秘) \ P_{囚人1} \ (自白,自白)$$

$$(自白,自白) \ P_{囚人1} \ (黙秘,自白)$$

となる．

2.2. 標準形ゲームの基礎

さらに, 囚人1の選好 $R_{囚人1}$ が線形順序になっていることを考えれば,

$$R_{囚人1} = ((自白,黙秘),(黙秘,黙秘),(自白,自白),(黙秘,自白))$$

と書くこともできる. 囚人2の選好 $R_{囚人2}$ も,

$$R_{囚人2} = ((黙秘,自白),(黙秘,黙秘),(自白,自白),(自白,黙秘))$$

と表すことができる.

同様に, 第1.1.2節で扱ったチキンゲームの状況も考える. チキンゲームの状況は以下のような表で記述されていた.

表 2.2: チキンゲームの状況

主体		若者2	
	戦略	避ける	避けない
若者1	避ける	3, 3	2, 4
	避けない	4, 2	1, 1

この状況を記号を用いて表現すると,

- 意思決定主体全体の集合: $N = \{\,$若者1, 若者2$\,\}$

- 各主体の戦略全体の集合:

$$S_{若者1} = \{\,避ける, 避けない\,\}, \quad S_{若者2} = \{\,避ける, 避けない\,\}$$

(起こり得る結果全体の集合 $S = S_{若者1} \times S_{若者2}$:

$$S = \{(避ける,避ける),(避ける,避けない),\\(避けない,避ける),(避けない,避けない)\})$$

- 各主体の選好：

$$R_{若者1} = ((避けない, 避ける), (避ける, 避ける),$$
$$(避ける, 避けない), (避けない, 避けない))$$

$$R_{若者2} = ((避ける, 避けない), (避ける, 避ける),$$
$$(避けない, 避ける), (避けない, 避けない))$$

となる．

2.3 標準形ゲームの分析

　競争の意思決定の状況において，各主体がどの戦略を選び，どの結果が達成されそうか，あるいはどの結果が達成されるべきかということを分析するときには，支配戦略均衡，ナッシュ均衡，パレート最適性といった概念を用いることができる．支配戦略均衡とナッシュ均衡は個人の合理性に基づいた概念で，各主体が選ぶ戦略や達成される結果を特定するために用いる考え方である．一方，パレート最適性は，どの結果が意思決定主体全体という社会にとって効率的かという疑問に答えてくれる概念で，達成されるべき結果を特定するために用いることができる考え方である．これらの概念を用いて囚人のジレンマの状況やチキンゲームの状況を分析すると，第 1.1.1 節や，第 1.1.2 節で見た「個人の合理性と社会の効率性の矛盾」をより明確に捉えることができる．では，まず，支配戦略均衡，ナッシュ均衡，パレート最適性の数理的な定義から始めよう．

2.3.1 ゲームの分析のための概念

　競争の意思決定の状況が，標準形ゲーム (N, S, R) で表現されているとする．まず，個人の合理性に基づいて各主体が選ぶ戦略や達成される結果を特定しようとするときに用いる概念の 1 つである，支配戦略均衡の定義を見よう．

2.3. 標準形ゲームの分析

相手の選択が何であるかによらず，自分のある戦略を選択することが他の戦略を選択するよりも自分にとって良い結果を導くとき，その戦略を支配戦略という．

定義 2.2 (支配戦略) 任意の $i \in N$, 任意の $s_i^* \in S_i$ に対して，戦略 s_i^* が主体 i の支配戦略であるとは，任意の $s_{-i} \in S_{-i}$ に対して,

$$(s_i^*, s_{-i}) \ R_i \ (s_i, s_{-i})$$

が，任意の $s_i \in S_i$ に対して成り立つときをいう． □

支配戦略は，いつでも他の戦略よりも望ましい結果を導くので，できるだけ望ましい結果を達成したい主体が支配戦略を持っている場合に，その主体が支配戦略を選択することは合理的であるといえる．

例えば囚人のジレンマの状況では，各主体にとって「自白」という戦略が支配戦略である．実際，囚人1から見ると，囚人2が黙秘であれ自白であれ，自分は自白を選ぶ方が，黙秘を選ぶよりも好ましい結果になる．これは，囚人2が黙秘の場合であれば，

$$(自白, 黙秘) \ P_{囚人1} \ (黙秘, 黙秘)$$

ということから，また，囚人2が自白の場合であれば，

$$(自白, 自白) \ P_{囚人1} \ (黙秘, 自白)$$

であるということからわかる．同じように囚人2にとっても，相手の選択に関係なく，自白を選ぶ方が，黙秘を選ぶよりも好ましい結果を導くことができる．

一方，チキンゲームの状況では，どちらの主体とも支配戦略を持たない．若者1から見て，もし相手が「避ける」のであれば，自分は「避けない」方が，「避ける」よりも望ましい．確かに，

$$(避けない, 避ける) \ P_{若者1} \ (避ける, 避ける)$$

であった．ところが，もし相手が「避けない」のであれば，自分は「避ける」方が望ましい．これは，

$$(避ける, 避けない) \ P_{若者1} \ (避けない, 避けない)$$

ということからわかる．つまり若者1にとっては，自分のある戦略が他の戦略に比べてより望ましい結果を導くかどうかは，相手の戦略によるということになる．これは，若者1が支配戦略を持たないことを示している．つまり，意思決定状況によっては，支配戦略を持たない主体が存在するのである．

すべての主体が支配戦略を持っているとき，各主体がその戦略を選択することで定まる結果のことを支配戦略均衡という．

定義 2.3 (支配戦略均衡) 任意の $s^* = (s_i^*)_{i \in N} \in S$ に対して，結果 s^* が支配戦略均衡であるとは，任意の $i \in N$ に対して，戦略 s_i^* が主体 i の支配戦略であるときをいう． □

チキンゲームの状況では，支配戦略を持たない主体がいるので，支配戦略均衡は存在しない．意思決定状況によっては支配戦略均衡は存在しないのである．囚人のジレンマの状況では，各主体が支配戦略を持つので支配戦略均衡も存在する．この場合には，(自白,自白) という結果が支配戦略均衡である．

次に考えるのはナッシュ均衡である．これも，支配戦略均衡と同様，個人の合理性に基づいて各主体が選ぶ戦略や達成される結果を特定しようとするときに用いる概念である．

各主体が戦略を選択すると1つの結果が定まる．このとき，他の主体が戦略を変えず自分だけが戦略を変更すると得ができる主体がいるかもしれないし，逆に，どの主体も自分ひとりで戦略を変更しても得をしないかもしれない．ナッシュ均衡とは，この後者の場合，つまり，どの主体も自分ひとりで戦略を変更しても得をしないということが成り立っているような結果のことを指す．

定義 2.4 (ナッシュ均衡) 任意の $s^* = (s_i^*)_{i \in N} \in S$ に対して，結果 s^* がナッシュ均衡であるとは，任意の $i \in N$，任意の $s_i \in S_i$ に対して，

$$(s_i^*, s_{-i}^*) \, R_i \, (s_i, s_{-i}^*)$$

であるときをいう． □

ナッシュ均衡においては，どの主体も自分の戦略を変更する動機を持たない．なぜなら各主体は，他の主体の戦略の組み合わせに対して最も適切な戦略を選

2.3. 標準形ゲームの分析

択していて,自分だけが戦略を変更しても得にならないからである.状況に巻き込まれているすべての主体に戦略を変更する動機を与えないような結果は安定しているということができ,各主体がそのような結果を導く戦略を選択することも合理的であるといえる.

囚人のジレンマの状況におけるナッシュ均衡を探してみよう.まず (黙秘, 黙秘) という結果について調べるために,囚人1だけが戦略を「自白」に変更することを考える.このとき,

$$(\text{自白}, \text{黙秘}) \ P_{\text{囚人}1} \ (\text{黙秘}, \text{黙秘})$$

であることを考えれば,この戦略の変更は主体1にとって得であることがわかる.「どの主体も自分ひとりで戦略を変更しても得をしない」ような結果がナッシュ均衡であったから, (黙秘, 黙秘) という結果はナッシュ均衡ではないということになる.同じように, (黙秘, 自白) という結果と (自白, 黙秘) という結果も,それぞれ囚人1,囚人2が得をできる戦略の変更が存在するのでナッシュ均衡ではない.では, (自白, 自白) という結果はどうだろう.同じように考えていくと,囚人1も囚人2も,自分だけが戦略を変更することでは得できないことがわかる.実際,

$$(\text{自白}, \text{自白}) \ P_{\text{囚人}1} \ (\text{黙秘}, \text{自白}) \quad \text{かつ} \quad (\text{自白}, \text{自白}) \ P_{\text{囚人}2} \ (\text{自白}, \text{黙秘})$$

である.したがって, (自白, 自白) という結果はナッシュ均衡である.

チキンゲームの状況も同じように分析すると,

$$(\text{避ける}, \text{避けない}), \quad (\text{避けない}, \text{避ける})$$

という2つの結果がナッシュ均衡であることがわかる.

これらの例からわかるように,ナッシュ均衡は1つ存在する場合もあれば,複数存在する場合もある.また,一般には,ナッシュ均衡は存在しないかもしれない.さらに,支配戦略均衡はナッシュ均衡であることも知られている.

支配戦略均衡とナッシュ均衡が,個人の合理的行動を記述するための概念であるのに対し,パレート最適性は主体全体という社会にとっての規範を表現す

る概念である．すなわち，達成されるべき結果を特定するために用いる考え方である．

各主体が戦略を選択することで定まる結果において，各主体の戦略の選択を調整することで，ある主体にとってより望ましい他の結果を達成することを考える．このとき，新しい結果は他の主体にとって元の結果よりも好ましいかもしれないし，そうでないかもしれない．もし，ある主体にとってより好ましい別の結果を達成しようとすると，必ず他の誰かにとって元の結果よりも望ましくなくなってしまう場合，元の結果はパレート最適であるという．

定義 2.5 (パレート最適) 任意の $s^* = (s_i^*)_{i \in N} \in S$ に対して，結果 s^* がパレート最適であるとは，任意の $s \in S$ に対して，もしある $i \in N$ が存在して $s P_i s^*$ ならば，ある $j \in N$ が存在して，$s^* P_j s$ ということが成り立つ場合をいう． □

パレート最適ではない結果においては，うまく戦略を調整すると，他の主体にとっての望ましさを犠牲にすることなく，自分にとってより望ましい結果を達成することが可能である．つまり，主体全員が一斉に今以上の望ましさを手に入れることができる可能性が残っているのである．パレート最適な結果ではこのようなことは起こらない．パレート最適な結果は，主体全員が一斉に今以上に望ましくなることができる余地がない，という意味で効率的なのである．

囚人のジレンマの状況におけるパレート最適な結果は，

$$(黙秘, 黙秘), \quad (自白, 黙秘), \quad (黙秘, 自白)$$

の3つである．例えば，(黙秘, 黙秘) という結果に比べて，(自白, 黙秘) という結果は，囚人1にとってより望ましい．しかし，囚人2にとっては，

$$(黙秘, 黙秘) \ P_{囚人2} \ (自白, 黙秘)$$

なので，元の結果 (黙秘, 黙秘) の方が望ましい．同じように，囚人2にとっては，結果 (黙秘, 黙秘) よりも結果 (黙秘, 自白) の方が好ましい．しかし，

$$(黙秘, 黙秘) \ P_{囚人1} \ (黙秘, 自白)$$

なので,囚人1にとっては元の結果(黙秘,黙秘)の方が好ましい.したがって,結果 (黙秘,黙秘) はパレート最適である.(自白,黙秘) という結果と,(黙秘,自白)という結果については,それぞれ囚人1,囚人2にとって最も望ましい結果なので,他のどの結果を達成しようとしても,それぞれにとってより望ましくない結果になってしまう.したがって,両者ともパレート最適な結果である.一方,結果 (自白,自白) がパレート最適でないのは,囚人1と囚人2の両者にとってより望ましい,(黙秘,黙秘) という結果が存在するからである.

チキンゲームの状況では

(避ける,避ける), (避ける,避けない), (避けない,避ける)

という3つの結果がパレート最適であることが,同様の分析からわかる.

2.3.2　個人の合理性と社会の効率性の矛盾

前節までで,支配戦略均衡,ナッシュ均衡,そしてパレート最適性という3つの概念を紹介した.支配戦略均衡とナッシュ均衡は個人の合理的な判断の結果を分析するためのものであり,パレート最適性は起こり得る結果の社会全体にとっての効率性を分析するための考え方である.これらの概念を用いて囚人のジレンマの状況とチキンゲームの状況を分析すると以下のようなことがわかる.

囚人のジレンマの状況では,各主体の合理的な判断の結果である支配戦略均衡やナッシュ均衡がパレート最適ではない.実際,支配戦略均衡とナッシュ均衡は,ともに (自白,自白) という結果であり,一方,パレート最適な結果は,(黙秘,黙秘),(黙秘,自白),そして (自白,黙秘) の3つである.

特に,(黙秘,黙秘) という結果は,(自白,自白) という結果よりも,両方の囚人にとって望ましい.しかし黙秘という戦略を選択すると,両者とも,最も好ましくない結果を導く危険を招くことになる.逆に,相手が黙秘を選択するということがわかれば,自分は最も好ましい結果を導くチャンスを得る.結局,(黙秘,黙秘) という結果は達成されず,(自白,自白) という,パレート最適ではない結果が達成されることになる.

チキンゲームの状況では，ナッシュ均衡が複数存在する．そのため，各主体ぞれぞれが合理的な判断をしてナッシュ均衡を達成するための戦略を選択したとしても，(避けない,避けない) という両者ともにとって最も好ましくなく，パレート最適でもない結果が達成されてしまう恐れがある．また，もしどちらかのナッシュ均衡を達成するとしても，両者はそれぞれにとってより望ましいナッシュ均衡を達成しようとするだろう．つまり両者とも「避けない」という戦略に固執するだろう．その結果，(避けない,避けない) という結果が達成されかねないのである．

囚人のジレンマの状況とチキンゲームの状況についての上記のような分析は，いずれも，「個人の合理性と社会の効率性の矛盾」の可能性を表しているといえる．各主体が合理的に判断して戦略を選択しても，主体全体という社会のレベルで見ると効率的でない結果に陥る可能性があるのである．囚人のジレンマの状況において，社会として効率的な (黙秘,黙秘) という結果をなんとか達成させることはできないだろうか．チキンゲームの状況において，なんとかして，(避ける,避ける) の結果，少なくとも (避ける,避けない) か (避けない,避ける) を達成し，最悪の結果である (避けない,避けない) を避けることはできないだろうか．第 I 部の以下の章では，この「個人の合理性と社会の効率性の矛盾」を，柔軟性が導く非合理戦略で克服しようとする試みが紹介される．

個人の合理性が社会の効率性に矛盾する可能性があるからといって，標準形ゲームによる意思決定状況の記述や合理性についての考え方がまったく意味のないものであるというわけではない．ここでは，標準形ゲームや合理性の考え方の有効性を示すために，支配戦略均衡の考え方を巧みに応用した「意思決定主体に嘘をつかせないメカニズム」の設計方法を紹介しておこう．

2.4 標準形ゲームの応用── 公共政策の評価

ここで紹介する「グローブス・メカニズム」は，公共政策を正しく評価したいときに利用できる可能性を持っている．政府が公共政策の評価を正しく行うには，政策の影響を受ける人々の選好についての正しい情報が必要である．しか

2.4. 標準形ゲームの応用—公共政策の評価

し，人々が合理的な主体である場合，自分の選好についての報告を偽ることで政府の決定に影響を与えて，自分にとってより望ましい結果を達成しようとする可能性がある．このような人々の行動は「戦略的な情報操作」と呼ばれ，社会選択論での研究対象の1つになっている．研究の焦点は，「正しい情報を報告することが各主体にとって最も望ましいことになるような仕組み（メカニズム）を作る」ことである．この節では，戦略的な情報操作を防ぐためのメカニズムの1つであるグローブス・メカニズムについて紹介する．標準形ゲームの枠組や支配戦略均衡の考え方が巧みにとり入れられていることを理解してほしい．なお，この節の記述は Eichberger [12] の内容をもとにしている．

ここでは，起こり得る結果に対する主体の好みを表すために，選好の代わりに「利得」という考え方を用いる．利得は関数という概念を用いて表現されるので，関数についてここで説明しておこう．

- **関数** — ある集合の各要素をもう1つの集合の要素に対応付けるもの．

    2つの集合 X と Y が与えられているとする．f が，X の任意の要素に対して，Y の中のちょうど1つの要素を対応付ける場合，f を X から Y への関数と呼び，$f : X \to Y$ と書く．f によって X の要素 x に対応づけられている Y の要素を $f(x)$ と書く．

    直積の考え方を用いると，X から Y への関数 f は，X と Y の直積集合 $X \times Y$ の部分集合 f のうち，

    $$(\forall x \in X)(\exists! y \in Y)((x,y) \in f)$$

という条件を満たすものとして定義できる．ただし $\exists!$ は「唯一存在する」ことを表す記号である．f がこの条件を満たしていれば，確かに X の各要素に対して Y の要素がちょうど1つ対応付けられることがわかる．

2.4.1 政策評価の問題状況

まず，どのような状況を扱いたいのかをはっきりさせよう．関係するのは，政府と k 人の国民である．

政府は，k 人の国民の生活に影響を与えるような施設の建設を計画している．政府の選択肢は「建てる」と「建てない」の 2 つで，政府はこれらのうちのいずれか 1 つを選ばなければならない．政府は施設の建設計画の評価のために，k 人の国民それぞれに対してアンケートを行った．アンケートの内容は，施設を建設する場合の利益あるいは損失の見積り額（円）と建設しない場合の利益あるいは損失の見積り額（円）を報告させるものである．政府はアンケートの結果に応じて次のように意思決定することにしている．

政府は，

$$\sum_{i=1}^{k} \pi_i(\text{建てる}) \geq \sum_{i=1}^{k} \pi_i(\text{建てない})$$

ならば施設を建設し，そうでなければ建設しない．ただし，$\pi_i(\text{建てる})$ は国民 i から報告された，施設を建設する場合の利益あるいは損失の見積り額，$\pi_i(\text{建てない})$ は国民 i から報告された，施設を建設しない場合の利益あるいは損失の見積り額である．

政府の意思決定の仕方を知っている各国民は，利益や損失の報告を偽ることで，政府の決定を操作できる．例えば，ある国民にとって，ある選択肢（例えば「建てる」）が望ましくないときには，その報告 $\pi_i(\text{建てる})$ を非常に小さい値であると偽って，政府に別の選択肢（例えば「建てない」)）を選ばせることができる．このような「偽りの報告」，すなわち戦略的な情報操作を防ぎ，選択肢の正しい評価をするにはどうすればいいだろうか．

戦略的な情報操作を防ぐための仕組みとして，グローブス・メカニズムが提案されている．このメカニズムは，標準形ゲームの枠組と支配戦略均衡の考え方を利用している．では，k 人の国民が巻き込まれている意思決定状況を標準形ゲームで表現してみよう．

2.4. 標準形ゲームの応用— 公共政策の評価

- 意思決定主体全体の集合： $N = \{1, 2, \ldots, k\}$
- 各主体の戦略全体の集合：

  各 $i \in N$ に対して，S_i を主体 i の戦略の集合とすると，

  $$S_i = \{(\pi_i(建てる), \pi_i(建てない)) \mid (\pi_i(建てる), \pi_i(建てない)) \in \mathbb{R} \times \mathbb{R}\}$$

  となる．ただし，$\pi_i(建てる)$ は主体 i が報告する，施設を建設する場合の利益あるいは損失の見積り額，$\pi_i(建てない)$ は主体 i が報告する，施設を建設しない場合の利益あるいは損失の見積り額である．各主体は利益あるいは損失としてどんな額を報告してもよいので，$\pi_i(建てる)$, $\pi_i(建てない)$ は実数の中から選ぶことになる．また，$\mathbb{R}$ は実数全体の集合である．つまり，各主体 i の戦略 $(\pi_i(建てる), \pi_i(建てない))$ は，集合 { 建てる, 建てない } から実数全体の集合 $\mathbb{R}$ への関数 π_i としても見ることができる．そのため，$(\pi_i(建てる), \pi_i(建てない))$ を単に π_i と書くこともある．この書き方を使えば，ある起こりうる結果は，$(\pi_1, \pi_2, \ldots, \pi_k)$ と表すことができる．

- 各主体の選好：

  ここでは，各主体 $i \in N$ の選好 R_i を，起こり得る結果から得られる利得の大小で表現する．各 $i \in N$ に対し，p_i を主体 i の利得を表す関数とし，起こりうる結果 $(\pi_1, \pi_2, \ldots, \pi_k)$ に対して，$p_i(\pi_1, \pi_2, \ldots, \pi_k)$ で，結果 $(\pi_1, \pi_2, \ldots, \pi_k)$ において主体 i が受け取る利得を表すものとする．これは実数値である．つまり p_i は $S = \prod_{i \in N} S_i$ から $\mathbb{R}$ への関数である．さらに，2つの結果 $(\pi_1, \pi_2, \ldots, \pi_k)$ と $(\pi'_1, \pi'_2, \ldots, \pi'_k)$ に対して，

  $$p_i(\pi_1, \pi_2, \ldots, \pi_k) \geq p_i(\pi'_1, \pi'_2, \ldots, \pi'_k)$$

  であれば，主体 i は，結果 $(\pi_1, \pi_2, \ldots, \pi_k)$ を結果 $(\pi'_1, \pi'_2, \ldots, \pi'_k)$ 以上に好む，つまり，

  $$(\pi_1, \pi_2, \ldots, \pi_k) \; R_i \; (\pi'_1, \pi'_2, \ldots, \pi'_k)$$

  であるとすることで，主体 i の選好 R_i を定義することができる．

2.4.2 メカニズムのデザイン

ここで再び問題の状況を振り返ってみよう．達成したいのは，戦略的な情報操作を防ぐことであった．各国民が合理的である，すなわち，各国民は自分にとってより望ましい結果を導こうとしていると想定できるのであれば，次のことが成り立っている場合には，戦略的な情報操作が防げると考えられる．

各国民にとって「正しい情報を報告する」という戦略がその国民の
支配戦略になっている．

各国民が合理的であるとすると，各国民は自分にとって最も望ましい結果を導くような戦略を選択する．当然，各国民が支配戦略を持てばそれを選択する．国民 i の戦略は $(\pi_i(建てる), \pi_i(建てない)) \in \mathbb{R} \times \mathbb{R}$ という形で表現できた．もし，本当の $(\pi_i(建てる), \pi_i(建てない))$ の値の組を選んで政府に伝えることが支配戦略になっていれば，国民 i は正しい情報を報告することになる．つまり，戦略的な情報操作を防ぐためには，「正しい情報を報告する」という戦略が支配戦略になるようなメカニズムをデザインすればよいのである．

ここでは実際に，戦略的な情報操作を防ぐためのメカニズム，つまり，「正しい情報を報告する」という戦略が支配戦略になるようなメカニズムをデザインする．このメカニズムは「グローブス・メカニズム（Grove's mechanism）」と呼ばれている．

グローブス・メカニズムの基本的なアイデアは，政府の最終的な決定に対する各国民の戦略の影響に応じた「税金」を導入することで各国民の利得を操作するというものである．まず，この税金を定義しよう．

定義 2.6 (*グローブス・メカニズムにおける税金*) 前節で定義した標準形ゲーム (N, S, R) を考える．任意の $i \in N$ と起こり得る結果 $(\pi_1, \pi_2, \ldots, \pi_k)$ に対して，主体 i の，結果 $(\pi_1, \pi_2, \ldots, \pi_k)$ における税金 $t_i(\pi_1, \pi_2, \ldots, \pi_k)$ を，

$$t_i(\pi_1, \pi_2, \ldots, \pi_k) = \sum_{j \neq i} \pi_j(a^*(\pi_1, \pi_2, \ldots, \pi_k)) - \max_{a \in \{建てる, 建てない\}} \sum_{j \neq i} \pi_j(a)$$

とする．ただし，$a^*(\pi_1, \pi_2, \ldots, \pi_k)$ は，結果 $(\pi_1, \pi_2, \ldots, \pi_k)$ に応じて決まる政

2.4. 標準形ゲームの応用— 公共政策の評価

府の行動 (「建てる」 あるいは 「建てない」) である.すなわち,

$$a^*(\pi_1, \pi_2, \ldots, \pi_k) = \begin{cases} \text{建てる} & \text{if } \sum_{i=1}^{k} \pi_i(\text{建てる}) \geq \sum_{i=1}^{k} \pi_i(\text{建てない}) \\ \text{建てない} & \text{otherwise} \end{cases}$$

である. □

主体 i の税金の第1項は,政府の行動 $a^*(\pi_1, \pi_2, \ldots, \pi_k)$ において,主体 i 以外の主体が受け取る利益あるいは損失の総和である.また,第2項は,主体 i 以外の主体が受け取る利益あるいは損失を政府の可能な行動ごとに求めたときの最大値である.これらの差が税金である.すなわち,「主体 i が報告者に含まれる場合の他の主体の利益と損失の総和」と「主体 i が報告者に含まれない場合の利益と損失の総和」の差が税金であり,これは「主体 i が報告者に加わることによる影響に対する税金」と考えられる.

また,税金の第1項は,第2項よりも大きくはならないので,各主体の税金 $t_i(\pi_1, \pi_2, \ldots, \pi_k)$ の値は 0 以下である.

税金を用いて各主体の利得の関数を作ることで,戦略的な情報操作を防ぐことができるメカニズムができあがる.グローブス・メカニズムでは,各主体の利得を表す関数 p_i を具体的に次のように定める.

定義 2.7 (グローブス・メカニズムでの利得の関数) グローブス・メカニズムでは,主体 $i \in N$ の利得の関数 p_i を,任意の結果 $(\pi_1, \pi_2, \ldots, \pi_k)$ に対して,

$$p_i(\pi_1, \pi_2, \ldots, \pi_k) = \hat{\pi}_i(a^*(\pi_1, \pi_2, \ldots, \pi_k)) + t_i(\pi_1, \pi_2, \ldots, \pi_k)$$

とする.ただし,$\hat{\pi}_i = (\hat{\pi}_i(\text{建てる}), \hat{\pi}_i(\text{建てない}))$ は,主体 i の正しい利益または損失である. □

主体 i は政府の決定 $a^*(\pi_1, \pi_2, \ldots, \pi_k)$ に影響を与えるために,$\pi_i \neq \hat{\pi}_i$ であるような報告 π_i をすることができる.しかし,政府の決定を主体 i が評価する際には,正しい利益または損失である $\hat{\pi}_i$ を用いる.さらに,税金の存在によって,嘘の報告 π_i をするということのメリットが変化する.面白いことに,このように税金を導入した利得の関数を考えることで,正しい報告をするということが支配戦略になるのである.

2.4.3 戦略的な情報操作の不可能性

グローブス・メカニズムを用いると, ここでの意思決定状況を,「正しい報告をする」という戦略が各主体にとって支配戦略になっているような標準形ゲームにすることができる. このような標準形ゲームでは, 各主体は嘘の報告をしても得をしない. つまり, 主体による戦略的な情報操作が防がれる意思決定状況を作ることができたわけである. このような意思決定状況は「戦略的な情報操作が不可能な意思決定状況」と呼ばれる. 以下では, グローブス・メカニズムを用いた意思決定状況が, 戦略的な情報操作が不可能な意思決定状況であることを確かめたうえで, 税金の意味について考える.

定理 2.1 (戦略的情報操作の不可能性) グローブス・メカニズムを用いた意思決定状況 (N, S, R) において, 正しい報告, つまり, $\pi_i = \hat{\pi}_i$ は主体 $i \in N$ の支配戦略である. □

(証明)
任意の $i \in N$ に対して, 主体 i の利得の関数は,

$$\begin{aligned} p_i(\pi_1, \pi_2, \ldots, \pi_k) &= \hat{\pi}_i(a^*(\pi_1, \pi_2, \ldots, \pi_k)) + t_i(\pi_1, \pi_2, \ldots, \pi_k) \\ &= \hat{\pi}_i(a^*(\pi_1, \pi_2, \ldots, \pi_k)) + \sum_{j \neq i} \pi_j(a^*(\pi_1, \pi_2, \ldots, \pi_k)) \\ &\quad - \max_{a \in \{ \text{建てる, 建てない} \}} \sum_{j \neq i} \pi_j(a) \end{aligned}$$

である. この利得関数の第 3 項, すなわち,

$$\max_{a \in \{ \text{建てる, 建てない} \}} \sum_{j \neq i} \pi_j(a)$$

は, 主体 i 以外の主体の報告だけで決まるので, 主体 i が報告 π_i をいくら変化させても値に影響を及ぼせない. したがって主体 i は, 自分の報告 π_i をうまく選ぶことで,

$$\hat{\pi}_i(a^*(\pi_1, \pi_2, \ldots, \pi_k)) + \sum_{j \neq i} \pi_j(a^*(\pi_1, \pi_2, \ldots, \pi_k))$$

2.4. 標準形ゲームの応用—公共政策の評価

を最大にしようとしていると考えてよい．主体 i にとって最も好ましいのは，政府が，

$$\hat{\pi}_i(a) + \sum_{j \neq i} \pi_j(a)$$

を最大にするような行動 a を選択してくれることである．

ところで，$a^*(\pi_1, \pi_2, \ldots, \pi_k)$ は，「各主体の報告が $(\pi_1, \pi_2, \ldots, \pi_k)$ である場合の政府の行動」であった．そしてこれは，

$$\sum_{i=1}^{k} \pi_i(a) = \pi_i(a) + \sum_{j \neq i} \pi_j(a)$$

を最大にするような行動である．したがって，政府に

$$\hat{\pi}_i(a) + \sum_{j \neq i} \pi_j(a)$$

を最大にするような行動 a を選択させるには，主体 i は単に政府に対して正しい報告をすればよいことになる．逆に，正しい報告をしない場合には，政府は

$$\hat{\pi}_i(a) + \sum_{j \neq i} \pi_j(a)$$

ではなく，

$$\pi_i(a) + \sum_{j \neq i} \pi_j(a)$$

を最大にする行動 $a^*(\pi_1, \pi_2, \ldots, \pi_k)$ を選ぶことになり，これは一般に，

$$\hat{\pi}_i(a) + \sum_{j \neq i} \pi_j(a)$$

を最大にする行動とは異なる．

したがって，主体 i は嘘の報告をしたとしても得をしない．それは，主体 i が正しい報告をしたときには，政府は主体 i の利得が最大になるような行動を選択することになるが，主体 i が嘘の報告をしたときには，政府は主体 i の利得が最大になるような行動を選択するとは限らないからである．

形式的にこのことを示すと以下のようになる．主体 i が正しい利益または損失である $\hat{\pi}_i$ を報告したときには，政府の行動は $a^*(\hat{\pi}_i, \pi_{-i})$ となり，この行動は，$\hat{\pi}_i(a) + \sum_{j \neq i} \pi_j(a)$ を最大化する．このときの主体 i の利得 $p_i(\hat{\pi}_i, \pi_{-i})$ は

$$p_i(\hat{\pi}_i, \pi_{-i}) = \hat{\pi}_i(a^*(\hat{\pi}_i, \pi_{-i})) + \sum_{j \neq i} \pi_j(a^*(\hat{\pi}_i, \pi_{-i})) - \max_{a \in \{\text{建てる},\text{建てない}\}} \sum_{j \neq i} \pi_j(a)$$

である．一方，主体 i が嘘の利益または損失である π_i を報告したときには，政府の行動は $a^*(\pi_i, \pi_{-i})$ となるが，これは，$\hat{\pi}_i(a) + \sum_{j \neq i} \pi_j(a)$ を最大化するとは限らない．このときの主体 i の利得 $p_i(\pi_i, \pi_{-i})$ は，

$$p_i(\pi_i, \pi_{-i}) = \hat{\pi}_i(a^*(\pi_i, \pi_{-i})) + \sum_{j \neq i} \pi_j(a^*(\pi_i, \pi_{-i})) - \max_{a \in \{\text{建てる},\text{建てない}\}} \sum_{j \neq i} \pi_j(a)$$

となる．つまり，

$$\begin{aligned}
p_i(\hat{\pi}_i, \pi_{-i}) &= \hat{\pi}_i(a^*(\hat{\pi}_i, \pi_{-i})) + \sum_{j \neq i} \pi_j(a^*(\hat{\pi}_i, \pi_{-i})) \\
&\quad - \max_{a \in \{\text{建てる},\text{建てない}\}} \sum_{j \neq i} \pi_j(a) \\
&\geq \hat{\pi}_i(a^*(\pi_i, \pi_{-i})) + \sum_{j \neq i} \pi_j(a^*(\pi_i, \pi_{-i})) \\
&\quad - \max_{a \in \{\text{建てる},\text{建てない}\}} \sum_{j \neq i} \pi_j(a) \\
&= p_i(\pi_i, \pi_{-i})
\end{aligned}$$

である．このことはどんな π_{-i} に対しても成り立つので，主体 i にとって，正しい報告をすること，すなわち，$\hat{\pi}_i$ という戦略が支配戦略になっていることがわかる． ∎

グローブス・メカニズムは，主体による戦略的な情報操作を防ぐメカニズムとして有効であることがわかった．各主体が報告者に加わることによる影響を，税金の導入によって利得の関数に反映させ，戦略的な情報操作を不可能にしているのである．この税金は，各主体が正しい報告をしたとしてもゼロ未満の値で

2.4. 標準形ゲームの応用——公共政策の評価

ある可能性があるので, 政府にいくらかのお金がそのまま残る場合がある. この金額は主体から正しい情報を引き出すための費用と考えられる.

表 2.3 の数値例を使って, グローブス・メカニズムにおける税金の影響を見るとよい. ここでは 6 人の国民を考える. 表のマス目には, 各国民の各行動に応じた, 正しい利得または損失が書いてあり, 負の値が損失を表すものとする.

表 2.3: 国民の利得と損失

国民 \ 行動	建てる	建てない
1	100	0
2	0	-200
3	-300	100
4	200	-500
5	-100	-200
6	200	300

グローブス・メカニズムが導入されているとして, 以下のようなことを調べてみよう.

- すべての国民が真の報告をする場合, 政府はどのような行動をするか.

- すべての国民が真の報告をする場合, 各国民の税金の金額はいくらか.

- 各国民に注目して, その国民が嘘の報告をして政府の決定を変化させるにはどのような報告をすればいいか. そのとき, 嘘の報告をした国民は, 得をしているか損をしているか. 利得はいくつか.

グローブス・メカニズム以外にも戦略的な情報操作を不可能にするメカニズムは存在するかもしれない. もし, 戦略的な情報操作を不可能にし, なおかつ, 税金の合計がちょうどゼロになるようなメカニズムが開発されれば, 費用をかけずに正しい情報を手に入れることができることになるが, このようなメカニズムは存在するのだろうか. 今後の研究が期待されるところである.

さて，上の 3 つの問いに対する解答を与えておこう．まず，すべての国民が真の報告をする場合には，

$$100 = \sum_{i=1}^{6} \hat{\pi}_i(建てる) \geq \sum_{i=1}^{6} \hat{\pi}_i(建てない) = -500$$

となるので，政府は「建てる」という行動をとる．そしてこの場合，国民 4 の税金が -100 となり，その他の国民の税金は 0 となる．さらに，どの国民がどのような嘘を報告をしたとしても得することはない．例えば国民 3 にとっては，政府が「建てない」という行動をした方が望ましい．そこで，政府の決定を「建てない」にするために国民 3 が

$$\pi_3(建てる) = -600, \quad \pi_3(建てない) = 500$$

と嘘の報告をしたとしよう．このとき確かに

$$\begin{aligned}
-100 &= \pi_3(建てない) + \sum_{i \neq 3} \hat{\pi}_i(建てない) \\
&> \pi_3(建てる) + \sum_{i \neq 3} \hat{\pi}_i(建てる) = -200
\end{aligned}$$

となり，政府の決定は「建てない」になる．このとき国民 3 は，施設が建てられないことで 100 の利得を得る．しかし国民 3 は，税金 t_3 として -1000 を徴収されてしまうので，最終的な利得は -900 となる．正しい報告をした場合には -300 という利得を手に入れられることを思い出せば，国民 3 にとっては嘘の報告はしない方がよいことがわかる．

第3章 展開形ゲーム

 第2章で紹介した標準形ゲームの枠組では，競争の意思決定の状況を，主体，戦略，選好という3つの要素で記述していた．この第3章では，競争の意思決定の状況を記述するために用いることができるもう1つの枠組である展開形ゲームについて解説していく．展開形ゲームでは，主体，戦略，選好という要素の他に，「ノード」，「ノード間のつながり」，「ノードとプレーヤーの対応」，「行動」，「ノードと行動の対応」，「情報集合」，「情報集合と行動の対応」といったたくさんの要素を用いることで，主体の意思決定の順番や主体が持っている知識など，意思決定に関わる詳しい情報とともに状況を記述することが可能になる．展開形ゲームの例である「ムカデゲームの状況」を通じて，展開形ゲームによる意思決定状況の記述方法や分析方法，そして状況の中に潜む「個人の合理性と社会の効率性の矛盾」について理解してほしい．さらに展開形ゲームの特別な形である，繰り返しゲームについても触れる．囚人のジレンマの状況を繰り返して行う意思決定状況を考えて，囚人のジレンマの状況における「個人の合理性と社会の効率性の矛盾」が，「長期的視点を持つ」というタイプの柔軟性によって克服される様子を見てほしい．
 では，展開形ゲームによる意思決定状況の数理的な記述方法の説明に必要な，数学的な記号の準備から始めよう．

3.1 記号の準備

 展開形ゲームでは，たくさんの要素を用いて競争の意思決定の状況を記述する．そこでは，以下のような集合の演算についての記号が必要となる．

- **和集合**

  複数の集合を考え，そのうちのいずれかの集合に属している要素をすべて集めた集合を，元の複数の集合の「和集合」という．例えば，集合 $N = \{1, 2, \ldots, n\}$ の要素によって添え字づけられている複数の集合 $N_1, N_2, \ldots, N_n$ を考える．これらの集合の和集合は，

  $$\{x \mid x \in N_1 \text{ または } x \in N_2 \text{ または } \cdots \text{ または } x \in N_n\}$$

  と定義され，$N_1 \cup N_2 \cup \cdots \cup N_n$，あるいは $\bigcup_{i \in N} N_i$ で表される．

- **積集合**

  複数の集合を考え，それらすべての集合に属している要素全体の集合を，元の複数の集合の「積集合」という．例えば，集合 $N = \{1, 2, \ldots, n\}$ の要素によって添え字づけられている複数の集合 $N_1, N_2, \ldots, N_n$ を考える．これらの集合の積集合は，

  $$\{x \mid x \in N_1 \text{ かつ } x \in N_2 \text{ かつ } \cdots \text{ かつ } x \in N_n\}$$

  と定義され，$N_1 \cap N_2 \cap \cdots \cap N_n$，あるいは $\bigcap_{i \in N} N_i$ で表される．

- **差集合**

  任意の2つの集合 N と M を考え，N には属するが M には属していないような要素全体の集合を，N と M の差集合といい，$N \backslash M$ で表す．つまり，

  $$N \backslash M = \{x \mid x \in N \text{ かつ } x \notin M\}$$

  である．一般には $N \backslash M$ と $M \backslash N$ は等しくない．

3.2 展開形ゲームの基礎

展開形ゲームでは，主体の意思決定の順番や主体の知識についての情報とともに意思決定状況を記述するため，たくさんの要素を特定する必要がある．これ

らの要素を数学的な記号で記述すると煩雑になることが多いが，木構造の図を用いて記述すると理解しやすくなる場合がある．以下の数理的な記号についても，図の要素と対応付けながら理解していくとよいだろう．

3.2.1 展開形ゲームの要素

まず展開形ゲームが木構造の図を用いてどのように描かれるかを見よう．図 3.1 は，ムカデゲームの状況という名前で知られる意思決定状況を記述したものである．

図 3.1: ムカデゲームの状況

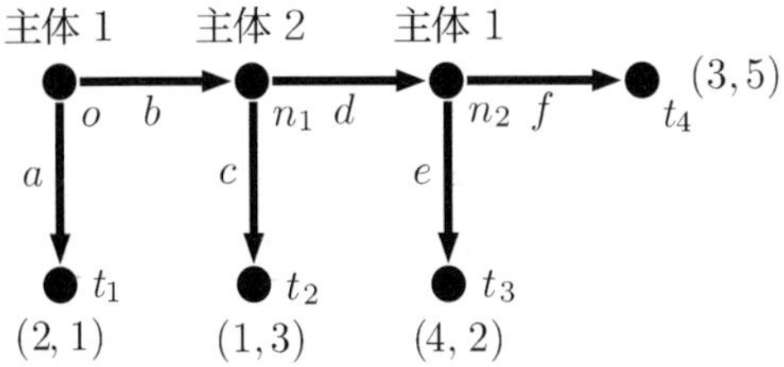

この状況は，主体1と主体2が巻き込まれている意思決定状況である．まず主体1が意思決定を行う．主体1は a という行動か b という行動のうちいずれかを選ぶ．もし主体1が a を選んだらこの意思決定状況は終了し，主体1と主体2がそれぞれ2と1という利得を手に入れられる結果になる．主体1が b を選んだ場合には，今度は主体2が行動選択を行う番になる．主体2は，c あるいは d という行動のうちいずれかを選ぶ．行動 c が選ばれた場合には意思決定状況が終了し，主体1は1，主体2は3という利得を手に入れる．行動 d が選ばれた場合には，さらに主体1が行動選択する．行動 e が選択されると主体1が4，主体2が2という利得を手に入れられる結果，行動 f が選択されると主体1が3，主体2が5という利得を手に入れられる結果となり，いずれの場合にも意思決定状況が終了する．

展開形ゲームの枠組では，主体の意思決定の順番を表現するために「ノード」と「行動」という考え方を用いる．各意思決定主体が行動選択を行う点のことを「決定ノード」，最終的な結果に対応する点を「終点ノード」と呼び，これらを総称してノードと呼ぶ．上の図で黒い点で描かれているのがノードで，$\{o, n_1, n_2\}$ が決定ノードの集合，$\{t_1, t_2, t_3, t_4\}$ が終点ノードの集合である．さらに，上の図では左上のノードにあたる，行動選択が最初に行われるノードを，特に「原点ノード」と呼ぶ．原点ノードは o という記号を用いて表す．各決定ノードにおいては，1人の主体が行動の選択を行う．このときの選択肢のことを「行動」と呼ぶ．図において各決定ノードから他のノードに出ている矢印がこれにあたる．上の例では，$\{a, b, c, d, e, f\}$ が行動全体の集合となる．各終点ノードは起こり得る結果に対応していて，それぞれに各主体の利得が割り当てられる．例えば，上の例では，終点ノード t_2 に対応する結果に対する主体1と主体2の利得は，それぞれ1と3である．

上の図に表現されている展開形ゲームの要素を，より厳密に数理的に表現してみよう．表現したいのは，主体，ノード，ノードのつながり方，行動，行動とノードの対応，主体の意思決定の順番，利得である．

- **主体**

  主体全体の集合は N で表される．ムカデゲームの例では，

  $$N = \{\,主体1, 主体2\,\}$$

  である．

- **ノード**

  ノード全体の集合は V で表される．このうち，決定ノード全体の集合は D，終点ノード全体は T で表され，原点ノードは o と書かれる．したがって，$D \cup T = V$，$D \cap T = \emptyset$ であり，$o \in D$ である．ムカデゲームの例では，$V = \{o, n_1, n_2, t_1, t_2, t_3, t_4\}$，$D = \{o, n_1, n_2\}$，$T = \{t_1, t_2, t_3, t_4\}$ である．

3.2. 展開形ゲームの基礎

- **ノード間のつながり**

    ノードのつながり方は関数 σ で表される．原点ノード以外の各ノード $v \in V \backslash \{o\}$ に対しては，その直前のノードがちょうど1つある．そのノードを，v に対する関数 σ の値とすることで，ノードのつながり方を表現できる．さらに，原点ノードに対しては $\sigma(o) = o$ とすることで，σ は V から V への関数になる．展開形ゲームでは，このような関数 σ のうち，

    $$(\forall v \in V)(\exists k)(k \text{ は正の整数 かつ 任意の } k' \geqslant k \text{ に対して } \sigma^{k'}(v) = o)$$

    が成り立つようなものだけを考える．ただし $\sigma^{k'}(v)$ は，ノード v に対して関数 σ を k 回作用させた値である．この条件は，σ によって表現されるノードのつながり方が木構造になっていることを表している．ムカデゲームの例では，

    $$\sigma(o) = o, \quad \sigma(n_1) = o, \quad \sigma(n_2) = n_1, \quad \sigma(t_1) = o,$$
    $$\sigma(t_2) = n_1, \quad \sigma(t_3) = n_2, \quad \sigma(t_4) = n_2$$

    であり，どのノード $v \in V$ に対しても，$\sigma(\sigma(\sigma(v))) = o$ である．

- **行動**

    行動全体の集合は A で表す．ムカデゲームの場合は，$A = \{a, b, c, d, e, f\}$ である．

- **行動とノードの対応**

    行動とノードの対応は，α という関数を用いて表現する．ノード間のつながり方を表す関数 σ のところで述べたように，原点ノードを除く各ノード $v \in V \backslash \{o\}$ には，その直前のノードがちょうど1つある．この2つのノードの間はある行動で結ばれているので，その行動を，α という関数のノード v に対する値とすれば，行動とノードの対応が表現できる．α は原点ノード以外のノード全体の集合 $V \backslash \{o\}$ から，行動全体の集合 A への関数である．ムカデゲームの例では，

    $$\alpha(n_1) = b, \quad \alpha(n_2) = d, \quad \alpha(t_1) = a,$$

$$\alpha(t_2) = c, \quad \alpha(t_3) = e, \quad \alpha(t_4) = f$$

である.

- **主体の意思決定の順番**

  各決定ノードにおいてどの主体が行動を選択するのかを表現するには,各決定ノードを各主体に割り当てればいい.具体的には,任意の $i \in N$ に対して,主体 i が行動の選択をするノード全体の集合を D_i と表すのである.どの決定ノードにおいてもちょうど1人の主体が行動の選択をするので,$D = D_1 \cup D_2 \cup \cdots \cup D_n$ であり,$i \neq j$ であるような任意の $i, j \in N$ に対して $D_i \cap D_j = \emptyset$ である.ムカデゲームの例では,$D_{主体1} = \{o, n_2\}$, $D_{主体2} = \{n_1\}$ である.

- **選好**

  各終点ノードは意思決定状況の起こり得る結果に対応している.各主体は結果に対して選好を持っていて,この選好はその結果から各主体が得ることができる利得で表現する.任意の $i \in N$,任意の $t \in T$ に対して,終点ノード t において主体 i が手に入れる利得を,実数値 $p_i(t)$ で表す.つまり,p_i は T から実数全体の集合 $\mathbb{R}$ への関数である.もちろん $p_i(t)$ が大きければ大きいほど主体 i にとっては望ましい.つまり,任意の終点ノード $t, t' \in T$ に対して,$p_i(t) \geq p_i(t')$ であれば,主体 i は,終点ノード t を終点ノード t' 以上に好むのである.したがって,このとき $t\,R_i\,t'$ として R_i を定義すれば,主体 i の選好を表現することができる.ムカデゲームの状況における主体1の利得 $p_{主体1}$ は,

  $$p_{主体1}(t_1) = 2, \quad p_{主体1}(t_2) = 1, \quad p_{主体1}(t_3) = 4, \quad p_{主体1}(t_4) = 3$$

  であり,主体2の利得 $p_{主体2}$ は,

  $$p_{主体2}(t_1) = 1, \quad p_{主体2}(t_2) = 3, \quad p_{主体2}(t_3) = 2, \quad p_{主体2}(t_4) = 5$$

  である.

3.2. 展開形ゲームの基礎

図を用いて描けば明らかなノード間の関係やノードと行動の関係も，数理的な記号のみを用いて厳密に表現しようとするとこれだけの記述が必要となる．しかしこれらの数理的な表現を用いると，意思決定状況に関するさまざまな事柄が厳密に表現できるようになる．例えば，決定ノード $d \in D$ で選択可能な行動全体の集合を $A(d)$ で表すとすると，これは $\{\alpha(m) \mid \sigma(m) = d, m \in V\}$ と表現できる．また，主体 i が選択可能な行動全体の集合を A_i と書こうとする場合，これは $\bigcup_{d \in D_i} A(d)$ と表せる．さらに，決定ノード $d \in D$ の直後のノード全体の集合であれば，$\{m \in V \mid \sigma(m) = d, m \neq d\}$ と書くことができる．この集合は $V(d)$ で表すことにしよう．

しかしもし，行動を選択しようとしている主体が他の主体のそれまでの行動選択について知ることができるかどうかといった，各主体が持っている知識の側面を表現しようとすると，「情報集合」と「情報集合と行動の対応」という要素を，さらに特定することが必要になる．第 1.1.1 節で紹介した囚人のジレンマの状況を展開形ゲームで表現した図 3.2 を用いて話を進めよう．

図 3.2: 展開形ゲームで表現された囚人のジレンマの状況

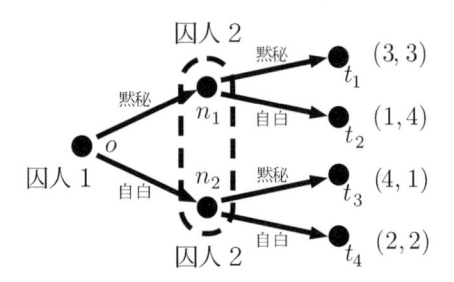

囚人のジレンマの状況では，通常，各囚人は他の囚人の行動の選択を知らずに自分の行動選択を行う，と想定される．このことを表現しているのが，図中で決定ノードを囲んでいる，点線の楕円である．点線で囲まれた複数の決定ノードにおいて行動の選択をする主体は，それらの決定ノードのうちどの決定ノードで行動選択をしているのかを知らずに行動を選ばなければならないのである．図

において最初に行動選択をするのは主体1であり，このとき主体1は黙秘あるいは自白という行動のいずれかを選ぶ．次に行動の選択をするのは主体2である．主体2が主体1の選択を知ることができれば，主体2は主体1の選択に応じて決定ノード n_1 か決定ノード n_2 のどちらで行動の選択をしているのかがわかる．しかし実際には，主体2は主体1が何を選んだかを知らずに選択をしなけらばならない．つまり主体2から見ると決定ノード n_1 と決定ノード n_2 は区別がつかないのである．

展開形ゲームの枠組では，意思決定を行う主体から見て区別がつかない決定ノードの集まりを情報集合と呼び，図を用いて意思決定状況を記述する場合にはそれらの決定ノードを点線で囲う．上の囚人のジレンマの状況では，主体1は $\{o\}$ という情報集合をもち，主体2は $\{n_1, n_2\}$ という情報集合を持つ．一般には，各主体は複数の情報集合を持つ．実際，ムカデゲームの状況では，主体1は2つの情報集合 $\{o\}$ と $\{n_2\}$ を持っている．

さらに，ある情報集合に属する決定ノードは意思決定を行う主体から見て区別がついてはいけないので，それぞれの決定ノードにおいて選択可能な行動の集合は一致していなければならない．つまり，情報集合が1つ定まると，その情報集合で選択可能な行動全体の集合が1つ定まらないといけないのである．「情報集合」と「情報集合と行動の対応」を数理的に記述するために以下のような記号を用意しよう．

- 情報集合

  意思決定状況の中の情報集合全体の集合を U で表す．囚人のジレンマの状況では，$U = \{\{o\}, \{n_1, n_2\}\}$ である．

- 情報集合と行動の対応

  任意の情報集合 $u \in U$ において選択可能な行動全体の集合を $A(u)$ で表す．ただし，どんな情報集合 $u \in U$ においても，u に属する決定ノード v において選択可能な行動全体の集合 $A(v) = \{\alpha(m) \mid \sigma(m) = v, m \in V\}$ と $A(u)$ は等しくなければならない．囚人のジレンマの状況では，$A(\{o\}) = \{$ 黙秘, 自白 $\}$, $A(\{n_1, n_2\}) = \{$ 黙秘, 自白 $\}$ であり，確かに $A(\{o\}) = A(o)$, $A(\{n_1, n_2\}) = A(n_1) = A(n_2)$ となっている．

3.2. 展開形ゲームの基礎

任意の $i \in N$ に対して，主体 i が行動の選択をするノード全体の集合は D_i で表されていた．これを用いると，主体 i が意思決定を行う情報集合全体の集合を $\{u \in U \mid u \subset D_i\}$ と表せる．これを U_i と書くことにする．

展開形ゲームを数理的に厳密に表現するためにはたくさんの要素が必要であった．結局，展開形ゲームは以下のように定義される．

定義 3.1 (展開形ゲーム) 展開形ゲームは，

$$(N, V, \sigma, A, \alpha, (D_i)_{i \in N}, (p_i)_{i \in N}, U, (A(u))_{u \in U})$$

という組である． □

3.2.2 展開形ゲームにおける戦略

前節で展開形ゲームの数理的な定義を与えた．しかし，標準形ゲームにおいて現れた「戦略」という概念がまだ登場していない．展開形ゲームにおける主体の戦略は，その主体が意思決定を行う情報集合それぞれに，その情報集合で選択する行動を割り当てるような関数として定義される．数理的に定義しよう．

定義 3.2 (展開形ゲームにおける戦略) 展開形ゲーム

$$(N, V, \sigma, A, \alpha, (D_i)_{i \in N}, (p_i)_{i \in N}, U, (A(u))_{u \in U})$$

が与えられているとする．任意の $i \in N$ に対して，主体 i の戦略とは，主体 i が意思決定を行う情報集合全体の集合 U_i から，主体 i の行動全体の集合 A_i への関数 s のうち，任意の $u \in U_i$ に対して $s(u) \in A(u)$ であるようなものである． □

例えばムカデゲームの状況では，主体1と主体2が意思決定を行う情報集合全体の集合は，それぞれ $\{\{o\}, \{n_2\}\}$ と $\{\{n_1\}\}$ であり，主体1は可能な戦略を4つ持っている．それぞれを s_1, s_2, s_3, s_4 と書くことにすると，

$$s_1(o) = a, \quad s_1(n_2) = e,$$

$$s_2(o) = a, \quad s_2(n_2) = f,$$
$$s_3(o) = b, \quad s_3(n_2) = e,$$
$$s_4(o) = b, \quad s_4(n_2) = f,$$

と書くことができる．一方，主体2の可能な戦略は2つである．これらを s'_1, s'_2 と書くと，

$$s'_1(n_1) = c,$$
$$s'_2(n_1) = d,$$

である．

　標準形ゲームのときと同じように，主体 i の戦略全体の集合を S_i と書くと，展開形ゲームにおいて起こり得る結果全体の集合は $S = \prod_{i \in N} S_i$ と表すことができる．起こり得る結果，すなわち各主体が選択した戦略の組 $s \in S$ が与えられると，終点ノードのうちのいずれかが定まる．例えばムカデゲームの状況で，主体1の戦略 s_3 と主体2の戦略 s'_2 の組 (s_3, s'_2) に対しては，行動が b, d, e の順に選択されていくことになるので，対応して決まる終点ノードは t_3 である．

3.3　展開形ゲームの分析

　標準形ゲームのときと同様，展開形ゲームの枠組においても，各主体がどの戦略を選び，どの結果が達成されそうかということを調べるためにさまざまな概念が用意されている．ここでは，ナッシュ均衡と後ろ向き帰納法と呼ばれる考え方を紹介する．標準形ゲームの枠組でも登場したナッシュ均衡は，ここでもやはり「どの主体も自分ひとりで戦略を変更しても得をしないということが成り立っているような結果」を指す概念である．一方，後ろ向き帰納法は，ムカデゲームの状況のような，どの情報集合もちょうど1つの決定ノードからなっているような展開形ゲームの分析に有用である．これらの概念を用いて囚人のジレンマの状況とムカデゲームの状況を分析することで，「個人の合理性と社会の効率性の矛盾」の可能性について明らかにしていく．さらに，現実の意思決定状況においてしばしば起こる「状況の全体像が見えていない」ということを考慮した分

析方法を紹介する.特に,展開形ゲームのノードに関して「先が見えていない」主体を扱うために,「主体の視野」という考え方が用いられる.ムカデゲームの状況における,意思決定主体の視野と利得の間の不思議な関係が明らかになる.

3.3.1 ナッシュ均衡

囚人のジレンマの状況を例にとってナッシュ均衡の考え方を説明していこう.標準形ゲームの場合と同じように展開形ゲームの場合にも「どの主体も自分ひとりで戦略を変更しても得をしないということが成り立っているような結果」のことをナッシュ均衡と呼ぶので,定義は以下のようになる.もちろんここでは展開形ゲーム

$$(N, V, \sigma, A, \alpha, (D_i)_{i \in N}, (p_i)_{i \in N}, U, (A(u))_{u \in U})$$

が与えられているとし,任意の $i \in N$ に対して,S_i で主体 i の戦略全体の集合を表すものとする.また,各主体 i の選好 R_i も,第 3.2.1 節で述べたように,p_i と整合する形で定義されているものとする.

定義 3.3 (ナッシュ均衡) 任意の $s^* = (s_i^*)_{i \in N} \in S$ に対して,結果 s^* がナッシュ均衡であるとは,任意の $i \in N$,任意の $s_i \in S_i$ に対して,

$$(s_i^*, s_{-i}^*) \, R_i \, (s_i, s_{-i}^*)$$

であるときをいう. □

形式的には,標準形ゲームの場合とまったく同じになることがわかるだろう.では実際に,展開形ゲームで記述された囚人のジレンマの状況でのナッシュ均衡が何になるか調べてみよう.

展開形ゲームの場合,各主体の戦略は「その主体が意思決定を行う情報集合それぞれに,その情報集合で選択する行動を割り当てるような関数」で表される.囚人のジレンマの状況の場合,囚人1の情報集合は $\{o\}$ であり,そこで囚人1が選択できる行動は黙秘か自白のいずれかである.したがって,囚人1の戦略は2

つあり, それらを s_1, s_2 と書くことにすると, $s_1(\{o\}) =$ 黙秘, $s_2(\{o\}) =$ 自白 と表せることになる. 囚人2の情報集合は $\{n_1, n_2\}$ である. ここでも囚人2は黙秘か自白を選択できるので, 2つの戦略を持つことになる. それらを s_1', s_2' と書くことにすると, $s_1'(\{n_1, n_2\}) =$ 黙秘, $s_2'(\{n_1, n_2\}) =$ 自白 と表せることになる.

ナッシュ均衡は「どの主体も自分ひとりで戦略を変更しても得をしないということが成り立っているような結果」であった. 各主体の戦略の組み合わせのうち, このことを満たしているのは, (s_2, s_2') だけであることがわかる. これは主体1, 主体2とも2という利得を手に入れられる結果であり, 展開形ゲームの図の中では t_4 という終点ノードで表されている. (s_1, s_1') という組み合わせにおいては, どちらの囚人も自分ひとりで戦略を変更することで得をすることができる. (s_1, s_2') と (s_2, s_1') については, それぞれ囚人1, 囚人2が, 戦略の変更をすることで得をすることができる. 結局, 標準形ゲームで記述した場合と同様, 展開形ゲームで記述した場合も, 囚人のジレンマの状況におけるナッシュ均衡は両方の主体が自白することから導かれる結果となることがわかり, やはり「個人の合理性と社会の効率性の矛盾」が発生していることがわかる.

3.3.2 後ろ向き帰納法

展開形ゲームには, どの情報集合もちょうど1つの決定ノードからなっているようなものと, そうでないものである. ムカデゲームの状況は前者の例であり, 囚人のジレンマの状況は後者の例である. 前者のような展開形ゲームの分析に有用な概念として後ろ向き帰納法がある. 後ろ向き帰納法は, 支配戦略均衡やナッシュ均衡と同様, 個人の合理的行動を記述するための概念である. その説明のためにムカデゲームの状況を用いるが, 一方で, ムカデゲームの状況の中に潜む「個人の合理性と社会の効率性の矛盾」の可能性も明らかになっているということに注意してほしい.

後ろ向き帰納法による分析は, その名の通り, 展開形ゲームの各決定ノードにおける意思決定を後ろ向きに考察していくことで進んでいく. 例えばムカデゲー

ムの状況を分析する場合であれば，まず，最後の決定ノードである n_2 に注目する．ここで意思決定を行うのは主体1である．主体1は行動 e か f のいずれか選択しなければならないが，その選択は簡単である．行動 e を選べば4，行動 f を選べば3という利得を手に入れられる結果に到達することになるので，主体1は，当然，行動 e を選ぶことになる．つまり，決定ノード n_2 に到達するということは，終点ノード t_3 に到達することと同じであると考えてよい．

次に考えるのは，その直前の決定ノードである n_1 である．ここで行動の選択をする主体2が，行動 c を選ぶと終点ノード t_2 へ，行動 d を選ぶと決定ノード n_2 に到達することになる．終点ノード t_2 における主体2の利得は3である．一方，上の考察から，決定ノード n_2 に到達するということは，終点ノード t_3 に到達するのと同じであると考えられるので，その主体2にとっての望ましさは利得2を受け取るのと同じである．したがって，より好ましい結果を望んでいる主体2は，決定ノード n_1 においては，行動 c を選ぶことになる．すなわち，決定ノード n_1 に到達することは，終点ノード t_2 に到達することと同じであると考えてよい．

まったく同じように決定ノード o における主体1の行動選択について考えると，主体1は行動 a を選ぶということがわかる．行動 a を選べば主体1の利得が2の終点ノード t_1 に到達する．一方，行動 b を選ぶと決定ノード n_1 に到達する．しかしこれは，上の考察から，終点ノード t_2 に到達することと同じであり，主体1にとっての望ましさは利得1を手に入れるのと同じである．したがって主体1は，決定ノード o においては，行動 a を選ぶ．

これが後ろ向き帰納法を用いたムカデゲームの状況の分析である．つまり，後ろ向き帰納法を用いると「ムカデゲームの状況では，最初の決定ノード o で主体1が行動 a を選択し，意思決定状況が終点ノード t_1 で終了する」という分析結果が出るわけである．このような分析は，ムカデゲームの状況のように，どの情報集合もちょうど1つの決定ノードからなっているような展開形ゲームで記述される意思決定状況に対しては，いつでも実行可能である．

さて，後ろ向き帰納法によるムカデゲームの状況の分析結果についてあなたはどのように考えるだろうか．分析は「終点ノード t_1 が達成される」としている．この結果においては，主体1の利得は2，主体2の利得は1である．しかし，

終点ノード t_3 や t_4 を考えると，これらはいずれも，両方の主体にとって終点ノード t_1 よりも望ましい．後ろ向き帰納法の分析には確かに各主体の合理的な意思決定が反映されていた．しかし各主体が合理的に振る舞うことで達成されるのは，主体の集まりという社会にとっては極めて効率の悪い結果である．つまり，ムカデゲームの状況の中にも「個人の合理性と社会の効率性の矛盾」の可能性が潜んでいるということがわかるのである．

3.3.3 主体の視野

ナッシュ均衡や後ろ向き帰納法の考え方を使った分析では，各主体は意思決定状況を最後まで見通しているということが暗に想定されていた．しかし現実の主体が状況全体を見通し，そのうえで行動選択を行うということは多くない．主体は状況についてある程度の情報は手に入れられても，状況を完全に把握するのは難しい．自分の前に行動を選択する機会が続いていることはわかるが，実際にどのような機会がありどのような結果が待っているかはわからないという主体が多い．このような「先が見えていない主体」を想定して展開形ゲームを分析するには，主体の視野という考え方を用いることができる．

視野という考え方においては，「先が見えない」ということを，行動を選択し先のノードに進んでいくことによって，さらに先の新しいノードを見通せるようになる，という前提を採用することで表現する．つまり各主体は，行動の選択と意思決定状況についての情報の入手を並行して行っていくのである．

では，まず，視野という概念を数理的に定義しよう．もちろん，展開形ゲーム

$$(N, V, \sigma, A, \alpha, (D_i)_{i \in N}, (p_i)_{i \in N}, U, (A(u))_{u \in U})$$

が与えられているとする．

定義 3.4 (視野) 任意の $i \in N$ に対して，主体 i の視野とは，決定ノード全体の集合 D から，ノード全体の集合のべき集合 $P(V)$ への関数 $f_i : D \to P(V)$ のうち，任意の $d \in D$ に対して，

1. $f_i(d)$ が d を要素として含み，

3.3. 展開形ゲームの分析

2. $d' \neq d$ であるような任意の $f_i(d)$ の要素 d' に対して，ある正の整数 k が存在して，$d = \sigma^k(d')$ であり，かつ，$k' < k$ であるような任意の正の整数 k' に対して $\sigma^{k'}(d')$ が $f_i(d)$ の要素になっている

ようなものである．任意の $i \in N$，任意の $d \in D$ に対して，$f_i(d)$ を，決定ノード d における主体 i の視野と呼ぶ．各主体 $i \in N$ の視野 f_i の組 $(f_i)_{i \in N}$ を f で表し，視野と呼ぶ． □

条件の第1番目は，各主体の各決定ノードにおける視野に，その決定ノード自身が含まれていることを表す．第2番目の条件は，ある決定ノードにおける視野にはその決定ノードから先のノードしか含まれず，また別のノードが含まれる場合には，そのノードと元のノードの間にあるノードはすべて視野に含まれるということを表している．ムカデゲームの状況では，決定ノード全体の集合 D は $\{o, n_1, n_2\}$ であった．

図 3.3: ムカデゲームの状況

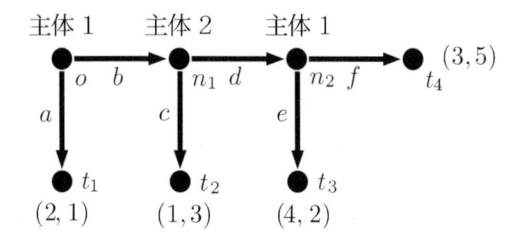

もし，

> 各決定ノードにおいて主体が見ることができるのは，その決定ノードとそのノードの直後にあるノードだけである．

とするならば，主体1と主体2の視野 f_1 と f_2 は，

$$f_1(o) = \{o, n_1, t_1\}, \quad f_1(n_1) = \{n_1, n_2, t_2\}, \quad f_1(n_2) = \{n_2, t_3, t_4\}$$

$$f_2(o) = \{o, n_1, t_1\}, \quad f_2(n_1) = \{n_1, n_2, t_2\}, \quad f_2(n_2) = \{n_2, t_3, t_4\}$$

となる．

各主体は自分の視野から情報を得る．ここで考える情報は，視野の中に含まれる決定ノードに対する評価である．各決定ノードの評価は，その決定ノードから到達できる終点ノードに対する選好を反映したものであってほしい．このような情報を数理的に表してみよう．

定義 3.5 (評価) 任意の $i \in N$ に対して，主体 i のノードに対する評価とは，ノード全体の集合 V から実数への関数 $g_i : V \to \mathbb{R}$ のうち，

1. 任意の $t \in T$ に対して，$g_i(t) = p_i(t)$ であり，
2. 任意の $d \in D$ に対して，ある関数 $g'_{i,d}$ が存在して，

$$g_i(d) = g'_{i,d}((g_i(w))_{w \in V(d)})$$

である

ようなものである．ただし，$V(d)$ は，決定ノード d の直後のノード全体の集合，すなわち，$V(d) = \{m \in V \mid \sigma(m) = d, m \neq d\}$ である． □

最初の条件は，各主体の終点ノードに対する評価は，そこから得られる利得に等しいということを表し，2番目の条件は，各決定ノードの評価は，その直後のノードの評価に応じて決まるということを表している．すなわち，順番としては，まず終点ノードの評価が決まり，ついで展開形ゲームの図をさかのぼっていくことで，各決定ノードの評価が決まっていくことになる．その様子を，任意の $i \in N$, 任意の $d \in D$ に対する関数 $g'_{i,d}$ として，「平均をとる」というものを考えて，ムカデゲームの状況の場合で見てみよう．

主体1の評価 g_1 を考える．評価の定義の最初の条件から，各終点ノード t_1, t_2, t_3, t_4 に対する評価は，そこでの主体1の利得に等しいから，それぞれ 2, 1, 4, 3 となる．すなわち，

$$g_1(t_1) = 2, \quad g_1(t_2) = 1, \quad g_1(t_3) = 4, \quad g_1(t_4) = 3$$

3.3. 展開形ゲームの分析

である.次に決定ノード o, n_1, n_2 に対する評価を考える.評価の定義の 2 番目の条件から,決定ノードのうち直後のノードがすべて終点ノードになっているようなもの,すなわち,この場合でいうと n_2 から評価が決まる.決定ノード n_2 の直後のノードは t_3 と t_4 である.これらの評価はすでにそれぞれ 4, 3 と決まっているので,n_2 に対する評価 $g_1(n_2)$ として,これらの平均をとれば,

$$g_1(n_2) = \frac{4+3}{2} = 3.5$$

となる.続いて,決定ノード n_1 の評価 $g_1(n_1)$ が決まる.n_1 の直後のノードである t_2 と n_2 の評価がすでにそれぞれ 1, 3.5 と決まっているからである.これらの平均をとることで,

$$g_1(n_1) = \frac{1+3.5}{2} = 2.25$$

となる.同じように,原点ノード o に対する評価 $g_1(o)$ も決まる.o の直後のノード t_1, n_1 に対する評価は 2, 2.25 である.したがって,

$$g_1(o) = \frac{2+2.25}{2} = 2.125$$

となる.

まったく同じ手続きで主体 2 の評価 g_2 も求めることができる.実際,

$$g_2(t_1) = 1, \quad g_2(t_2) = 3, \quad g_2(t_3) = 2, \quad g_2(t_4) = 5$$

$$g_2(n_2) = \frac{2+5}{2} = 3.5, \quad g_2(n_1) = \frac{3+3.5}{2} = 3.25, \quad g_2(o) = \frac{1+3.25}{2} = 2.125$$

となる.見やすくするために各主体の評価を展開形ゲームの図に書きこむと図 3.4 のようになる.

視野と評価という考え方を用いると,「先が見えない」ことを表現できる.では「先が見えない」ことは状況の最終的な結果にどのような影響を与えるだろうか.ここでは,「先が見えていない」意思決定主体が次のように行動を選択していくものとして分析を行うことにする.

図 3.4: ムカデゲームの状況における評価

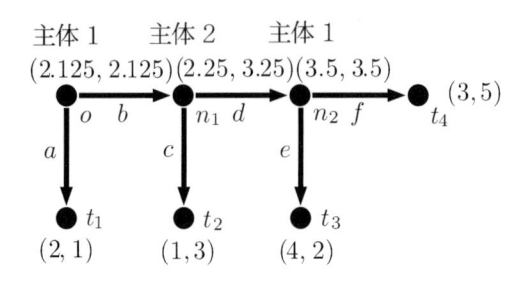

主体 1　　主体 2　　主体 1
(2.125, 2.125) (2.25, 3.25) (3.5, 3.5)

各主体は自分の決定ノードで行動の選択を行う．各決定ノードにおいて，そこで行動選択する主体が見ることができるのは，その主体のそのノードにおける視野の中にあるノードとそれらのノードに対する評価だけである．行動選択が行われると次のノードが定まる．次のノードが終点ノードである場合には意思決定状況は終了し，決定ノードである場合にはそこで行動選択を行う主体の意思決定の番となる．

このような意思決定が行われるとどのような結果が達成されるだろうか．実際にムカデゲームの状況を分析してみよう．ここでは，各決定ノードにおける各主体の視野はその直後のノードすべてからなるとし，各主体 $i \in N$ の各決定ノード $d \in D$ に対する評価を定める関数 $g'_{i,d}$ として「平均をとる」というものを考える．さらに，各主体の各決定ノードにおける行動選択は「直後のノードのうち最も高い評価を持つノードに到達する行動を選択する」という方法に基づくものとする．

最初に決定ノード o で行動の選択をするのは主体1である．主体1の o における視野は $f_1(o) = \{o, n_1, t_1\}$ である．主体1の n_1 と t_1 に対する評価はそれぞれ $g_1(n_1) = 2.25$ と $g_1(t_1) = 2$ なので，主体1はノード n_1 を目指して行動 b を選択することになる．意思決定状況がノード n_1 に到達すると，次は主体2の行動選択の番である．主体2の n_1 における視野は $f_2(n_1) = \{n_1, n_2, t_2\}$ であ

3.3. 展開形ゲームの分析

り, 直後のノードそれぞれに対する評価は, $g_2(n_2) = 3.5$, $g_2(t_2) = 3$ なので, 主体2はノード n_2 を目指して行動 d を選ぶ. ノード n_2 で行動選択するのは主体1である. ここでの主体1の視野は $f_1(n_2) = \{n_2, t_3, t_4\}$ であり, ノード t_3 と t_4 に対する主体1の評価はそれぞれ $g_1(t_3) = 4$, $g_1(t_4) = 3$ なので, 主体1は行動 e を選ぶ. 結果として t_3 という結果が達成される.

ここでは視野と評価という考え方を用いて, 意思決定状況の分析に「先が見えない」ということを導入した. その結果, ムカデゲームの状況において「終点ノード t_3 が達成される」ということがわかった. もちろん, この結果は視野や評価の設定の仕方によって変わってくるということに注意しなければならない. しかしここで思い出してほしいのが, 第 3.3.2 節の後ろ向き帰納法によるムカデゲームの状況の分析結果である. そこでの結論は「終点ノード t_1 が達成される」というものであった. 後ろ向き帰納法による分析で想定されているのは, 展開形ゲームの図全体にわたる視野を持ち, すべての終点ノードにおける利得をあらかじめ知っている主体, すなわち, 状況について完全な情報を持っている主体なのである. そのような主体が, 情報を部分的にしか持たずに意思決定を行う「先が見えていない」主体よりも, 両方の主体にとって劣った結果しか達成できていない. このことは, ムカデゲームにおける「個人の合理性と社会の効率性の矛盾」とは別に, いわば「個人が持っている情報と社会の効率性の矛盾」と捉えられるべき現象である.

また, 後ろ向き帰納法で想定されているのは「利用できる情報をすべて合理的に用いる主体」であり, 視野を用いた分析で考えられているのは「利用できる情報を集約して用いる主体」であるとも捉えられる. さらに, 視野が狭い主体は集約された情報だけが利用可能で, 結果的に情報の全体像だけを見ているという意味で, 情報の利用に関して柔軟であると考える. すると, 視野を導入したムカデゲームの状況の分析の結果は, 後ろ向き帰納法による分析結果における「個人の合理性と社会の効率性の矛盾」は情報の利用に関する柔軟性で克服可能である, ということを示していると考えることもできるようになる.

3.4 繰り返しゲーム

前節で，ムカデゲームの状況における「個人の合理性と社会の効率性の矛盾」は，視野と評価という考え方，すなわち，情報の利用に関する主体の柔軟性で部分的にではあるが克服できるということを見た．では，囚人のジレンマの状況における「個人の合理性と社会の効率性の矛盾」についてはどうだろうか．

ここで考えるのは，「長期的視点を持つ」というタイプの主体の柔軟性による克服である．主体の長期的な視点は，展開形ゲームの特別な形である「繰り返しゲーム」を用いて表現される．そこでまず，繰り返しゲームとはどういうものかを見よう．

3.4.1 囚人のジレンマの繰り返しゲーム

第 3.2.1 節で見たように，囚人のジレンマの状況は展開形ゲームで以下のように表される．

図 3.5: 展開形ゲームで表現された囚人のジレンマの状況

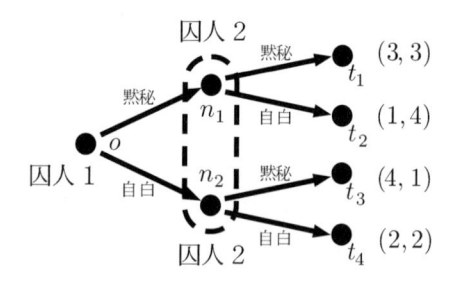

また，第 3.3.1 節で説明した通り，展開形ゲームで表された囚人のジレンマの状況における各主体の戦略は，囚人 1 が，

$$s_1(\{o\}) = 黙秘, \quad と \quad s_2(\{o\}) = 自白$$

3.4. 繰り返しゲーム

の2つ, 囚人2が,

$$s'_1(\{n_1, n_2\}) = 黙秘, \quad と \quad s'_2(\{n_1, n_2\}) = 自白$$

の2つである.

今, 囚人1と囚人2が, 同じ囚人のジレンマの状況に2回巻き込まれるとしよう. 現実にはなかなか起こらないことかもしれないが, 例えば, この2人の囚人は常習的に犯罪を行っていて, 次の犯罪でも同じような状況に巻き込まれる可能性がある場合などを考えるのである. 1回目でも2回目でも, 各囚人が自分の持っている戦略のうちいずれかを選ぶことには変わりはない. しかし, 2回目の場合には, 1回目にどのような結果が起こったかを知ったうえで行動の選択を行うことができる. このことに注意すると, 「囚人のジレンマの状況を2回繰り返す」という意思決定状況が図 3.6 のような展開形ゲームで記述できることがわかるだろう.

決定ノード o と n_1, n_2, そして t_1 から t_4 までは, 1回目の状況に対応する. 特に, 決定ノード t_1, t_2, t_3, t_4 は, 1回目の状況の終点ノードとして見ることもでき, それぞれが1つの情報集合をなしていることが, 各囚人は1回目にどのような結果が起こったかを知ったうえで2回目の行動の選択を行える, ということを表現している. これらのノードは, それぞれ2回目の原点ノードとしての役割も担っている. さらに n_3 から n_{10} の決定ノードが2回目の決定ノードになっており, 全体の終点ノードである t_5 から t_{20} までは, 2回目の終点ノードでもある.

各終点ノードにおける各主体の利得は, 1回目と2回目の結果に応じて決まる. 例えば, 主体1が1回目に自白, 2回目に黙秘を選択し, 主体2が1回目に黙秘, 2回目に黙秘を選択すると, ノードを o, n_2, t_3, n_7, t_{13} とたどることになり, 主体1は1回目に利得 4, 2回目には 3 を得て, 主体2はそれぞれの回に利得 1 と 3 を手に入れることになる.

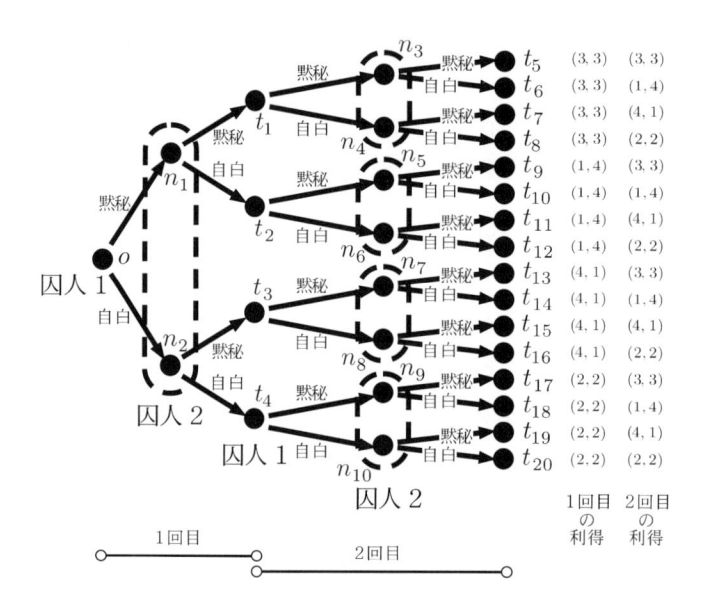

図 3.6: 囚人のジレンマを 2 回繰り返す状況

3.4.2 繰り返しゲームの戦略

ここまでの説明で，繰り返しゲームは展開形ゲームの特殊な場合であることが理解できたと思う．繰り返しゲームも展開形ゲームの要素，すなわち，

$$(N, V, \sigma, A, \alpha, (D_i)_{i \in N}, (p_i)_{i \in N}, U, (A(u))_{u \in U})$$

を与えることで記述できるのである．囚人のジレンマの状況を 2 回繰り返すゲームでは，例えば，$N = \{$囚人 1, 囚人 2$\}$，$V = \{o, n_1, \ldots, n_{10}, t_1, \ldots, t_{20}\}$，$A = \{$黙秘, 自白$\}$ などとなる．ここで注意しなければならないのは戦略と行動の間の関係である．囚人のジレンマの状況を 1 回だけ行うことを考えた場合，各囚人はそれぞれ 2 つの戦略を持っていた．しかし，同じ囚人のジレンマの状況の繰り返しゲームを考える場合には，これらの戦略は展開形ゲームにおける行動

3.4. 繰り返しゲーム

として扱われることになる．前節で挙げた各囚人の戦略 s_1, s_2, s'_1, s'_2 は，これからは行動として扱わなければならない．そこで記号の混乱を避けるために，今後これらは，「黙秘」あるいは「自白」と行動を直接書くことで表す．したがって，展開形ゲームの要素のうち，行動全体の集合 A が｛黙秘, 自白｝と表されることになる．また，上記の s という記号は，繰り返しゲームにおける戦略を表すために用いることにする．

では，繰り返しゲームにおける戦略はどのように記述されるだろうか．上で見たように，各囚人は 1 回目にどのような結果が起こったかを知ったうえで 2 回目の行動の選択を行うことができる．つまり，繰り返しゲームにおける主体の戦略を記述するためには，「1 回目には自白，2 回目には黙秘」というように，主体が各回に選択する行動を列挙するだけでは不十分なのである．第 3.2.2 節で説明したように，展開形ゲームにおいては，ある主体の戦略は，その主体が意思決定を行う情報集合それぞれにその情報集合で選択する行動を割り当てるような関数として定義される．このことは，繰り返しゲームにおいては，すべての回に対して，過去の回に何が起こったかに応じて今回の行動を選択するような関数を与えることに他ならない．なぜなら，過去の回に起こった結果の履歴と展開形ゲームの各主体の情報集合は 1 対 1 に対応するからである．実際，囚人のジレンマの状況を 2 回繰り返すゲームでは，各囚人の情報集合と 1 回目の結果を表 3.1 のように対応付けることができる．

表 3.1: 1 回目の結果と情報集合との対応

1 回目の結果 (左が囚人 1, 右が囚人 2 の行動)	囚人 1 の情報集合	囚人 2 の情報集合
(黙秘, 黙秘)	$\{t_1\}$	$\{n_3, n_4\}$
(黙秘, 自白)	$\{t_2\}$	$\{n_5, n_6\}$
(自白, 黙秘)	$\{t_3\}$	$\{n_7, n_8\}$
(自白, 自白)	$\{t_4\}$	$\{n_9, n_{10}\}$

では，繰り返しゲームにおける戦略が数理的にどのように定義されるかを見ていこう．ここからは，一般的に話を進めるために，囚人のジレンマの状況が何度も繰り返される場合を考える．有限回の繰り返しはもちろん，無限回の繰り返しも議論の中に含めるため，繰り返しの総数を表す記号として T を用いる．T は，状況が有限回繰り返されるのであれば，ある正の整数 t に対して $T = \{1, 2, \ldots, t\}$ となるし，無限回繰り返されるのであれば $T = \{1, 2, \ldots\}$ となる．例えば，$t \in T$ であるような t に対して，t 回目の囚人のジレンマの状況，などと使う．また，「囚人 1」，「囚人 2」は，それぞれ簡単に 1, 2 と表すこともある．例えば，意思決定主体全体の集合 N は $N = \{1, 2\}$ となる．

各囚人が t 回目の囚人のジレンマの状況における行動選択を行おうとしているところを考える．このとき各囚人は，1 回目から $t-1$ 回目までがどのような結果になったかを知っている．今，$0 \leq u \leq t-1$ であるような u に対して，u 回目の囚人のジレンマの状況の結果を π^u と書くことにし，各囚人 $i \in N$ が選択した行動を π_i^u で表す．ただし $u = 0$ のときは便宜的に $\pi^0 = (\pi_1^0, \pi_2^0) = (0, 0)$ とする．例えば，もし u 回目に囚人 1 が黙秘して，囚人 2 が自白したとしたら，$\pi^u = (黙秘, 自白)$ となり，$\pi_1^u = 黙秘$，$\pi_2^u = 自白$ となる．この記号を用いると，1 以上の任意の整数 t に対して，0 回目から $t-1$ 回目までの結果は，$(\pi^u)_{0 \leq u \leq t-1}$ で表せる．これを t 回目における履歴と呼び，h^t と書こう．t 回目における履歴 h^t は，$(0, 0)$ とともに各囚人の行動の組み合わせを $t-1$ 個並べたものである．例えば，3 回目の履歴 h^3 であれば，

$$h^3 = ((0,0), (黙秘, 黙秘), (自白, 自白))$$

などと表せる．したがって h^t は，$t = 1$ のときは $(0, 0)$，$t > 1$ のときは集合 $\{(0, 0)\} \times (A \times A)^{t-1}$ の要素となる．ただし，$(A \times A)^{t-1}$ は集合 $A \times A$ を $t-1$ 個だけ直積したものである．各囚人は履歴 h^t を参照しながら t 回目の行動を選択するので，h^t が変われば t 回目の行動も変わってくるかもしれない．このような履歴と行動の間の関係は関数を用いることで表現できる．つまり，任意の $i \in N$ に対して，囚人 i が t 回目の履歴 h^t を見たときに t 回目に選択する行動を $a_i^t(h^t)$ で表すことにすると，囚人 i の t 回目の履歴と行動の間の関係は a_i^t という関数で表されることになる．ただし a_i^t は，$t = 1$ のときは $\{(0, 0)\}$ から，

3.4. 繰り返しゲーム

$t > 1$ のときは $\{(0,0)\} \times (A \times A)^{t-1}$ から A への関数である.

さて,いよいよ各囚人の戦略を定義することができる.各囚人の戦略は,すべての回に対して,過去の回に何が起こったかに応じて今回の行動を選択するような関数を与えることで表現できる.このことは,囚人 $i \in N$ の場合であれば,任意の $t \in T$ に対して関数 a_i^t を与えることに対応する.すなわち,任意の $i \in N$ に対して,囚人 i の戦略は $(a_i^t)_{t \in T}$ で表されることになる.したがって,囚人 i の戦略全体の集合 S_i は,

$$S_i = \{s_i = (a_i^t)_{t \in T} \mid a_i^t : \{(0,0)\} \to A \ (t=1),$$
$$a_i^t : \{(0,0)\} \times (A \times A)^{t-1} \to A \ (t>1)\}$$

となる.また,標準形ゲームのときと同じように $\prod_{i \in N} S_i$ を S で表す.

各囚人 $i \in N$ の戦略 $s_i = (a_i^t)_{t \in T}$ の組,すなわち,S の要素 $s = (s_1, s_2)$ が 1 つ与えられると,任意の $t \in T$ に対して t 回目の囚人のジレンマの状況の結果 π^t が定まること,すなわち繰り返しゲームの全体としての結果が決まることを見てみよう.

1 回目には,$h^1 = \pi^0 = (0,0)$ なので,各囚人 $i \in N$ は行動 $a_i^1((0,0)) \in A$ を選択し,$\pi^1 = (a_1^1((0,0)), a_2^1((0,0)))$ という結果が達成される.2 回目には,各囚人 $i \in N$ は π^0 と π^1 を履歴 h^2 として参照して,行動 $a_i^2(h^2) \in A$ を選択する.つまり 2 回目の結果は $\pi^2 = (a_1^2(h^2), a_2^2(h^2))$ となる.さらに 3 回目のゲームでは,各囚人 $i \in N$ は π^0, π^1, π^2 を履歴 h^3 として参照し,行動 $a_i^3(h^3) \in A$ を選択する.したがって,3 回目の結果は,$\pi^3 = (a_1^3(h^3), a_2^3(h^3))$ となる.一般に t 回目のゲームでは,各囚人 $i \in N$ は 0 回目から $t-1$ 回目までの結果 $\pi^0, \pi^1, \pi^2, \ldots, \pi^{t-1}$ を履歴 h^t として参照して,行動 $a_i^t(h^t) \in A$ を選ぶことになる.したがって,t 回目の結果が,$\pi^t = (a_1^t(h^t), a_2^t(h^t))$ と決まるのである.

一般に,各回の結果の組 $(\pi^t)_{t \in T}$ を π で表す.もし π や任意の $t \in T$ に対する π^t が,各囚人の戦略の組 $s = (s_1, s_2) \in S$ が 1 つ与えられることによって定まるものであれば,そのことを明示して,$\pi(s)$,あるいは $\pi^t(s)$ などと書くことにする.

ではここで実際に,各囚人の戦略の例を考えて,そこから決まる繰り返しゲームの全体としての結果を見てみよう.各囚人の戦略として次のようなものを考

える．

　任意の $t \in T$ に対して，もし相手が $t-1$ 回目までに一度も自白していなかったら，自分は t 回目のゲームで黙秘する．そうでなかったら，つまり，もし相手が $t-1$ 回目までのゲームで一度でも自白していたら，自分は t 回目のゲームで自白する．

任意の $i \in N$ に対して，囚人 i のこの戦略 $s_i = (a_i^t)_{t \in T}$ は数理的には次のように書ける．

　任意の $t \in T$, 任意の t 回目の履歴 $h^t = (\pi^u)_{0 \leq u \leq t-1}$ (ただし, $t=1$ のときは $h^t = (\pi_1^0, \pi_2^0) = (0,0)$) に対して，

$$a_i^t(h^t) = \begin{cases} 黙秘 & \text{if } \pi_j^u \neq 自白 \\ & (0 \leq \forall u \leq t-1, i \neq \forall j \in N) \\ 自白 & \text{otherwise} \end{cases}$$

では，各囚人 $i \in N$ がこの戦略をとった場合，繰り返しゲーム全体としてはどのような結果になるだろうか．1 回目から順に見ていこう．

　まず 1 回目の履歴 $h^1 = \pi^0 = (0,0)$ を考える．$j \neq i$ であるような j に対して，$\pi_j^0 = 0 \neq 自白$ であるから，囚人 i の 1 回目の行動 $a_i^1(h^1)$ は黙秘になる．両方の囚人が黙秘するので，1 回目の結果 π^1 は (黙秘,黙秘) となる．2 回目には，囚人 i は π^0 と π^1 を履歴 h^2 として参照する．$\pi_j^0 = 0 \neq 自白$ かつ $\pi_j^1 = 黙秘 \neq 自白$ なので，囚人 i の 2 回目の行動 $a_i^2(h^2)$ は黙秘になる．やはり両方の囚人が黙秘するので，2 回目の結果 π^2 は (黙秘,黙秘) となる．さらに 3 回目には，囚人 i は π^0, π^1, π^2 を履歴 h^3 として参照する．$\pi_j^0 = 0 \neq 自白$ かつ $\pi_j^1 = \pi_j^2 = 黙秘 \neq 自白$ なので，囚人 i の 3 回目の行動 $a_i^3(h^3)$ は黙秘になる．ここでも両方の囚人が黙秘するので，3 回目の結果 π^3 は (黙秘,黙秘) となる．同じように考えていくと，一般に t 回目には，囚人 i は 0 回目から $t-1$ 回目までの結果 $\pi^0, \pi^1, \pi^2, \ldots, \pi^{t-1}$ を履歴 h^t として参照する．$\pi_j^0 = 0 \neq 自白$ かつ $\pi_j^1 = \pi_j^2 = \cdots = \pi_j^{t-1} = 黙秘 \neq 自白$ なので，囚人 i の t 回目の行動 $a_i^t(h^t)$ は黙秘になる．両方の囚人が黙秘するので，t 回目の結果 π^t も (黙秘,黙秘) となる．

結局, 上記の戦略によって繰り返しゲーム全体は, 両方の囚人が黙秘をし続けるという結果になることがわかる.

3.4.3 割引因子と繰り返しゲームの利得

囚人のジレンマの状況を繰り返すゲームにおいて各囚人が戦略を1つ選択すると, それに応じて繰り返しゲームの全体としての結果が定まる. では各囚人は, 起こり得る結果から得られる利得をいくらと見積もればいいのだろうか.

「繰り返しゲームの結果は, 各回のゲームの結果の列である. つまり各囚人は, 各回のゲームから利得を手に入れることになる. だから各囚人は, 各回から得られる利得の合計を用いて, 起こり得る結果を評価すればよい.」この考え方はとても自然に見える. しかし, 特に無限回の繰り返しゲームの分析にはあまり有用でない. 実際, 囚人のジレンマの状況を無限回繰り返すゲームにおいて, 「両方の囚人が自白し続ける」という結果と「両方の囚人が黙秘し続ける」という結果を考えると, そのどちらもが両方の囚人に無限大の利得を与えることになることがわかる. しかし各主体の各回の利得は前者が2, 後者が3であって, 各囚人の立場からは明らかに後者の結果を高く評価したい. 各囚人の評価を適切に表現できていないという意味で, 各回の利得の合計を用いた結果の評価の仕方は有用でないのである.

そこで, 「平均利得」と「割引因子」を用いることを考える. 平均利得とは, 繰り返しゲームのある結果を考えたときに, 各回の利得の平均はいくつかということを考えることに相当する. 繰り返しが有限の場合には単純に利得の合計を求めて繰り返しの回数で割ればよい. 繰り返しが無限の場合には, 任意の有限回までの平均利得を求めて, さらに繰り返しの回数についての極限を考えることで平均利得の定義とするのである. 一方の割引因子は, 未来の利得を現在の利得に換算する場合に用いる数である. 一般に, 同じ大きさの利得であれば, 未来に受け取るよりも現在受け取った方が価値が高い. したがって, 繰り返しゲームのある結果を評価するには, 各回の利得を現在の利得として換算したうえで合計する必要がある. もちろん, 利得を手に入れるのが未来であればあるほど, そ

の現在の価値は低くならなくてはならない．このような利得と価値の間の関係を表現するために割引因子を用いる．割引因子は，0より大きく1より小さい実数であり，これは δ という記号で表される．そして，各回の利得の価値はその直前の回の利得の価値の δ 倍になる，と考えるのである．つまり，1回目の利得に換算すると，2回目の1の利得は δ だけの価値，3回目の1の利得は δ^2 だけの価値，$\cdots$，となり，一般に，t 回目の1の利得は δ^{t-1} だけの価値となるわけである．

平均利得と割引因子の考え方を用いて，囚人のジレンマの状況の繰り返しゲームにおける各囚人の利得を数理的に書いてみよう．任意の $i \in N$ に対して，任意の起こり得る結果 $\pi = (\pi^t)_{t \in T}$ に囚人 i がその結果から手に入れる利得を現在の価値に換算した値を割り当てる関数を，囚人 i の利得関数と呼んで $\wp_i$ で表すことにする．この関数は T の大きさに応じて次のように定義される．

$$\wp_i(\pi) = \begin{cases} (\sum_{t=1}^{T} \delta^{t-1})^{-1}(\sum_{t=1}^{T} \delta^{t-1} p_i(\pi^t)) & \text{if } T < \infty \\ (1-\delta)(\sum_{t=1}^{\infty} \delta^{t-1} p_i(\pi^t)) & \text{if } T = \infty \end{cases}$$

1番目の式は繰り返しが有限回の場合である．割引因子の考え方により，t 回目の1の利得は δ^{t-1} という現在の利得に換算される．$\sum_{t=1}^{T} \delta^{t-1} p_i(\pi^t)$ の部分は，現在の利得に換算された各回の利得の合計である．さらに，平均利得を適切に求めるためには，利得の換算と同時に繰り返し回数の換算も必要である．具体的には，t 回目は「δ^{t-1} 回」として数えるのである．$(\sum_{t=1}^{T} \delta^{t-1})^{-1}$ の部分は「換算された繰り返し回数」の合計を表している．2番目の式は，繰り返しが無限回の場合である．$(\sum_{t=1}^{\infty} \delta^{t-1})^{-1} = 1 - \delta$ であるということに注意すれば，有限回の場合と同じ考え方に基づいて作られた式であることがわかるだろう．

3.4.4 合理性と効率性の両立

囚人のジレンマの状況の繰り返しゲームにおいて各囚人の利得が定義されると，繰り返しゲーム全体の分析が可能になる．ここからは囚人のジレンマの状況を無限回繰り返すゲームだけを考える．まず，各囚人の合理的な選択を表すための概念であるナッシュ均衡を定義しよう．

定義 3.6 (ナッシュ均衡) 囚人のジレンマ状況を無限回繰り返すゲームを考える．任意の $s^* = (s_1^*, s_2^*) \in S$ に対して，結果 s^* がナッシュ均衡であるとは，任意の $i \in N$，任意の $s_i \in S_i$ に対して，

$$\wp_i(\pi(s_i^*, s_{-i}^*)) \geq \wp_i(\pi(s_i, s_{-i}^*))$$

であるときをいう． □

ここでも，標準形ゲームや展開形ゲームのときと同様にナッシュ均衡が定義されることに注意してほしい．また，標準形ゲームで表された囚人のジレンマの状況でも展開形ゲームで表された囚人のジレンマの状況でも，そのナッシュ均衡は，(自白,自白) という社会的には非効率な結果であっことを思い出してほしい．では，囚人のジレンマの状況を無限回繰り返すゲームではどうだろうか．やはり個人の合理性と社会の効率性は矛盾してしまうのだろうか．答えは否である．すなわち，囚人のジレンマの状況を無限回繰り返すゲームでは，ナッシュ均衡になっているような戦略の組で，各回のゲームにおいてパレート最適な結果，例えば (黙秘,黙秘) を導くようなものが存在し得るのである．以下でそのことを見ていこう．

個人の合理性と社会の効率性を両立させるための戦略は，実はすでに登場している．第 3.4.2 節で用いた，

> 任意の $t \in T$ に対して，もし相手が $t-1$ 回目までに一度も自白していなかったら，自分は t 回目のゲームで黙秘する．そうでなかったら，つまり，もし相手が $t-1$ 回目までのゲームで一度でも自白していたら，自分は t 回目のゲームで自白する．

という戦略がそうである．第 3.4.2 節では，両方の主体がこの戦略を用いるときにはすべての回が (黙秘, 黙秘) という結果になるということを見た．

では，両方の囚人がこの戦略を選択することはナッシュ均衡になっているだろうか．今，囚人1がこの戦略を選び，囚人2が別の戦略を選択して，繰り返しゲーム全体としては別の結果になったとする．囚人1は囚人2が自白を選ばない限り自白を選ばないので，囚人2が囚人1よりも先に自白を選ぶとしてよい．そこで，囚人2が最初に自白を選ぶのは t 回目であるとして分析を進めよう．すると，

> $t-1$ 回目までの回では (黙秘, 黙秘) が達成されるので，囚人2は利得3を受け取る．t 回目には (黙秘, 自白) が達成されて，囚人2は利得4を得る．$t+1$ 回目以降の回では囚人1は自白し続けるので，囚人2は最大でも利得2しか得られない．

となる．すると囚人2の利得は，最も多くても，

$$(1-\delta)(\sum_{u=1}^{t-1} 3\delta^{u-1} + 4\delta^{t-1} + \sum_{u=t+1}^{\infty} 2\delta^{u-1})$$
$$= 3(1-\delta)(\sum_{u=1}^{t-1} \delta^{u-1}) + 4(1-\delta)\delta^{t-1} + 2(1-\delta)(\sum_{u=t+1}^{\infty} \delta^{u-1})$$
$$= 3(1-\delta^{t-1}) + 4(1-\delta)\delta^{t-1} + 2\delta^t(1-\delta)(\sum_{u=1}^{\infty} \delta^{u-1})$$
$$= 3(1-\delta^{t-1}) + 4(1-\delta)\delta^{t-1} + 2\delta^t$$
$$= 3 + \delta^{t-1} - 2\delta^t$$

となる．一方，囚人2が元の戦略を選んだ場合の利得は，

$$(1-\delta)\sum_{u=1}^{\infty} 3\delta^{u-1} = 3(1-\delta)\sum_{u=1}^{\infty} \delta^{u-1}$$
$$= 3$$

である．したがって，もし δ が $\delta \geq \dfrac{1}{2}$ を満たしていれば，元の戦略の組はナッシュ均衡になることがわかる．実際，元の戦略の組がナッシュ均衡であるために

3.4. 繰り返しゲーム

は，主体2が戦略を変更しても得をしてはならないので，δ は，

$$3 \geq 3 + \delta^{t-1} - 2\delta^t$$

を満たさなければならない．逆にこの式が満たされていれば，元の戦略の組はナッシュ均衡である．さらにこの式は，

$$\Leftrightarrow 2\delta^t \geq \delta^{t-1}$$
$$\Leftrightarrow \delta \geq \frac{1}{2}$$

と同値変形ができる．

今までの議論をまとめよう．囚人のジレンマ状況を無限回繰り返すゲームにおいて，割引因子 δ が $\delta \geq \frac{1}{2}$ を満たしている場合，もし両方の囚人が，

> 任意の $t \in T$ に対して，もし相手が $t-1$ 回目までに一度も自白していなかったら，自分は t 回目のゲームで黙秘する．そうでなかったら，つまり，もし相手が $t-1$ 回目までのゲームで一度でも自白していたら，自分は t 回目のゲームで自白する．

という戦略を選択するのであれば，それはナッシュ均衡であり，同時に各回において (黙秘, 黙秘) というパレート最適な結果を達成する．

囚人のジレンマの状況においては，それを標準形ゲームで表しても展開形ゲームで表しても，個人の合理性と社会の効率性が矛盾していた．すなわち，ナッシュ均衡であり同時にパレート最適であるような結果は存在しなかった．しかし，ここでの議論でわかったように，囚人のジレンマの状況を無限回繰り返すと，ナッシュ均衡でありかつパレート最適であるような戦略の組が出現するのである．

繰り返しゲームは，現実的には，意思決定主体間の長期的な相互作用を表現していると考えられる．ここでの分析は，「長期的視点を持つ」というタイプの柔軟性によって，「個人の合理性と社会の効率性の矛盾」が克服可能であるということを示している．また，第3.3.3節で見たように，「個人の合理性と社会の効率性の矛盾」は，視野という考え方を用いても克服可能である．実際，ムカデゲームの状況では，先が見えない主体の方が完全な視野を持つ主体よりも社会的

に効率的な結果を達成できる．これらの，長期的視点，主体の視野，そして個人の合理性と社会の効率性の間の関係を全体的に眺めるととても興味深い．完全な合理性を持つ主体が克服できなかった「個人の合理性と社会の効率性の矛盾」は，情報の利用に関する柔軟性を持つ主体でも，あるいは長期的視点というタイプの柔軟性を持つ主体でも克服可能なのである．通常は完全な合理性を持っているということは意思決定の際には有利に働く．しかしここで扱った状況については，完全に合理的な主体が意思決定を行うよりは，適度な柔軟性を持っている主体の方がより望ましい結果を達成できる，という逆説的な結果となったわけである．読者の皆さんはこの逆説をどう捉えるだろうか．

第4章　メタゲーム分析とコンフリクト解析

　前章では，囚人のジレンマの状況における「個人の合理性と社会の効率性の矛盾」の克服につながるものとして，「長期的視点を持つ」というタイプの柔軟性を紹介した．本章では，「手の内を読む」というタイプの柔軟性もまた囚人のジレンマの状況における「個人の合理性と社会の効率性の矛盾」の克服につながるということを見よう．そのために用いるのは，メタゲーム分析とコンフリクト解析という，標準形ゲームの理論から派生した数理的な枠組である．

　ナッシュ均衡の定義が基づいている基本的なアイデアは，「他の主体が今の戦略のままだとしたら，自分も戦略を変える必要はない」ということであった．これは各主体が自分の戦略を選択するときには，他の主体の戦略を考慮に入れているということを意味し，さらに各主体は，他の主体の戦略を与えられたら自分が選択するべき戦略を決めることができるということを意味している．つまり各主体は，相手の戦略に応じて自分の戦略を定めるような関数を持っていると想定されているわけである．この関数を応答関数と呼ぶことにしよう．例えば囚人のジレンマの状況において合理的な囚人が持っているのは，「相手が黙秘なら自分は自白，相手が自白なら自分は自白」という応答関数であると考えることができる．合理的な主体は，相手の各戦略に対して自分にとって最も望ましい結果を導く戦略を割り当てるような応答関数を持っているわけである．このような応答関数を特に最適応答関数と呼ぼう．もちろん最適応答関数以外にも応答関数は存在し，各主体は自分の行動を決定するためにどの応答関数を選んでもよい．では主体はどの応答関数を選択するべきだろうか．

　このように元々は「戦略の選択」にあった興味が「応答関数の選択」へと移っ

た結果生まれたのがメタゲーム分析であり，そこでの議論をさらに精密にしたものがコンフリクト解析である．ではまずメタゲーム分析の枠組から見ていこう．

4.1 メタゲーム分析

意思決定状況が標準形ゲームで表現されているとする．ここでの話題も囚人のジレンマの状況における「個人の合理性と社会の効率性の矛盾」が中心になるので，標準形ゲームで表現された囚人のジレンマの状況について復習しておこう．まず，囚人のジレンマの状況は表 4.1 のような表で表現されるのであった．

表 4.1: 囚人のジレンマの状況

主体		囚人 2	
	戦略	黙秘	自白
囚人 1	黙秘	3, 3	1, 4
	自白	4, 1	2, 2

囚人のジレンマの状況における「個人の合理性と社会の効率性の矛盾」は，支配戦略均衡，ナッシュ均衡，パレート最適性といった考え方を使って明確に捉えることができた．このことについても復習しておこう．

他者の選択が何であるかによらず，自分のある戦略を選択することが他の戦略を選択するよりも自分にとって良い結果を導くとき，その戦略を支配戦略と呼んだ．そして，すべての主体が支配戦略を持っているとき，各主体がその戦略を選択することで定まる結果のことを支配戦略均衡というのであった．一般には支配戦略を持たない主体が存在し得るので支配戦略均衡は存在しないこともある．しかし囚人のジレンマの状況では，各囚人にとって「自白」という戦略が支配戦略となり，(自白, 自白) という結果が支配戦略均衡になるのであった．また，ある起こり得る結果に対して，どの主体も自分だけが戦略を変更することでは得ができない場合，その結果をナッシュ均衡と呼んだ．囚人のジレンマの状況

4.1. メタゲーム分析

では, (自白, 自白) という結果がナッシュ均衡であった.

　支配戦略均衡とナッシュ均衡が, 個人の合理性に基づいて各主体が選ぶ戦略や達成される結果を特定しようとするときに用いられる概念であったのに対し, パレート最適性は主体全体という社会にとって達成されるべき結果を特定するために用いる考え方であった. 各主体が戦略を選択することで定まった結果から各主体の戦略の選択を調整して別の結果を達成することを考え, もしある主体にとってより好ましい別の結果を達成しようとすると必ず他の誰かにとって元の結果よりも望ましくなくなってしまう場合, 元の結果をパレート最適であるというのであった. 囚人のジレンマの状況では, (黙秘, 黙秘), (自白, 黙秘), (黙秘, 自白) の3つがパレート最適な結果であった. つまり, 囚人のジレンマの状況では各囚人の合理的な判断の結果である支配戦略均衡やナッシュ均衡がパレート最適ではない. 合理的な囚人によって達成される結果は社会としては効率的ではないのである. これが, 囚人のジレンマの状況における「個人の合理性と社会の効率性の矛盾」であった.

　この「個人の合理性と社会の効率性の矛盾」の克服につながる考え方を含んでいるのがメタゲーム分析である. まずメタゲーム分析において大切な概念である「メタゲーム戦略」と「メタゲーム」から説明を始めよう.

4.1.1　メタゲーム戦略とメタゲーム

　支配戦略均衡やナッシュ均衡の考え方の根底にあるのは「合理的な主体は自分にとってより望ましい結果を達成しようとしている」という考え方である. もちろん自分にとっての望ましさは他者が選択する戦略によって左右されるので, 望ましい結果を導くためにどの戦略を選択するべきかはすぐにはわからない. しかし, 合理的な主体の戦略の選択の仕方について最低限いえることは「もし他者の選択が決まったとしたら, 自分が戦略を変更することで達成できる結果の中で自分にとって最も望ましいものを導くような戦略を選択する」ということである. 合理的な主体は, 例えば囚人のジレンマの状況では「相手が黙秘なら自分は自白, 相手が自白なら自分は自白」, またチキンゲームの状況では「相手が

避けるなら自分は避けない，相手が避けないなら自分は避ける」というルールで自分の戦略を選択する．

　このような，相手の戦略に応じて自分の戦略を定めるようなルールのことを応答関数と呼ぶ．合理的な主体であれば相手の各戦略に対して自分にとって最も望ましい結果を導く戦略を割り当てるような応答関数を持っているはずである．このような応答関数は特に最適応答関数と呼ばれる．もちろん最適応答関数以外にも応答関数は存在する．囚人のジレンマの状況で「相手が黙秘なら自分は黙秘，相手が自白なら自分は自白」というのも応答関数の1つである．では，いろいろな応答関数の中でどの応答関数を用いて意思決定を行うべきだろうか．直感的には最適応答関数が望ましく考えられるが，それ以外にも望ましい応答関数はあるだろうか．メタゲーム分析は，応答関数を戦略として見ることで生成される意思決定状況を分析することで，どの応答関数を用いて意思決定を行うべきか，そして元の意思決定状況でどの結果が達成されそうかを知ろうとするための枠組である．

　標準形ゲームで与えられている元の意思決定状況のことを原ゲームと呼ぶ．また原ゲームにおける応答関数を「メタゲーム戦略」と呼び，メタゲーム戦略を用いて生成される新たな意思決定状況のことを「メタゲーム」と呼ぶ．ここではメタゲームの生成の仕方を，囚人のジレンマの状況を原ゲームとして説明していく．メタゲームも標準形ゲームで表現されるので，主体，戦略，選好という3つの要素を特定する必要があることに注意してほしい．

　囚人のジレンマの状況における各囚人の戦略は「黙秘」と「自白」と書かれていた．しかしこれからの説明では，戦略がどちらの囚人のものかを明示するため，そして記述が煩雑になることを避けるため，囚人1の「黙秘」と「自白」をそれぞれ a_1, b_1，囚人2の「黙秘」と「自白」をそれぞれ a_2, b_2 と書くことにする．また各囚人についても「囚人1」，「囚人2」のかわりに，それぞれ単に1, 2と書くことにする．すなわち，囚人のジレンマは，表4.2のように表されることになる．

　メタゲームを生成する場合，メタゲームの主体全体の集合は原ゲームと同じにする．つまりこの囚人のジレンマの状況を原ゲームとしてメタゲームを生成する場合，メタゲームにおける主体全体の集合も $N = \{1, 2\}$ となる．次に，メ

表 4.2: 囚人のジレンマの状況

主体		2	
	戦略	a_2	b_2
1	a_1	3, 3	1, 4
	b_1	4, 1	2, 2

タゲームにおける各主体の戦略を生成するには，まず主体の中から 1 人を選ぶ．そして，メタゲームにおける戦略として，選ばれた主体に対してはメタゲーム戦略を，それ以外の主体に対しては原ゲームにおける戦略をそのまま用いる．メタゲーム戦略は x/y という形で表される．例えば，最初の主体として囚人 1 が選ばれたとすると，メタゲーム戦略 x/y は「囚人 2 が a_2 なら囚人 1 は x，囚人 2 が b_2 なら囚人 1 は y を選択する」という意味である．もちろん x, y は a_1, b_1 のいずれかである．この書き方を用いると囚人 1 のメタゲーム戦略は

$$a_1/a_1, \quad a_1/b_1, \quad b_1/a_1, \quad b_1/b_1$$

の 4 つであり，したがって，囚人 1 はメタゲームにおいて 4 つの戦略を持つことになる．一方，このとき囚人 2 のメタゲーム戦略は a_2, b_2 の 2 つのままである．

これまでのところで，囚人のジレンマの状況を原ゲームとし囚人 1 に注目した場合のメタゲームの，主体と戦略が定まった．メタゲームは 1 つの標準形ゲームで表されるので，もう 1 つの要素である各主体の選好を定めることが必要である．メタゲームにおける各主体の選好は原ゲームの選好を用いて自然に決まる．例えば，メタゲームにおいて囚人 1 が a_1/b_1 という戦略を選び囚人 2 が b_2 という戦略を選んだ場合に定まる結果に対する選好を考えよう．囚人 1 の戦略 x/y は「囚人 2 が a_2 なら囚人 1 は x，囚人 2 が b_2 なら囚人 1 は y を選択する」という意味であったから，a_1/b_1 の場合は「囚人 2 が a_2 なら囚人 1 は a_1，囚人 2 が b_2 なら囚人 1 は b_1 を選択する」ということを意味する．今，囚人 2 は戦略 b_2 を選んでいるので，囚人 1 の戦略は b_1 と決まる．したがって，原ゲームにおいて囚人 1 と囚人 2 はそれぞれ b_1 と b_2 を選ぶことになる．この選択によって

定まる結果に対する囚人1と囚人2それぞれの選好は2と2であり，この選好をそのまま，メタゲームにおいて囚人1と囚人2がそれぞれ a_1/b_1 と b_2 を選択することによって定まる結果に対する選好として考える．同じようにして，メタゲームにおける各主体の戦略の組み合わせそれぞれに対して原ゲームの起こり得る結果のうちの1つが対応し，それに対する各主体の選好をメタゲームでの選好として用いることでメタゲームにおける選好が与えられる．囚人のジレンマの状況で囚人1に注目して作られるメタゲームは表4.3のようになる．このメタゲームを「囚人1から見たメタゲーム」と呼ぶことにしよう．

表4.3: 囚人のジレンマの状況の囚人1から見たメタゲーム

主体		2	
	戦略	a_2	b_2
1	a_1/a_1	3, 3	1, 4
	a_1/b_1	3, 3	2, 2
	b_1/a_1	4, 1	1, 4
	b_1/b_1	4, 1	2, 2

同じように，最初に囚人2が選ばれたとすると，囚人2のメタゲーム戦略は

$$a_2/a_2, \quad a_2/b_2, \quad b_2/a_2, \quad b_2/b_2$$

の4つとなり，このときの囚人1のメタゲーム戦略は a_1, b_1 の2つである．囚人1の場合とまったく同じようにして，表4.4のような，「囚人2から見たメタゲーム」を作ることができる．

4.1.2 メタゲームの木

1つの原ゲームが与えられると，そのゲームに巻き込まれている主体それぞれに対して，その主体から見たメタゲームを作ることができる．メタゲームは標

4.1. メタゲーム分析

表 4.4: 囚人のジレンマの状況の囚人 2 から見たメタゲーム

主体		2			
	戦略	a_2/a_2	a_2/b_2	b_2/a_2	b_2/b_2
1	a_1	3, 3	3, 3	1, 4	1, 4
	b_1	4, 1	2, 2	4, 1	2, 2

準形ゲームになるように作られるので,それを原ゲームとみなすことでさらにそのメタゲームを作ることが可能である.いわば「メタ・メタゲーム」である.さらに「メタ・メタゲーム」のメタゲームを考えることもでき,このようなメタゲームの列は理論的には無限に考えることができる.このようにして 1 つの原ゲームから作られるすべてのゲームをすべて集めて考えると,各ゲームから枝分かれしていく,図 4.1 のような木構造を持っていることがわかる.これを原ゲームから作られる「メタゲームの木」と呼ぶ.

図 4.1: メタゲームの木

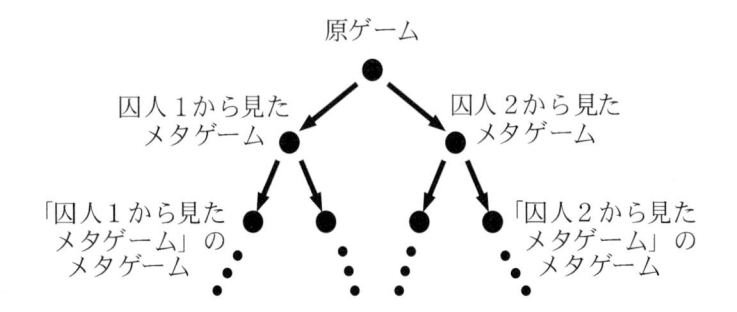

4.1.3　メタゲームを用いた分析

　1つの原ゲームのメタゲームの木を考えると，その中に属しているゲームはすべて標準形のゲームである．このことは，メタゲームの木を構成しているそれぞれのゲームに対して支配戦略均衡やナッシュ均衡を用いて分析することが可能であるということを意味する．また，第 4.1.1 節のメタゲームの生成の仕方のところで見たように，メタゲームにおいて起こり得る結果が1つ与えられると，原ゲームの結果が1つ決まる．例えば，囚人のジレンマの状況の囚人1から見たメタゲームにおいて，囚人1と囚人2がそれぞれ a_1/b_1 と b_2 を選択することによって定まる結果であれば，これに対応して原ゲームにおいて囚人1と囚人2がそれぞれ b_1 と b_2 を選ぶことで決まる結果が定まるのであった．すると，メタゲームにおける支配戦略均衡やナッシュ均衡にも原ゲームの結果が対応することになる．

　メタゲームにおける支配戦略均衡やナッシュ均衡は，そのメタゲームの中においては，当然，各主体の合理的な選択の帰結として捉えることができる．しかしさらに，メタゲームにおける支配戦略均衡やナッシュ均衡から定まる原ゲームの結果も，原ゲームにおける各主体の合理的な選択の帰結として捉えることができるのである．メタゲームは原ゲームのメタゲーム戦略を考えることで作られた．メタゲーム戦略は原ゲームにおける応答関数であり，これは他者の戦略に応じて自分の戦略を決めるルールである．このことから，メタゲームにおける支配戦略均衡やナッシュ均衡は，「応答関数の中でどれを用いて戦略の選択を行えばよいか」という問いに対する合理的な答えであると考えられる．このような問いは，単に自分の戦略のうちのどれかを選ぼうとしている主体ではなく，「他者の手の内を読む」というタイプの柔軟性を備え，他者の出方に応じて自分の選択を与える応答関数の選択をしようとしている主体を考える場合に起こる．

　メタゲームの木に属するもののうちいずれかのメタゲームでのナッシュ均衡から定まる原ゲームの結果を「メタゲーム均衡」と呼ぶ．ここでは，新たにメタゲーム均衡を合理的な結果として見て，合理的な主体による選択の帰結として原ゲームでどの結果が達成されるかを調べてみよう．まず，原ゲームである囚人のジレンマの状況では，ナッシュ均衡は (b_1, b_2) の1つであったことに注意する

4.1. メタゲーム分析

表 4.5: 囚人のジレンマの状況

主体		2	
	戦略	a_2	b_2
1	a_1	3, 3	1, 4
	b_1	4, 1	2, 2

(表 4.5 を参照).

次に，原ゲームを囚人 2 から見たメタゲーム（表 4.6 を参照）を考える．このゲームでのナッシュ均衡は $(b_1, b_2/b_2)$ だけである．ここから定まる原ゲームの結果，すなわちメタゲーム均衡は (b_1, b_2) である．

表 4.6: 囚人 2 から見たメタゲーム

主体		2			
	戦略	a_2/a_2	a_2/b_2	b_2/a_2	b_2/b_2
1	a_1	3, 3	3, 3	1, 4	1, 4
	b_1	4, 1	2, 2	4, 1	2, 2

ここまでの分析では，原ゲームのナッシュ均衡とメタゲーム均衡の間には差はない．ではメタゲームの木に属するどのメタゲームを考えても差は生じないのであろうか．そうではないことが，「囚人 1 から見た『原ゲームを囚人 2 から見たメタゲーム（表 4.6）』のメタゲーム（表 4.7）」を分析することで明らかになる．

ここで例えば，$a_1/a_1/b_1/a_1$ は，「囚人 2 が a_2/a_2 なら a_1, a_2/b_2 なら a_1, b_2/a_2 なら b_1, b_2/b_2 なら a_1 を囚人 1 は選択する」というメタゲーム戦略を表す．このとき，もし囚人 2 が b_2/a_2 であれば，囚人 1 は b_1 を選ぶことになる．さらに b_2/a_2 は「囚人 1 が a_1 なら b_2, b_1 なら a_2 を囚人 2 は選ぶ」という意味

であったから, 囚人2は a_2 を選ぶことになり, 原ゲームの (b_1, a_2) という結果が達成されることになる.

表 4.7: 囚人1から見た「囚人2から見たメタゲーム」

主体		2			
	戦略	a_2/a_2	a_2/b_2	b_2/a_2	b_2/b_2
1	$a_1/a_1/a_1/a_1$	3, 3	3, 3	1, 4	1, 4
	$a_1/a_1/a_1/b_1$	3, 3	3, 3	1, 4	2, 2
	$a_1/a_1/b_1/a_1$	3, 3	3, 3	4, 1	1, 4
	$a_1/a_1/b_1/b_1$	3, 3	3, 3	4, 1	2, 2
	$a_1/b_1/a_1/a_1$	3, 3	2, 2	1, 4	1, 4
	$a_1/b_1/a_1/b_1$	3, 3	2, 2	1, 4	2, 2
	$a_1/b_1/b_1/a_1$	3, 3	2, 2	4, 1	1, 4
	$a_1/b_1/b_1/b_1$	3, 3	2, 2	4, 1	2, 2
	$b_1/a_1/a_1/a_1$	4, 1	3, 3	1, 4	1, 4
	$b_1/a_1/a_1/b_1$	4, 1	3, 3	1, 4	2, 2
	$b_1/a_1/b_1/a_1$	4, 1	3, 3	4, 1	1, 4
	$b_1/a_1/b_1/b_1$	4, 1	3, 3	4, 1	2, 2
	$b_1/b_1/a_1/a_1$	4, 1	2, 2	1, 4	1, 4
	$b_1/b_1/a_1/b_1$	4, 1	2, 2	1, 4	2, 2
	$b_1/b_1/b_1/a_1$	4, 1	2, 2	4, 1	1, 4
	$b_1/b_1/b_1/b_1$	4, 1	2, 2	4, 1	2, 2

ではこのメタゲームでのナッシュ均衡はどれであろうか. 分析すると,

$(a_1/a_1/b_1/b_1, a_2/b_2)$, $(b_1/a_1/b_1/b_1, a_2/b_2)$, $(b_1/b_1/b_1/b_1, b_2/b_2)$

の3つがナッシュ均衡になることがわかる. これらから定まる原ゲームの結果は, それぞれ, (a_1, a_2), (a_1, a_2), (b_1, b_2) である.

この分析で注目するべきことは,原ゲームではナッシュ均衡ではなかった (a_1, a_2) という結果が,メタゲーム均衡として現れていることである.つまり,主体の合理的な選択方法として「メタゲーム均衡を導く戦略を選ぶ」という考え方を採用すれば,「個人の合理性と社会の効率性の矛盾」を克服できるのである.上でも述べたように,「メタゲーム均衡を導く戦略を選ぶ」という選択は,主体が「他者の手の内を読む」というタイプの柔軟性を備え,他者の出方に応じて自分の選択を与える応答関数の選択をしようとしていると考えられるときに行われる.したがって,「個人の合理性と社会の効率性の矛盾」は,「手の内を読む」という柔軟性によって克服が可能であるといえよう.

ここで「1つの原ゲームのすべてのメタゲーム均衡を選び出すには,無限に生成され得るメタゲームのすべてを調べ尽くす必要があり,これは原理的に不可能である」と考える人もいるだろう.しかし以下の定理により,原ゲームだけを調べることでどの結果がメタゲーム均衡かどうかが判定できることがわかっている(Howard [23] を参照).

定理 4.1 (メタゲーム均衡) 原ゲームのある結果がメタゲーム均衡であるための必要十分条件は,その結果においてどの主体が戦略を変化させたとしても,さらに他の主体が適切に戦略を選ぶことで,最初に戦略を変化させた主体にとって元の結果と同じかより望ましくない結果を達成することができることである.
□

このことを用いて囚人のジレンマの状況を分析すると,メタゲーム均衡は (a_1, a_2) と (b_1, b_2) の2つであることがわかる.

4.2 コンフリクト解析

コンフリクト解析は,メタゲーム分析のいくつかの欠点を補うために考えられた意思決定状況の分析のための枠組で,いわばメタゲーム分析の拡張にあたる.ここでいうメタゲーム分析の欠点とは,主に意思決定主体の行動の有効性に関わるものである.

合理的な主体は自分にとってより望ましい結果を導こうとして行動する．特に自分が選択している戦略を変更するときには，その変更が自分にとって現在よりも望ましい結果を導くと考えている必要がある．ある主体の行動がその主体にとってより望ましい結果を導くとき，その行動はその主体にとって「有効である」という．しかしメタゲーム分析におけるメタゲーム均衡を使った状況の分析では，主体は「制裁」と呼ばれる行動を選択するときには自分にとっての望ましさを考慮しない，と暗に仮定されていた．つまり，主体の行動の有効性，特に「制裁」と呼ばれる行動についての有効性に対しては十分に注意が払われていなかったのである．

これに対しコンフリクト解析では，主体は自分にとって望ましい結果を導く行動，すなわち有効な行動だけしか選択しない，という仮定を明に用いることができる．特に，主体にとって有効でない「制裁」は行われないと考えることができるわけである．さらに，主体単独での戦略の変更だけでなく，複数の主体による同時の戦略の変更も十分に考慮することを可能にするものがコンフリクト解析の枠組なのである．この節では，囚人のジレンマの状況を分析対象の例として，コンフリクト解析が意思決定状況をどのように表現し，どのように分析するのかを解説する．そしてメタゲーム分析のときと同様，「他者の手の内を読む」というタイプの柔軟性が囚人のジレンマの状況における「個人の合理性と社会の効率性の矛盾」の克服につながるということを示す．

4.2.1 コンフリクト解析での状況の表現

標準形ゲームや展開形ゲーム，そしてメタゲーム分析の場合と同じように，コンフリクト解析の枠組でも，複数の主体それぞれが戦略をいくつか持ち，各主体がその中から1つを選択することで主体それぞれの利益が決定する，という意思決定状況を扱う．しかし，コンフリクト解析では「オプション」と呼ばれる根源的な選択肢を考え，その組み合わせによって各主体の戦略を表現する，というところがこれまでに紹介してきた理論とは異なる点である．

コンフリクト解析では意思決定状況を，主体，オプション，戦略，結果，選好と

4.2. コンフリクト解析

いう5つの要素を特定することで表現する.

- **主体**

    意思決定主体全体の集合は N で表される. 状況に巻き込まれている主体が n 人の場合には $N = \{1, 2, \ldots, n\}$, 特に主体が2人の場合には $N = \{1, 2\}$ となる.

- **オプション**

    各主体が選択することができる根源的な選択肢のことをオプションと呼ぶ. 各主体はオプションをいくつか持ち, そのそれぞれを「選択する」か「選択しないか」を決定する. コンフリクト解析においては, 各主体はオプションの組み合わせのうちどれを選ぶかを決定することになる. 主体 i が持っているオプション全体の集合は O_i で表される.

- **戦略**

    各主体の戦略はその主体が持っているオプションの組み合わせで表現される. つまり各主体の戦略は, その主体のオプション全体の集合 O_i のべき集合 $P(O_i)$ の要素である. オプションの組み合わせには実行が不可能なものも存在する場合がある. 主体 i のオプションの組み合わせのうち実行可能なものを主体 i の戦略と呼び, 主体 i の戦略全体の集合を T_i で表す.

- **結果**

    各主体が戦略を選択すると, それが実行可能な組み合わせである場合には, 意思決定状況の最終的な結果が定まる. オプションの組み合わせに実行不可能なものがある場合と同様, 戦略の組み合わせにも実行不可能なものが存在する場合がある. 各主体の戦略の組み合わせのうち, 実行可能なものを結果と呼び, その全体の集合を U と書く. つまり, ある結果 $u \in U$ は $\prod_{i \in N} T_i$ の要素である. U の要素 $u = (u_i)_{i \in N}$ は, N の部分集合 S を用いて, (u_S, u_{-S}) と表されることがある. ただし, $u_S = (u_i)_{i \in S}$, $u_{-S} = (u_j)_{j \in N \setminus S}$ である. また u_S 全体の集合, u_{-S} 全体の集合を, それぞれ U_S, U_{-S} と書く.

- 選好

  各主体が持っている，起こり得る結果に対する選好は，標準形ゲームや展開形ゲーム，そしてメタゲーム分析のときと同様に，起こり得る結果全体の集合 U の上の順序で表される．任意の $u, u' \in U$ と任意の $i \in N$ に対して，$u\, R_i\, u'$ で「主体 i は結果 u を結果 u' 以上に好んでいる」ということを表す．各主体の選好 R_i は起こり得る結果から得られる利得の大小によって導かれることもある．任意の $i \in N$ に対して，p_i を U から実数全体の集合 $\mathbb{R}$ への関数とし，$p_i(u)$ で主体 i が起こり得る結果 $u \in U$ から得られる利得を表すとする．もし主体 i がより大きい利得が手に入れられる結果を好むのであれば，この p_i を用いて，選好 R_i を導くことができる．すなわち，任意の $u, u' \in U$ に対して，$p_i(u) \geq p_i(u')$ であるとき，またそのときに限って，$u\, R_i\, u'$ であるとして R_i を定義するのである．

コンフリクト解析の枠組では，$(O_i)_{i \in N}$, $(T_i)_{i \in N}$, $(R_i)_{i \in N}$ を，それぞれ O, T, R で表し，組 (N, O, T, U, R) を与えることで 1 つの意思決定状況を表現する．ここでは意思決定状況のことを「コンフリクト状況」と呼ぶことにしよう．

定義 4.1 (コンフリクト状況) コンフリクト状況とは，組 (N, O, T, U, R) のことである． □

例として囚人のジレンマの状況をコンフリクト状況の定義に沿って表現してみよう．まず，意思決定主体全体の集合は $N = \{1, 2\}$ となる．1, 2 はそれぞれ，「囚人 1」，「囚人 2」を表す．次にオプションについて考える．囚人のジレンマの状況においては，各主体が選択することができる根源的な選択肢は「黙秘」と「自白」だけである．そこで，各主体のオプション O_1, O_2 をそれぞれ，

$$O_1 = \{a_1, b_1\}, \quad O_2 = \{a_2, b_2\}$$

とする．ただし，a_i と b_i は，それぞれ主体 i の「黙秘」と「自白」を表す．さらに，各主体に対してその主体のオプションの組み合わせのうち実行可能なものは，オプションの中からちょうど 1 つを選び出すようなものである．「黙秘」と「自白」を同時に選択する，あるいはどちらも選択しないということはできない

4.2. コンフリクト解析

のである.したがって,主体 i の戦略は,4つのオプションの組み合わせ

$$\emptyset, \quad \{a_i\}, \quad \{b_i\}, \quad \{a_i, b_i\}$$

のうち,ちょうど1つの要素からなるもの,すなわち,

$$\{a_i\}, \quad \{b_i\}$$

の2つだけとなる.つまり,任意の $i \in N$ に対して,$T_i = \{\{a_i\}, \{b_i\}\}$ となる.記述を簡単にするために,以後,オプションと戦略を同一視して,単に a_i あるいは b_i と書くことにする.

囚人のジレンマの状況では,各主体の戦略の選択の組み合わせはすべてが実行可能である.したがって,起こり得る結果の集合 U は,

$$U = \{(a_1, a_2), (b_1, a_2), (a_1, b_2), (b_1, b_2)\} = \prod_{i \in N} T_i$$

となる.さらに,各主体が持っている起こり得る結果に対する選好は標準形ゲームや展開形ゲームで用いてきたものと同様であり,

$$R_1 = ((b_1, a_2), (a_1, a_2), (b_1, b_2), (a_1, b_2))$$

$$R_2 = ((a_1, b_2), (a_1, a_2), (b_1, b_2), (b_1, a_2))$$

となる.

4.2.2 コンフリクト解析での分析枠組

コンフリクト解析では,起こり得る結果が安定かどうかを判定するために,「移動」,「改善」,「制裁」といった概念を用いる.さらに,ここでは,「制裁」について,メタゲーム分析の場合とは異なり,「有効な」ものだけを考慮の対象にする.ここではコンフリクト解析における分析枠組について解説したうえで,メタゲーム分析における「メタゲーム均衡」の考え方と,コンフリクト解析における「改善」や「制裁」といった概念とのつながりについて説明する.

コンフリクト解析の枠組では，自分にとってより望ましい結果を導くために戦略の変更をしようとしている主体を想定して，起こり得る結果のうちどれが安定であるか，すなわち，すべての主体が戦略を変更しようとしない結果はどれであるかを分析する．この際，各主体が単独で行う戦略の変更だけでなく，複数の主体が同時に行う戦略の変更まで考慮に入れることができる点が特徴である．そのためにまず，単独あるいは複数の主体による戦略の変更を「移動」として定義する．コンフリクト状況 (N, O, T, U, R) が与えられているとする．

定義 4.2 (移動) 任意の結果 $u \in U$, N の任意の部分集合 S, そして任意の $u'_S \in U_S$ を考える．もし (u'_S, u_{-S}) が U の要素であるならば，(u'_S, u_{-S}) を u からの S による移動と呼ぶ．u からの S による移動全体の集合，つまり，

$$\{(u'_S, u_{-S}) \in U \mid u'_S \in U_S\}$$

を $M_S(u)$ で表す． □

さらに，単独あるいは複数の主体による「改善」と「制裁」を定義するために，$m_S^+(u)$ と $m_S^-(u)$ という 2 つの記号を定義する．まず $m_S^+(u)$ は，S に属するすべての主体にとって結果 u よりも望ましい結果全体の集合，すなわち，

$$\{u' \in U \mid \forall j \in S, p_j(u) < p_j(u')\}$$

であり，一方 $m_S^-(u)$ は，S に属するある主体にとって結果 u と同じかより望ましくない結果全体の集合，つまり，

$$\{u' \in U \mid \exists j \in S, p_j(u') \leq p_j(u)\}$$

である．これらの記号を使うと，単独あるいは複数の主体による「改善」と「制裁」が定義できる．

定義 4.3 (改善) 任意の $u \in U$ と，N の任意の部分集合 S に対して，集合

$$M_S(u) \cap m_S^+(u)$$

を $M_S^+(u)$ で表し，この集合の各要素を，u からの S による改善と呼ぶ． □

つまり，起こり得る結果 u からの S による改善は，u からの S による移動のうち，S に属しているすべての人にとって u よりも望ましいもの，として定義されるのである．もしある結果からの改善が存在しないときには，その結果においてはすべての主体が戦略を変更しようとしないので，その結果は安定であるといえる．では，起こり得る結果 u からの改善 u' が存在する場合はどうだろう．これはある主体の集団 S によってなされる．しかし，別の集団 S' による，結果 u' からの改善が存在するかもしれない．このような改善のうち，元の集団 S に属している主体のうちいずれかにとって元の結果 u と同じかより望ましくないもののことを「結果 u からの S による改善 u' に対する S' による制裁」と呼ぶ．改善に対する制裁が存在する場合，元の集団 S がより望ましい結果を求めて戦略の変更をしても，別の集団 S' の改善によって，S に属する主体のうち少なくとも 1 人にとっては元の結果と同じかより望ましくない結果が達成されることになり，したがって，最初の S による戦略の変更は行われにくくなるといえる．つまり，ある結果のすべての改善に対して制裁が存在する場合にも，その結果は安定であると考えられるのである．「制裁」は，数理的には以下のように定義される．

定義 4.4 (制裁) 任意の $u \in U$, N の任意の部分集合 S, 任意の $u' \in M_S^+(u)$, そして S と異なる N の任意の部分集合 S' に対して，

$$M_{S'}^+(u') \cap m_S^-(u)$$

を $\bar{M}_{S,S'}(u, u')$ と書き，この集合の各要素を u からの S による改善 u' に対する S' による制裁という． □

上で述べたように，コンフリクト解析では，ある結果に対して，その結果が改善されることがない，あるいは改善されても制裁される，ということが成り立つとき，その結果を「安定である」とみなす．

定義 4.5 (安定な結果) U の要素 u のうち，N の任意の部分集合 S に対して，

- u からの S による改善が存在しない,つまり $M_S^+(u) = \emptyset$ である.あるいは,

- u からの S による任意の改善 u' に対して,S とは異なる N の部分集合 S' が存在して,u' に対する S' による制裁が存在する,つまり,

$$\forall u' \in M_S^+(u), \exists S' \subset N, \text{ s.t. } S' \neq S, \bar{M}_{S,S'}(u,u') \neq \emptyset$$

である,

ということが満たされている場合,u は安定であるという. □

囚人のジレンマの状況を例にとって,起こり得る結果のうちどれが安定であるかを調べてみよう.まず,起こり得る結果からの移動を考えよう.移動を行う主体の集団 S としては,$\{1\}$, $\{2\}$,そして $\{1,2\}$ の3つがある.起こり得る結果は (a_1, a_2), (b_1, a_2), (a_1, b_2), (b_1, b_2) の4つがあり,これらをそれぞれ簡単に aa, ba, ab, bb と書くことにすると,起こり得る結果それぞれからの各集団による移動は表 4.8 のようになる.

表 4.8: 起こり得る結果からの移動:$M_S(u)$

$u \setminus S$	$\{1\}$	$\{2\}$	$\{1,2\}$
aa	$\{aa, ba\}$	$\{aa, ab\}$	$\{aa, ba, ab, bb\}$
ba	$\{ba, aa\}$	$\{ba, bb\}$	$\{aa, ba, ab, bb\}$
ab	$\{ab, bb\}$	$\{ab, aa\}$	$\{aa, ba, ab, bb\}$
bb	$\{bb, ab\}$	$\{bb, ba\}$	$\{aa, ba, ab, bb\}$

次に,起こり得る結果それぞれからの改善を特定しよう.そのためにはまず,各 S と u に対する $m_S^+(u)$ を特定する必要がある.これは表 4.9 のようにまとめられる.

移動 $M_S(u)$ についての表と,より望ましい結果 $m_S^+(u)$ についての表から,改善が特定できる.改善は表 4.10 のようにまとめられる.

4.2. コンフリクト解析

表 4.9: より望ましい結果：$m_S^+(u)$

$u \setminus S$	$\{1\}$	$\{2\}$	$\{1,2\}$
aa	$\{ba\}$	$\{ab\}$	$\emptyset$
ba	$\emptyset$	$\{aa, ab, bb\}$	$\emptyset$
ab	$\{aa, ba, bb\}$	$\emptyset$	$\emptyset$
bb	$\{aa, ba\}$	$\{aa, ab\}$	$\{aa\}$

表 4.10: 起こり得る結果からの改善 $M_S^+(u)$

$u \setminus S$	$\{1\}$	$\{2\}$	$\{1,2\}$
aa	$\{ba\}$	$\{ab\}$	$\emptyset$
ba	$\emptyset$	$\{bb\}$	$\emptyset$
ab	$\{bb\}$	$\emptyset$	$\emptyset$
bb	$\emptyset$	$\emptyset$	$\{aa\}$

次に，制裁を考えよう．そのために，各 S と u に対する $m_S^-(u)$ を特定しておく．これは表 4.11 のようになる．

制裁は，「結果 $u \in U$ からの $S \subset N$ による改善 $u' \in M_S^+(u)$ に対する $S' \subset N$ ($S' \neq S$) による制裁」というかたちで定義されていた．表 4.10 からわかるように，このような u, S, u' の組み合わせは，囚人のジレンマの状況においては，

$(aa, \{1\}, ba)$, $(aa, \{2\}, ab)$, $(ba, \{2\}, bb)$, $(ab, \{1\}, bb)$, $(bb, \{1,2\}, aa)$

の 5 通りだけである．これらそれぞれに対して可能な S' を考え，$M_{S'}^+(u') \cap m_S^-(u)$ を表 4.10 と表 4.11 を用いて求めると表 4.12 のようになり，起こり得る制裁がすべて列挙されることになる．

表 4.11: より望ましくはない結果：$m_S^-(u)$

$u \setminus S$	$\{1\}$	$\{2\}$	$\{1,2\}$
aa	$\{aa, ab, bb\}$	$\{aa, ba, bb\}$	$\{aa, ba, ab, bb\}$
ba	$\{aa, ba, ab, bb\}$	$\{ba\}$	$\{aa, ba, ab, bb\}$
ab	$\{ab\}$	$\{aa, ba, ab, bb\}$	$\{aa, ba, ab, bb\}$
bb	$\{ab, bb\}$	$\{ba, bb\}$	$\{ba, ab, bb\}$

表 4.12: 制裁：$M_{S'}^+(u') \cap m_S^-(u)$

$(u, S, u') \setminus S'$	$\{1\}$	$\{2\}$	$\{1,2\}$
$(aa, \{1\}, ba)$	−	$\{bb\}$	$\emptyset$
$(aa, \{2\}, ab)$	$\{bb\}$	−	$\emptyset$
$(ba, \{2\}, bb)$	$\emptyset$	−	$\emptyset$
$(ab, \{1\}, bb)$	−	$\emptyset$	$\emptyset$
$(bb, \{1,2\}, aa)$	$\{ba\}$	$\{ab\}$	−

では，コンフリクト解析を用いて分析した場合，囚人のジレンマの状況におけるどの結果が安定になるだろうか．安定な結果は，任意の $S \subset N$ に対して，S による改善が存在しない，あるいは S による任意の改善に対して制裁が存在するような結果 u と定義されていた．まず S として $\{1\}$ を考えると，表 4.10 より，$\{1\}$ による改善が存在しないような結果 u は ba と bb である．また表 4.12 より，$\{1\}$ による任意の改善に対して制裁が存在するような結果は，aa である．つまり $\{1\}$ から見ると aa, ba, bb の 3 つの結果が安定である．同様に，$\{2\}$ による改善が存在しない結果は ab と bb，$\{2\}$ による任意の改善に対して制裁が存在するような結果は aa であるので，$\{2\}$ にとっては aa, ab, bb の 3 つが安定である．さらに，$\{1,2\}$ による改善が存在しない結果は aa, ba, ab で，$\{1,2\}$ による

任意の改善に対して制裁が存在するような結果は bb であるので, $\{1,2\}$ にとってはすべての結果が安定である. 任意の S に対して, S による改善が存在しない, あるいは S による任意の改善に対して制裁が存在するような結果, すなわち $\{1\}, \{2\}, \{1,2\}$ それぞれにとって安定な結果の共通部分が安定な結果であるから, 囚人のジレンマの状況の場合には aa と bb の2つが安定な結果であるということになる.

囚人のジレンマの状況の分析においては, メタゲーム分析とコンフリクト解析でその結果が一致している. これは囚人のジレンマの状況でたまたま成り立つことである. 一般には, メタゲーム均衡とコンフリクト解析での安定な結果の間には, 「コンフリクト解析での安定な結果であれば, それはメタゲーム均衡である」ということが成り立つだけで, メタゲーム均衡だからといってコンフリクト解析での安定な結果であるとは限らない. しかしなぜこのような関係が成り立つのであろうか. この疑問はメタゲーム均衡の定義を詳しく調べることで少し解消される. まず, メタゲーム均衡の定義によれば, 原ゲームにおけるナッシュ均衡はメタゲーム均衡である. ナッシュ均衡の定義を用いていいかえると, 「任意の $i \in N$, 任意の $s_i \in S_i$ に対して, $(s_i^*, s_{-i}^*) \, R_i \, (s_i, s_{-i}^*)$ であるような結果 s^* はメタゲーム均衡である」となる. このことは, 「任意の $i \in N$ に対して, $\{i\}$ による改善が存在しないような結果 s^* は $\{i\}$ にとって安定である」というコンフリクト解析における考え方に対応する. すなわち, おおざっぱにいえば, コンフリクト解析における「改善が存在しないこと」は, メタゲーム分析における「原ゲームでのナッシュ均衡」に対応するのである.

同じように, 任意の $i \in N$ に対して, 主体 i から見たメタゲームにおけるナッシュ均衡もメタゲーム均衡である. このナッシュ均衡は主体 i のメタゲーム戦略 f^* と, その他の主体の戦略の組 s_{-i}^* を用いて, (f^*, s_{-i}^*) と表され, 主体 i の任意のメタゲーム戦略 f に対して $(f^*, s_{-i}^*) \, R_i \, (f, s_{-i}^*)$ である. つまり, (f^*, s_{-i}^*) から定まる原ゲームの結果は, 主体 i にとって (f, s_{-i}^*) から定まる結果と同じかより望ましい. このことは, (f^*, s_{-i}^*) から定まる結果においては $\{i\}$ による改善が存在しないということを意味する. 同様に, 主体 i 以外のどんな主体 j に対しても, s_j^* を他の $s_j \in S_j$ に変更することでは, 自分にとって (f^*, s_{-i}^*) から導かれる結果よりも望ましい結果を達成することはできない. このことは, 「主

体 j によるどんな戦略の変更に対しても，その他の主体，特に主体 i が適切に戦略を選択し直すことで，主体 j にとって (f^*, s^*_{-i}) が導く結果と同じかより望ましくない結果を達成することができる」といいかえられる．このことは，「$\{j\}$ によるどんな改善にも他の集団による制裁が存在する」というコンフリクト解析の考えに対応する．つまり，少し乱暴にいうと，コンフリクト解析における「改善に対して制裁が存在すること」は，メタゲーム分析における「主体 i から見たメタゲームにおけるナッシュ均衡」に対応するのである．

このような，メタゲームにおけるナッシュ均衡と改善や制裁の対応を見ると，メタゲーム分析とコンフリクト解析の分析結果に関連があることも理解できよう．さらに，コンフリクト解析における「制裁」が，制裁をする集団にとっては「改善」になっていなければならないということから，メタゲーム分析では無視されていた「制裁の有効性」が，コンフリクト解析では考慮されているということがわかる．

4.2.3 表を用いた分析

コンフリクト解析の分析は，通常「選好ベクトル」という考え方を用いてより効率的に行われる．その分析方法を紹介してこの章の結びとしよう．

意思決定状況の表現の仕方は，第 4.2.1 節で紹介した方法と同じである．囚人のジレンマの状況を例に用いると，

$$N = \{1, 2\}; \quad O_1 = \{a_1, b_1\}, \quad O_2 = \{a_2, b_2\};$$
$$T_1 = \{\{a_1\}, \{b_1\}\}, \quad T_2 = \{\{a_2\}, \{b_2\}\};$$
$$U = \{(a_1, a_2), (b_1, a_2), (a_1, b_2), (b_1, b_2)\} = \prod_{i \in N} T_i;$$
$$R_1 = ((b_1, a_2), (a_1, a_2), (b_1, b_2), (a_1, b_2)),$$
$$R_2 = ((a_1, b_2), (a_1, a_2), (b_1, b_2), (b_1, a_2))$$

である．ここで各主体の選好ベクトルを書く．選好ベクトルとは，各主体の選好を，その主体にとって望ましい結果を順に左から右へと並べて書いて表わしたも

4.2. コンフリクト解析

のである．囚人のジレンマの状況では，囚人1，囚人2の選好ベクトルは，それぞれ，

$$(b_1, a_2)\ (a_1, a_2)\ (b_1, b_2)\ (a_1, b_2),$$

$$(a_1, b_2)\ (a_1, a_2)\ (b_1, b_2)\ (b_1, a_2)$$

となる．これらを簡単に，それぞれ，

$$ba\ aa\ bb\ ab, \quad ab\ aa\ bb\ ba$$

と書こう．次に，各主体の選好ベクトルの要素からの可能な改善をその要素の下に列挙していく．囚人のジレンマの状況の場合には，表 4.13 のようになる．

表 4.13: 可能な改善

囚人1				
選好ベクトル	ba	aa	bb	ab
可能な改善	ba	aa	bb	
囚人2				
選好ベクトル	ab	aa	bb	ba
可能な改善		ab	aa	bb

表 4.13 においては，各主体の選好ベクトルの要素になっている結果に対し，その下に書かれた結果が元の結果からの可能な改善であることを示している．例えば，囚人1の選好ベクトル内の結果 aa を考える．その下には結果 ba が書かれている．これは，囚人1にとって，aa からの可能な改善として ba があることを示している．実際，表 4.10 を見れば，aa から ba への改善は $\{1\}$ によって可能であることが確認できる．コンフリクト解析における結果の安定性の定義より，ある囚人から見て改善が存在しないような結果はその主体にとっては安定である．そのような結果の上に「合理的安定 (rationally stable)」の意味で r の印を付けることにする．

さらに，もし改善が存在したとしてもその改善に対する制裁が存在するのであれば，それも安定な結果である．そのような結果の上には「連続的安定 (sequentially stable)」の意味で s の印を付けることにする．例えば，結果 aa は結果 bb からの $\{1,2\}$ による改善である．これは，表 4.10 でも確認できるし，また両方の囚人の選好ベクトルにおいて，結果 aa が結果 bb よりも左に位置していることからもわかる．しかし，結果 aa に対しては，囚人 1 による ba という改善が存在し，結果 ba は囚人 2 にとっては結果 aa よりも望ましくない．したがって，結果 bb は囚人 2 にとって連続的安定である．

他の結果についても同様に分析し，最終的にすべての主体に対して r あるいは s の印が付いた結果が安定となり，そのような結果の上に E を付ける．囚人のジレンマの状況では，結果 aa と bb が安定となる．結果として表 4.14 を得る．このような表を用いた分析は，非常に分かりやすく効率的であることがわかる．

表 4.14: 安定な結果

安定性			E		E
囚人 1	r	s		s	
選好ベクトル	ba	aa		bb	ab
可能な改善		ba		aa	bb
囚人 2	r	s	s		
選好ベクトル	ab	aa	bb	ba	
可能な改善		ab	aa	bb	

この章で紹介したのは，メタゲーム分析とコンフリクト解析の手法であった．これらは，自分の選択に対する他者の反応や，他者の反応に対するさらなる反応を考慮していた．単純に「自分はどの戦略を選ぶべきか」と考えるのではなく，「相手はどのように反応してくるか」，さらには「相手の反応にどのように反応し返すべきか」といったことを考えに入れて選択を行っている主体を想定しているのであり，いわば「他者の手の内を読む」という柔軟性を備えた主体

を扱っている理論であると考えていいだろう.さらに,囚人のジレンマの状況をこれらの理論で分析すると,(自白,自白)という効率的でない結果だけでなく,(黙秘,黙秘)という社会にとって効率的な結果も安定であるということがわかった.すなわち,「他者の手の内を読む」という柔軟性によって,囚人のジレンマの状況における「個人の合理性と社会の効率性の矛盾」が克服可能であるということが示されたわけである.

第5章　ハイパーゲームとソフトゲーム

　今まで紹介してきた理論，つまり，標準形ゲームの理論や展開形ゲームの理論，そしてメタゲーム分析やコンフリクト解析では，暗に「主体は自分が巻き込まれている状況を正しく知っている」という仮定がおかれていた．このことは，意思決定状況が1つの表や図で表現されているいうことからわかる．しかし，現実の意思決定状況においてはこの仮定が成り立つとは限らない．つまり，状況に関わっている主体は誰なのか（誰の行動が結果に影響を及ぼすのか），他の主体が持っている行動にはどのようなものがあるのか，そして他の主体は起こり得る結果に対してどのような選好を持っているのか，といったことは，各主体に正しく認識されているとは限らないし，通常は，主体自身も「間違った認識を持っている可能性」を理解している．ではこのような「主体が間違った認識を持つ可能性」を取り扱えるような枠組はないだろうか．

　また，これまで紹介してきた理論では，意思決定状況に巻き込まれている主体は利己的であると想定されていた．つまり，各主体は自分にとってより望ましい結果だけを追い求めていて，自分の選択によって他の主体がどうなろうと構うことはないのである．囚人のジレンマの状況で，たとえ相手が重い刑を受けたとしても自分さえ無罪になることができるならそれでよい，と考える主体が扱われているのである．しかし現実の意思決定状況においてこれほど利己的に，他者にとっての望ましさに無頓着に振る舞うことができる主体は少ない．むしろ，自分の行動によって他者が悲惨な結末に至ることを嫌い，あるいは自分にとっての望ましさを犠牲にしても他者にとってより望ましい結果を達成することを望ましいと考える「献身的な」主体も多い．逆に，自分にとってはまったく利益が

ないのに，他者を不幸にすることに執着するような「攻撃的な」主体も現実には存在する．もちろん献身や攻撃はいつも行われるとは限らず，通常は，特定の他者に対してその他者に対する感情や評価に応じて実行されるものである．つまり現実の主体の意思決定は，他者への感情や評価によって影響を受けるわけである．ではこのような「他者への感情や評価に応じて意思決定が変わってくる可能性」を扱えるような枠組はないだろうか．

第 I 部「柔軟性と競争の戦略」の最後の本章で紹介するのは，自分が持っている状況についての認識がいつも正しいとは限らないと考えている，いわば「認識の間違いを許容する」というタイプの柔軟性を持つ主体や，相手への感情や評価に応じて自分にとっての望ましさと同時に他の主体にとっての望ましさも考慮して意思決定を行う，いわば「感情を許容する」というタイプの柔軟性を持つ主体を扱うことができる理論である．しかしながら，これらの理論には「意思決定主体の主観」という新たな視点が含まれているため，本書での紹介は概論的なレベルのとどめ，より詳しい内容は本書の姉妹書である「感情と認識 ─ 競争と社会の非合理戦略 II」にゆずることにする．

「認識の間違いを許容する」というタイプの柔軟性を扱うことができるのは「ハイパーゲーム理論」，「感情を許容する」というタイプの柔軟性を持つ主体を扱うことができるのは「ソフトゲーム理論」および「ドラマ理論」と呼ばれる理論である．これらについて順に説明していこう．

5.1 ハイパーゲーム

ハイパーゲーム理論は，「意思決定状況に巻き込まれている主体が状況を正しく認識しているとは限らない」という状況を扱うことができる理論である．状況の認識に関しては，従来から「情報の完備性」や「共有知識」といった用語を用いて議論されていた．ここではまず，これらの用語の説明から入ろう．

5.1.1 情報の完備性とハイパーゲーム

　情報の完備性や共有知識といった状況の認識に関わる考え方は，ゲーム理論を用いた通常の分析の背後にある重要な概念である．ゲーム理論，例として標準形ゲームについての理論を考えると，意思決定状況は主体，戦略，選好という3つの要素の組 (N, S, R) で表現されていた．ここで，$N = \{1, 2, \ldots, n\}$, $S = \prod_{i \in N} S_i, R = (R_i)_{i \in N}$ はそれぞれ，状況に巻き込まれている主体全体の集合，各主体が持っている戦略の組み合わせ全体の集合，各主体が持っている結果に対する選好，を表す．

　ここで，「状況を表現するために必要なある要素が主体の間で共有知識である」と仮定すると，以下のことすべてが仮定されることになる．

1. 各主体はその要素を正しく認識している．

2. 各主体は 1. が成り立っていること，すなわち「各主体はその要素を正しく認識している」ということを正しく認識している．

3. 各主体は 2. が成立していることを正しく認識している．

4. … （以下，繰り返し）

　通常のゲーム理論では，この共有知識の考え方を用い，前提として「状況の表現に必要なすべての要素，すなわち標準形ゲームの場合では N, S, R は，すべての主体の間で共有知識になっている」ということを採用して議論が進められる．状況の表現に必要なすべての要素がすべての主体の間で共有知識になっているような意思決定状況は，「情報が完備な」状況と呼ばれる．

　現実の状況ではこの「情報の完備性」の前提が満たされていない場合も多い．そこで，「各主体は状況の各要素を正しく認識しているとは限らない」として議論を進めるような理論が望まれた．それに対応する理論がハイパーゲーム理論である．

　ではまず具体的な例を見てみよう．この例は「囚人のジレンマの状況」の変形で，各主体が協力を望んでいたとしても，間違った認識（ここでは他者の選好についての誤認識）によって，どの主体も望んでいない競争に至ってしまう可能

表 5.1: 意思決定状況の真の状態

主体		囚人 2	
	戦略	黙秘	自白
囚人 1	黙秘	4, 4	1, 3
	自白	3, 1	2, 2

性があるということを示す例である．状況の真の状態は表 5.1 のようになっているとする．囚人のジレンマの状況とは異なることに注意しよう．

つまり，各囚人とも（黙秘，黙秘）という結果が最も望ましいと思っているのである．例えば，各囚人が「仲間を裏切るよりも，重い罰を受ける方がいい」と考えている場合であればこのような状況になるだろう．

各囚人がこの状況を構成している要素をすべて正しく認識していれば（黙秘，黙秘）という結果になるという可能性が大きい．特に「両者とも黙秘をする」という約束をしておけば，その約束を破っても何の得もない．したがって，両者とも約束通りに「黙秘」して，両者にとって最も望ましい結果（黙秘，黙秘）が達成されそうである．「両者とも黙秘をする」という約束を交わしても，それを破ると得をすることができる囚人のジレンマの状況とは事情がまったく異なる．

しかし，「囚人が状況を正しく認識している」という前提が成り立たないとすると，この状況でも「囚人のジレンマ」と同様の事態に陥ることがある．ここでは，主体の集合や戦略の集合についての情報は各囚人に正しく認識されているものとして，選好についての情報が両者に間違って認識されている場合を考えよう．この場合，囚人 1 と囚人 2 の認識はすでに共通ではないので，「囚人 1 が認識している状況」と「囚人 2 が認識している状況」の両方を記述する必要がある．例えば，囚人 1 と囚人 2 はそれぞれ，表 5.2，表 5.3 で表される状況が真の状況であると考えているとしよう．

この場合，両者は「相手は（黙秘，黙秘）よりも 1 人で助かる結果の方を好んでいるのではないか」と信じているということになる．

表 5.2: 囚人1が認識している状況

主体		囚人2	
	戦略	黙秘	自白
囚人1	黙秘	4, 3	1, 4
	自白	3, 1	2, 2

表 5.3: 囚人2が認識している状況

主体		囚人2	
	戦略	黙秘	自白
囚人1	黙秘	3, 4	1, 3
	自白	4, 1	2, 2

このように，ある状況に巻き込まれている各主体が持っている状況の認識をすべて書きあげるのが，ハイパーゲーム理論での意思決定状況の表現の仕方である．例えば各主体の状況の認識が表を用いて記述されるのであれば，n 人の主体が巻き込まれている状況を記述するためには，n 枚の表を書くことが必要になるわけである．

ではこの場合どの結果が達成されるだろうか．囚人1が持っている認識の中では，囚人1が黙秘をしても自白をしても，囚人2は自白する方がよい．したがって囚人1は，「囚人2は自白するに違いない」と考える．このとき，より望ましい結果を導くために囚人1が選択するべき戦略は自白である．囚人2についても同じことがいえるので，(自白, 自白) という結果が達成されることになる．しかし，真の状況で考えると，(自白, 自白) よりも (黙秘, 黙秘) の方が両者にとって最も望ましい．つまりこの例で，「主体が状況を正しく認識しているという前提が成り立たないとすると，両者が最も望んでいる結果が一致していたと

しても，その結果ではなく両者にとってより好ましくない結果が達成される可能性がある」ということがわかるのである．

5.1.2 ハイパーゲームでの状況の表現

　ハイパーゲーム理論での状況の記述の方法を，通常のゲーム理論と比較しながら，説明していこう．

　標準形ゲームの理論では，意思決定状況は，主体，戦略，選好という3つの要素の組 (N, S, R) で表現されていた．ただし，$S = \prod_{i \in N} S_i$, $R = (R_i)_{i \in N}$ である．しかし，このような表現が可能なのは，実は，情報の完備性の仮定が暗に採用されていて，各主体が認識している状況が共通であるということが保証されているからこそである．もし情報の完備性が仮定できないのであれば，各主体が持っている認識について追加の記述が必要となる．また一般には，主体，戦略，選好という標準形ゲームの要素それぞれが，すべての主体の間で共有知識になっていない可能性がある．

　ハイパーゲーム理論では，各主体が持っている状況についての認識をすべて列挙することで，情報の完備性が仮定されない状況の記述を行う．ここでは，各主体は状況を標準形ゲームの形で認識していると考え，各主体が持っている状況についての認識も，主体，戦略，選好の3つの要素を特定することで表現する．第 5.1.1 節で見た「囚人のジレンマの状況」の変形の例を用いて説明していこう．この場合，囚人1が認識している状況は，表 5.4 のように表現できる．

表 5.4: 囚人1が認識している状況

主体		囚人2	
	戦略	黙秘	自白
囚人1	黙秘	4, 3	1, 4
	自白	3, 1	2, 2

5.1. ハイパーゲーム

もしこれを 3 つの要素の組 (N, S, R) で表すとすると,

$N = \{1, 2\}$; (ただし 1 と 2 はそれぞれ囚人 1 と囚人 2 を表す)

$S_1 = \{$ 黙秘, 自白 $\}$, $S_2 = \{$ 黙秘, 自白 $\}$;

$R_1 = (($黙秘, 黙秘$), ($自白, 黙秘$), ($自白, 自白$), ($黙秘, 自白$))$,

$R_2 = (($黙秘, 自白$), ($黙秘, 黙秘$), ($自白, 自白$), ($自白, 黙秘$))$

となる.しかし,これは「囚人 1 が認識している状況」なので,それを表現するために,状況の各要素に「1」という添え字を付けて「囚人 2 が認識している状況」と区別しよう.すなわち「囚人 1 が認識している状況」であれば (N^1, S^1, R^1) と表すのである.ただし,$S^1 = \prod_{i \in N} S_i^1$, $R^1 = (R_i^1)_{i \in N}$ である.さらに簡単のため,(N^1, S^1, R^1) を G^1 と書くことにしよう.同様に「囚人 2 が認識している状況」は,表 5.5 のように表される.

表 5.5: 囚人 2 が認識している状況

主体		囚人 2	
	戦略	黙秘	自白
囚人 1	黙秘	3, 4	1, 3
	自白	4, 1	2, 2

そして,これも $G^2 = (N^2, S^2, R^2)$ と記述することができる.もちろん,

$N^2 = \{1, 2\}$; (ただし 1 と 2 はそれぞれ囚人 1 と囚人 2 を表す)

$S_1^2 = \{$ 黙秘, 自白 $\}$, $S_2^2 = \{$ 黙秘, 自白 $\}$;

$R_1^2 = (($自白, 黙秘$), ($黙秘, 黙秘$), ($自白, 自白$), ($黙秘, 自白$))$,

$R_2^2 = (($黙秘, 黙秘$), ($黙秘, 自白$), ($自白, 自白$), ($自白, 黙秘$))$

である.

囚人1と囚人2それぞれが認識している状況を合わせたものが，ハイパーゲーム理論での状況全体の表現である．つまり意思決定状況全体は，(G^1, G^2) という，通常の状況の「組」で表現できる．

より一般に，主体の集合が $N = \{1, 2, \ldots, n\}$ である場合の状況は，ハイパーゲーム理論では $(G^1, G^2, \ldots, G^n)$ という状況の n 個の組で表現できる．また，上の例では各主体の認識は「選好」に関する情報においてのみ異なっていたが，一般には，状況の他の要素，つまり「主体の集合」や「主体が持っている戦略」に関する情報についての認識の違いも表現できる．

5.1.3 主体の認識の階層

ここまでの話では，「各主体が状況の各要素を正しく認識しているとは限らない」ような意思決定状況は，ハイパーゲーム理論を用いて $(G^1, G^2, \ldots, G^n)$ と表現できるとされていた．しかし実は，この表現にはまだ不十分な点がある．

現実の状況に巻き込まれている主体は，通常，「主体は状況の認識を誤る可能性がある」ということを知っている．つまり主体は，自分が持っている状況についての認識と，他主体が持っている状況についての認識が異なっている可能性を認識しているのである．このような場合には，主体は，「自分が認識している状況が真の状況であり，他者も同じ状況を認識している」と考えるのではなくて，むしろ「自分の状況の認識と他者の状況の認識は異なっているかもしれない」と考える．すると主体は，他者の認識を認識しようとする．さらに自分の認識についての他者の認識についての認識や，第三の他者の認識についての他者の認識についての認識をしようとする．結局主体はさまざまな認識を持つことになる．つまり，「主体は状況の各要素を正しく認識しているとは限らない」という状況を表現するためには，各主体が持っている状況についての認識だけでなく，その主体が持っている上のようなさまざまな認識をも扱う必要があるのである．

今扱おうとしている認識は，認識についての認識を含んでいるので，いわば「階層」を持っていると考えられる．また，認識についての認識も認識の1つなので，扱う対象となる認識は無限の要素を持ち得る．このような認識の階層を数

5.1. ハイパーゲーム

理的に扱うにはどのようにすればいいだろうか. 実は, $(G^1, G^2, \ldots, G^n)$ という表現で用いた, 添え字の $1, 2, \ldots, n$ を一般化した「主体の列」という考え方を用いることで, 認識の階層を上手に扱うことができる.

主体の集合 N が与えられているとする. N の要素のうちいくつかを, 重複を許して, ただし隣り合う2つが異なるように並べたものを主体の列という. つまり, $i_1, i_2, \ldots, i_p$ を N の要素としたとき, $1 \leq r \leq p-1$ であるような任意の r に対して, $i_r \neq i_{r+1}$ が成り立っているときに $i_1 i_2 \cdots i_p$ を主体の列という.

可能な主体の列全体の集合を Σ^* で表し, 任意の $i \in N$ に対して, Σ_i^* で「列の最後 (最も右) に i があるような主体の列」全体の集合を表す. つまり,

$$\Sigma^* = \{\sigma = i_1 i_2 \cdots i_p \ (p = 1, 2, 3, \ldots) \mid i_1, i_2, \ldots, i_p \in N,$$
$$i_r \neq i_{r+1} \ (1 \leq r \leq p-1) \}$$

であり, 任意の $i \in N$ に対して,

$$\Sigma_i^* = \{\sigma = i_1 i_2 \cdots i_p \ (p = 1, 2, 3, \ldots) \mid i_1, i_2, \ldots, i_p \in N,$$
$$i_p = i, i_r \neq i_{r+1} \ (1 \leq r \leq p-1) \}$$

である. 例えば, $N = \{1, 2, 3\}$ とすると, 2, 23, 132, 123213 などは主体の列になるが, 112, 32133 などは主体の列ではない.

主体の列は, 状況の要素を表す記号 (N, S, R など) の右肩に添え字として付ける. 例えば, N^{132} とか S^{123213} などである. そして, 一般に $\sigma = i_1 i_2 \cdots i_p \in \Sigma^*$ の場合には, 「主体 i_p が認識している主体 i_{p-1} が認識している $\cdots$ 主体 i_1 が認識している」という意味が付加される. 例えば, N^{132} であれば, 「主体 2 が認識している主体 3 が認識している主体 1 が認識している N (主体の集合)」という意味になる. このようにして, さまざまな要素についてのさまざまな階層の認識を表現するのである.

では状況全体は主体の列の考え方を用いてどのように表現されるのであろうか. 主体の列を用いることで主体の認識の階層を表現できるので, 以下のように表現すればよいであろう.

まず, 任意の $i \in N$ に対して, $\sigma = i_1 i_2 \cdots i_p \in \Sigma_i^*$ を1つ固定する. そして, 状況の各要素 N, S, R それぞれに対して σ を添え字として付け, $N^\sigma, S^\sigma, R^\sigma$

を得る．これを組にすることで，「主体 i_p が認識している主体 i_{p-1} が認識している … 主体 i_1 が認識している」状況が表現できる．つまり $(N^\sigma, S^\sigma, R^\sigma)$ である．これを G^σ と書くことにする．

このような G^σ をすべての $\sigma \in \Sigma_i^*$ について作り，並べたもの，つまり $(G^\sigma)_{\sigma \in \Sigma_i^*}$ は，主体 i が持っているさまざまな認識をすべて記述している．これを $\mathbf{G}_i$ で表し，主体 i の「状況についての認識体系」と呼ぶ．各主体の状況についての認識体系を集めて並べたもの $(\mathbf{G}_i)_{i \in N}$ が状況全体を表現するものになる．これを $\mathbf{G}$ で表す．

$\mathbf{G} = (\mathbf{G}_i)_{i \in N}$ は「一般ハイパーゲーム」と呼ばれ，意思決定状況の最も詳しい表現である．しかし，各主体が持っているさまざまな認識をすべて記述しているため非常に多くの要素を持っている．実際，N の要素が 2 つ以上ある場合には，各 $i \in N$ に対して Σ_i^* は無限個の要素を持つので，$\mathbf{G}$ をすべて書き上げるのは原理的には不可能である．一方，最初に紹介した $(G^1, G^2, \ldots, G^n)$ は「単純ハイパーゲーム」と呼ばれ，「各主体が状況の各要素を正しく認識しているとは限らない」ような意思決定状況の表現としては最も単純なものである．単純ハイパーゲームは，状況の記述に必要な要素が少ないため，詳しい表現力は少ないものの，実際に分析を行う際には実用的である．実際の意思決定状況に適用するときには，対象となっている状況の分析に詳しい記述が必要かどうかに応じて表現の方法を選択することになる．

ハイパーゲーム理論では，単純ハイパーゲーム $(G^1, G^2, \ldots, G^n)$ や，一般ハイパーゲーム $\mathbf{G}$ を分析することで，「各主体が状況の各要素を正しく認識しているとは限らない」ような意思決定状況を調べようとしているのである．1980 年代に最初に提案されて以来，ハイパーゲーム理論はさまざまな方向に発展している．これまで本書ではハイパーゲーム理論を，「認識の間違いを許容する」というタイプの柔軟性を持つ主体を扱うことができる理論として紹介してきたが，これ以上の発展的な内容は，むしろ「意思決定主体の主観」という新たな視点から捉える方が適切である．ハイパーゲーム理論のより進んだ内容については，本書の姉妹書である「感情と認識 — 競争と社会の非合理戦略 II」に詳しく紹介してあるので，興味を持たれた読者の方々は是非参照してほしい．

5.2 ソフトゲーム

　囚人のジレンマの状況を人工的に作り出し，実際の人に意思決定をしてもらうと，パレート最適な結果が達成されることが多いという．つまり現実の意思決定主体は，表 5.6 で表される状況において「黙秘」を選択する場合も多いという．

表 5.6: 囚人のジレンマの状況

主体		主体 2	
	戦略	黙秘	自白
主体 1	黙秘	3, 3	1, 4
	自白	4, 1	2, 2

　これはどうしてだろうか．どうして人は「黙秘」を選ぶのだろうか．人が持っている「感情」の側面と意思決定の前に行う「情報交換」に注目してこれを説明するのがソフトゲーム理論である．

　ソフトゲーム理論では，主体の意思決定を表現するときに「関数の合成」という考え方を用いるので，ここで説明しておこう．

- **関数の合成** — 複数の関数をつなげて新たな関数を定義すること．

　3 つの集合 X, Y, Z が与えられており，さらに，X から Y への関数 f と，Y から Z への関数 g が定義されているとする．すなわち，

$$f : X \to Y \qquad g : Y \to Z$$

とする．このとき，$g \circ f$ という X から Z への新しい関数を

$$(g \circ f)(x) = g(f(x))$$

として定義する．この関数 $g \circ f$ を「f と g の合成関数」と呼ぶ．$g \circ f$ が X から Z への関数になっていることは，

- f が X から Y への関数であることから、どんな $x \in X$ に対しても $f(x)$ という Y の要素がちょうど1つだけ定まり、
- さらに、g が Y から Z への関数であることから、$f(x) \in Y$ に対して $g(f(x))$ という Z の要素がちょうど1つだけ定まること、すなわち、
- $g \circ f$ は、X の任意の要素に対して Z の要素をちょうど1つ対応付けている、

ということからわかる．

5.2.1 情報交換と感情

囚人のジレンマの状況では、2人の主体の戦略の選択は同時に行われる．その選択の前に主体間で情報交換をすることが許されている場合を考えよう．今、囚人のジレンマの状況に巻き込まれている主体1が、主体2に対して次の情報を伝えることを考える．

> 「私は、もしあなたが黙秘をすると考えられるときには黙秘をします．しかしそうでないとき、つまり、あなたが自白をすると考えられるときには、自白します．」

つまり主体1は、もし「主体2が『黙秘』を選ぶ」ということが信じられるのであれば「黙秘」を、信じられないのであれば「自白」を選択するというのである．では、主体1が発した情報は主体2にとって信じられるものかどうかを調べていこう．

この情報は、ソフトゲーム理論が扱う「誘導戦略」というタイプの情報の一例である．誘導戦略の前半部分、すなわち、この例でいえば「私は、もしあなたが黙秘をすると考えられるときには黙秘をします」の部分は、相手が選択しそうな戦略に対応して自分がどの戦略を選択しようとしているかと同時に、情報を発した主体がどの結果を達成したいかを表していると考える．つまり、主体1であれば、（黙秘, 黙秘）という結果の達成を望んでいると考えるのである．ソフトゲーム理論では、この誘導戦略の前半部分を「約束」と呼ぶ．

5.2. ソフトゲーム

　一方，誘導戦略の後半部分は「脅し」と呼ばれる．上の例でいえば，「しかしそうでないとき，つまり，あなたが自白をすると考えられるときには，自白します」の部分である．脅しは約束の達成を促すために，情報に付け加えられる．そのためには，脅しにおいて選択される戦略は，情報を発せられた主体にとって，約束の達成に協力するよりも都合が悪くなくてはならない．実際，例の場合では，主体1が脅しの戦略である「自白」を選択したときに達成され得る結果，つまり，(自白, 黙秘)と(自白, 自白)はいずれも，主体1が約束で指示している(黙秘, 黙秘)という結果よりも，主体2にとっては望ましくない．つまり「自白」という戦略は，(黙秘, 黙秘)という約束の達成を促すような効果を持っているのである．これに対し，「黙秘」という戦略を考えると，達成され得る結果である(黙秘, 黙秘)と(黙秘, 自白)はいずれも，主体2にとって，主体1の約束が指示している(黙秘, 黙秘)と同じかより好ましい．主体2にとっては，主体1の約束が達成されるよりは，「黙秘」という戦略が選択された方が都合がいい．つまり，「黙秘」という戦略には約束の達成を促すような効果はないのである．

　囚人のジレンマの状況においては，主体1の誘導戦略は以下のように4つ存在する．ただし，1つの誘導戦略は「約束」が指示している結果と「脅し」の戦略の組で表される．

- ((黙秘, 黙秘), 自白) ——「あなたが黙秘を選ぶなら私も黙秘を選ぶ．そうでなければ私は自白を選ぶ」

- ((黙秘, 自白), 黙秘) ——「あなたが自白を選ぶなら私は黙秘を選ぶ．そうでなければ私は黙秘を選ぶ（つまり，私は黙秘を選ぶ）」

- ((黙秘, 自白), 自白) ——「あなたが自白を選ぶなら私は黙秘を選ぶ．そうでなければ私は自白を選ぶ」

- ((自白, 自白), 自白) ——「あなたが自白を選ぶなら私は自白を選ぶ．そうでなければ私は自白を選ぶ（つまり，私は自白を選ぶ）」

　主体1が主体2に発した((黙秘, 黙秘), 自白)という情報，つまり「あなたが黙秘を選ぶなら私も黙秘を選ぶ．そうでなければわたしは自白を選ぶ」とい

う情報の約束の部分（黙秘, 黙秘）をさらに調べていこう．この約束は主体2にとって信じられるものだろうか．

仮に主体1が「主体2は『黙秘』を選択する」と考えたとしよう．このとき，主体1が自分の約束に従えば，主体1は「黙秘」を出し，その結果（黙秘, 黙秘）という結果が達成されるはずである．しかしもし主体1が約束に従わず「自白」を選択すると，達成されるのは（自白, 黙秘）である．ここで注意しなければならないのは，約束に従わないことで達成できる（自白, 黙秘）は，約束に従うことで達成される（黙秘, 黙秘）よりも主体1にとって望ましいということである．この場合，主体1が自分の約束に従う動機は少ない．当然，主体2にとっての，（黙秘, 黙秘）という主体1の約束の信頼性は低いものになる．

この場合の（自白, 黙秘）という結果のように，情報を発した主体が約束に従わないことによって達成され得る，約束の信頼性を低くしてしまうような結果のことを，ソフトゲーム理論では，約束に対する「誘惑」と呼ぶ．つまり，主体1の（（黙秘, 黙秘），自白）という誘導戦略の，（黙秘, 黙秘）という約束には，（自白, 黙秘）という誘惑が存在するのである．もちろん約束の中には誘惑を持たないものもある．（（自白, 自白），自白）という誘導戦略における約束の，（自白, 自白）がその例である．この場合，主体2が「自白」を選択するのであれば，主体1は自分の約束に従って「自白」を選択した方が，約束に従わずに「黙秘」を選択するよりは，自分にとって望ましい結果を導くことができる．このとき，主体1には約束に従う動機があり，主体2にとっての主体1の約束の信頼性は高い．

ソフトゲーム理論では，誘導戦略という情報，その中で特に約束の部分の客観的な信頼性を次のように考える．

> 約束が誘惑を持てばその約束の信頼性は低く，逆に誘惑を持たない
> 約束の信頼性は高い．

したがって，自分にとってより望ましい結果を利己的に達成しようとしている主体を想定すれば，主体が発する約束は，他の主体にとっては，もしその約束が誘惑を持てば信じることができない情報であり，誘惑を持たなければ信じられる情報である．

5.2. ソフトゲーム

しかしソフトゲーム理論では,完全に利己的な主体ではなく,主体の間に存在する「感情」から影響を受けながら意思決定を行う主体を想定する.つまり,主体の戦略の選択は,その主体にとっての望ましさの利己的な追求ではなく,主体の間に存在する感情からも影響を受けると考えるのである.同時に,主体が発する情報についても,客観的な信頼性ではなく,主観的な信頼性を用いて分析を行う.例えば,ある主体が他者から受け取った約束の信頼性も,誘惑を持てば低く,誘惑を持たなければ高い,と単純に考えるのではなく,主体間に存在する感情,特に情報を発した主体が,情報を受け取った主体に対して持っている感情に応じて決まる,と考えるのである.

ソフトゲーム理論では,2種類の感情を扱う.「肯定的」感情と「否定的」感情である.また,各主体は互いに他者に対して感情を持っていて,それは肯定的か否定的かのいずれかであると考える.さらに,これらの感情は主体間の情報交換に関連して以下のような機能を持つと仮定される.

- 肯定的感情:約束の信頼性を向上させる(約束に対する誘惑を無視させる).

- 否定的感情:脅しの信頼性を向上させる(脅しに対する誘惑を無視させる).

ここでは肯定的感情に焦点を絞って話を進めよう.ある主体の約束の他者にとっての客観的な信頼性は,その約束が誘惑を持てば低く,誘惑を持たなければ高い.しかしソフトゲーム理論では「もし情報を発した主体からの,情報を受け取った主体に対する感情が肯定的ならば,客観的な信頼性が低い約束であっても,情報を受け取った主体にとっての主観的な信頼性が高くなり,情報を受け取った主体は誘惑を持つ約束を信じるようになる」と考える.しかし「感情が否定的ならば信頼性は低いままである」とするのである.

ソフトゲーム理論では,最終的な戦略の選択の前の主体の間の情報交換として,誘導戦略の交換を考える.また,交換された情報の信頼性は,その情報自体が持っている客観的な部分と,主体間の感情の種類に応じた主観的な部分とによって決まる.特に,肯定的感情は客観的な信頼性が低い約束の信頼性を高める機能を持つと仮定される.つまり,ソフトゲーム理論で想定している主体は「情報の信頼性に関して感情を許容する」というタイプの柔軟性を持っているので

ある．では，このような「感情を許容する」というタイプの柔軟性を持つ主体を想定すると実際にどのような意思決定が行われるのだろうか．主体の意思決定についてもう少し詳しく考えながら分析していこう．

5.2.2　意思決定主体のモデル

　情報交換に関する感情の作用の仮定からわかるように，ソフトゲーム理論では，意思決定主体は，結果の望ましさと主体が互いに他者に対して持っている感情，そして交換された情報に基づいて戦略の選択を行う，と想定される．各主体にとっての結果の望ましさ，つまり結果に対する各主体の選好は標準形ゲームで表現されており，また主体間の感情は1つの意思決定状況の間には変化しないと考えると，主体が持っている戦略の選択の仕方を特徴付けるものは，交換された情報に対して選択する戦略を割り当てる対応関係となる．ソフトゲーム理論では，この対応関係を「決定関数」で表現する．

　主体の決定関数は，交換された情報に応じて選択する戦略を与えてくれる関数である．もちろんこの関数の値は，主体の選好や主体が持っている感情も参照して決定される．例えば，主体1は，自分が主体2に対して発した約束と主体2が自分に対して発した約束とが一致していれば，主体が持っている感情によらず約束に指示されている戦略を選択するという行動選択の仕方を持っているかもしれない．もし他の交換され得る情報の組み合わせそれぞれに対応して戦略が割り当てられているのであれば，それは主体1の決定関数の1つである．もちろん，主体の決定関数にはさまざまなものが考えられる．例えば，どんな情報が交換されようが，またどんな感情を主体が持っていようが，ある特定の戦略を選択するという方法も，その主体の決定関数となり得るのである．決定関数と選好，感情，情報，そして選択する戦略の間の関係を図式的に表現すると以下のようになる．

- 決定関数：(情報, 感情, 選好)
  　　　$\mapsto$　自分が選択する戦略

　各主体の決定関数と主体が発する情報の間には何か関係はないだろうか．ソ

5.2. ソフトゲーム

フトゲーム理論で考えられている情報, つまり誘導戦略は, 例えば,

> 「私は, もしあなたが黙秘をすると考えられるときには黙秘をします. しかしそうでないとき, つまり, あなたが自白をすると考えられるときには, 自白します.」

というものであった. この情報には, 暗に,「この主体は, まず『相手がどの戦略を選択するか』について予想し, その後, 予想の結果に応じて自分が選択する戦略を決める」ということが示唆されている. すなわち, もしこの情報を発した主体が本当にこの情報に従って戦略の選択を行うのであれば, 主体の決定関数は, 相手が選択する戦略を推論する部分と, その推論と発した情報に基づいて実際に戦略の選択を実行する部分とに分けられるはずである.

ソフトゲーム理論では, 推論を行う部分を「推論関数」, 選択を実行する部分を「実行関数」と呼び, 決定関数はこの2つの関数の合成で表現されると考える. 主体は, 交換された情報, 主体間の感情, 主体の選好を基に相手の選択を推論すると考えられる. また, 主体が選択を実行するときには, これらの他に, 推論の結果を参照すると考えられる. したがって, 推論関数と実行関数をそれぞれ図式的に表すと,

- 推論関数：(情報, 感情, 選好)
  $\mapsto$ 「相手が選択する戦略」の予想
- 実行関数：(情報, 感情, 選好,「相手が選択する戦略」の予想)
  $\mapsto$ 自分が選択する戦略

となる. 決定関数は,

- 決定関数：(情報, 感情, 選好)
  $\mapsto$ 自分が選択する戦略

と表されていた. したがって,「決定関数が推論関数と実行関数の合成で表現される」というのは, 結局,

- 決定関数（情報, 感情, 選好）
 　　＝実行関数（情報, 感情, 選好,
 　　　　　　推論関数（情報, 感情, 選好））

が成り立つという意味であるということになる.

さて，さらに考えを進めて，「主体はどのようにして相手の戦略を予想するか」について調べてみよう．ここで改めて決定関数と推論関数の図式的な表現

- 推論関数：（情報, 感情, 選好）
 　　↦　「相手が選択する戦略」の予想

- 決定関数：（情報, 感情, 選好）
 　　↦　自分が選択する戦略

を見ると，形が非常に似ていて，違いは，関数の値が意味するものだけだということに気がつく．この2つの関数の形の類似は，「相手が持っている決定関数が正しくわかれば，相手が選択する戦略を正しく予想することができる」ということを考えれば，ごく当然のことである．つまり，ある主体の推論関数は，相手が持っている決定関数についてその主体が持っている認識にほかならないのである．すると，決定関数を推論関数と実行関数に分解することができたのと同様に，推論関数も2つの部分に分けることができることがわかる．すなわち，「相手が持っている推論関数」についての認識の部分と，「相手が持っている実行関数」についての認識の部分である．これらをそれぞれ「認識された推論関数」，「認識された実行関数」と呼ぶ．認識された推論関数は，ある主体が認識している相手の推論関数であるから，その値は，「『自分が選択する戦略』についての相手の予想」についての自分の予想である．つまり「相手は自分がどの戦略を選択すると予想しているか」についての予想である．この予想と，認識された実行関数を用いると，相手が選択する戦略についての予想，つまり推論関数の値になる．これを図式的に表すと，

- 推論関数（情報, 感情, 選好）
 　　＝認識された実行関数（情報, 感情, 選好,
 　　　　　　認識された推論関数（情報, 感情, 選好））

5.2. ソフトゲーム

となる.

結局, ソフトゲーム理論が想定している意思決定主体の戦略の選択は, 交換された情報, 主体の間の感情, 主体の選好をもとに

1. 認識された推論関数を使って, 「『自分が選択する戦略』についての相手の予想」についての自分の予想を得る.

2. 上の 1. で得た結果と認識された実行関数を使って, 「相手が選択する戦略」についての予想を得る.

3. 上の 2. で得た結果と実行関数を使って, 自分が選択する戦略を得る.

という手続きで行われることになる. 手続きの 1. と 2. を合わせたものが推論関数であり, 1. から 3. の手続き全体を表現しているものが決定関数なのである.

では, 主体が持っている認識された推論関数や認識された実行関数, そして実行関数にはどのようなものが考えられるだろうか. ソフトゲーム理論では, 特に交換された情報との関係に注目して, 「正直な」主体と「信頼する」主体を扱う.

各主体は誘導戦略という情報を相手に伝える. 誘導戦略は, 例えば, 「私は, もしあなたが黙秘をすると考えられるときには黙秘をします. しかしそうでないとき, つまり, あなたが自白をすると考えられるときには, 自白します」というものである. 主体が発する誘導戦略とその主体の実行関数は整合しているとは限らないが, もしこれらが互いに整合している場合には, その主体を「正直である」ということにする. 例えば, 正直な主体が上記の情報, つまり ((黙秘, 黙秘), 自白) という誘導戦略を発した場合には, この主体の実行関数は,

- 「相手が選択する戦略」についての予想 (つまり, 推論関数の値) が黙秘ならば, 黙秘,

- 「相手が選択する戦略」についての予想 (つまり, 推論関数の値) が自白ならば, 自白,

という値をとるのである.

ある主体が正直であるかどうかが, その主体が発した誘導戦略とその主体の実行関数から定まるのに対して, ある主体が信頼する主体であるかどうかは, そ

の主体が自分の意思決定に，相手の主体が発した誘導戦略をどのように反映させるかによって定まる．相手が発した誘導戦略を自分の意思決定に反映させる場合，関係するのは「相手が持っている実行関数」についての認識，すなわち，認識された実行関数である．その反映のさせ方によって2種類の信頼する主体を考えることができる．1つは，相手からの情報を盲目的に信じる主体であり，もう1つは，主観的な信頼性を参照して情報を信じるかどうかを決める主体である．

例えば，相手が（（黙秘，黙秘），自白）という誘導戦略を発した場合，相手からの情報を盲目的に信じる主体は，相手が持っている実行関数についての認識，すなわち認識された実行関数を，

- 「『自分が選択する戦略』についての相手の予想」についての自分の予想（つまり，認識された推論関数の値）が黙秘ならば，黙秘，

- 「『自分が選択する戦略』についての相手の予想」についての自分の予想（つまり，認識された推論関数の値）が自白ならば，自白

という値をとるものにするのである．このような主体は，第5.2.1節で論じたような情報の信頼性を参照することなく，相手からの情報を信用する．これに対して，主観的な信頼性を参照して情報を信じるかどうかを決める主体は，情報の主観的な信頼性が高ければその情報を信じ，低ければ信じることなく，相手からの情報を認識された実行関数に反映させる．相手の誘導戦略が（（黙秘，黙秘），自白）である場合には，（黙秘，黙秘）という相手の約束には誘惑が存在するので，この部分の主観的な信頼性は，相手から自分への感情が肯定的であるか否定的であるかに依存して決まる．特に，相手が自分に対して肯定的な感情を持っている場合であれば，（黙秘，黙秘）という相手の約束は，自分にとって信頼できる情報になる．逆に，相手が自分に対して否定的な感情を持っている場合には，「相手は約束に従わず，誘惑が指示する戦略を選択する」と考えるのである．つまり，この主体の認識された実行関数は，

- 「『自分が選択する戦略』についての相手の予想」についての自分の予想（つまり，認識された推論関数の値）が黙秘であり，

－ 相手が自分に対して肯定的な感情を持っているならば, 黙秘,

　　－ 相手が自分に対して否定的な感情を持っているならば, 自白,

- 「『自分が選択する戦略』についての相手の予想」についての自分の予想（つまり, 認識された推論関数の値）が自白であれば,（相手の自分に対する感情によらず）自白,

という値をとるものとなるのである.

5.2.3　全体の効率性の達成

　では,「感情を許容する」というタイプの柔軟性を持つ主体, つまり主観的な信頼性を参照して情報を信じるかどうかを決める2人の主体が囚人のジレンマの状況に巻き込まれた場合,（黙秘, 黙秘）というパレート最適な結果を達成することがありえるだろうか. 2人の主体両方が（黙秘, 黙秘）という結果を達成したいと考えている状況をソフトゲーム理論に従って考えていこう.

　各主体が正直だとすれば, 各主体が相手に伝える情報, つまり誘導戦略は, 両者とも（(黙秘, 黙秘), 自白）となる. 他に（黙秘, 黙秘）という約束を持った誘導戦略が存在しないからである. このような, 各主体が正直であり信頼する主体であって, 各主体の約束が一致している場合について, ソフトゲーム理論では次の定理が成り立つことがわかっている（Inohara and Nakano [32] を参照).

定理 5.1 (約束の達成)　2人の主体がいて, 各主体がそれぞれ2つずつの可能な行動を持っているような意思決定状況において, 2人の主体の両者ともが正直であり, 信頼する（主観的な信頼性を参照して情報を信じるかどうかを決める）主体であり, 2人の約束が一致している場合を考える. このとき, もし, 各主体ともが「自分は相手に『約束が指示している結果を達成するのに必要な戦略を選択する』と予想されている」と考えていて, かつ互いに肯定的な感情を持っているならば, 約束が指示している結果が達成される.　　　　　　□

ここで,

「自分は相手に『約束が指示している結果を達成するのに必要な戦略を選択する』と予想されている」と考えている

というのは，例えば囚人のジレンマの状況において主体1の約束が（黙秘, 黙秘）の場合であれば，「約束が指示している結果を達成するのに必要な戦略」は黙秘になるので，主体1が，

「自分は主体2に『黙秘を選択する』と予想されている」と考えている

という意味になる．

囚人のジレンマの状況は「2人の主体がいて，各主体がそれぞれ2つずつの可能な行動を持っているような意思決定状況」であるし，今考えているのは「2人の主体の両者ともが正直であり，信頼する主体であり，2人の約束が一致している場合」であるので，この定理は囚人のジレンマの状況にあてはめることができる．

定理をあてはめると，もし2人の主体が，「自分は相手に『黙秘を選択する』と予想されている」と考えていて，互いに他者に対して肯定的な感情を持っていれば（黙秘, 黙秘）という結果が達成されることになる．本当にそうかどうかを確かめてみよう．

主体1は正直なので，自分が発した誘導戦略（(黙秘, 黙秘), 自白）に従って，つまり，「推論関数の値が黙秘ならば，黙秘を，自白ならば，自白を選択する」というルールで戦略の選択を行う．今，主体2の誘導戦略は（(黙秘, 黙秘), 自白）である．この誘導戦略の約束の部分は誘惑を持つので，客観的な信頼性は低い．しかし主体1は信頼する主体なので，主体の間の感情を参照しながらこの約束を信じるかどうかを決める．主体2は主体1に対して肯定的な感情を持っているので，誘惑が存在する相手の約束の主体1にとっての主観的な信頼性は高くなる．つまり，主体1は「主体2の決定関数は『推論関数の値が黙秘ならば，黙秘，自白ならば，自白』という値をとる」と考える．すなわち，主体1の認識された実行関数は「認識された推論関数の値が黙秘ならば，黙秘，自白ならば，自白」という値をとることになる．

5.2. ソフトゲーム

さらに，主体1が「自分は主体2に『黙秘を選択する』と予想されている」と考えているとすると，これは主体1の認識された推論関数の値が黙秘であることにほかならない．したがって，「認識された推論関数の値が黙秘ならば，黙秘，自白ならば，自白」という主体1の認識された実行関数に従えば，この値は黙秘になる．主体1の認識された実行関数の値は主体1の推論関数の値に一致するので，さらに「推論関数の値が黙秘ならば，黙秘を，自白ならば，自白を選択する」という主体1の実行関数に従えば，主体1は最終的に黙秘を選択することになることがわかる．主体2も，主体1とまったく同様に意思決定を行うので，主体2の最終的な選択は黙秘となり，（黙秘, 黙秘）という結果が達成されることになる．

ここでの分析で私たちが確認したのは，「感情を許容する」というタイプの柔軟性を持つ主体であれば，囚人のジレンマの状況の中に潜んでいる，「個人の合理性と社会の効率性の矛盾」を克服することができる場合があるということである．定理5.1によれば，この「克服」は，各主体が「感情を許容する」ということ以外に，

- 各主体が正直であること．
- 各主体が互いに相手に対して肯定的な感情を持っていること．
- 各主体が「自分は相手に信じられている」と考えていること．

ということが満たされる場合に達成される．では，各主体がどのように振る舞えば，これらのことが満たされるのだろうか．それを説明しようとするのがドラマ理論である．

ドラマ理論では，ここまでの話の中で「あらかじめ与えられていたもの」として考えられていた感情を，主体が意思決定状況に巻き込まれたときに生じるジレンマから受ける圧力によって「発生するもの」として説明しようとする．意思決定状況に巻き込まれている主体は，ある特定の結果を達成したい，あるいは他者にある特定の選択をさせたい，といったなんらかの意図を持つ．しかし，主体の意図は必ずしも達成されやすいとは限らない．さまざまな要因が意図の達成を阻害するのである．上で説明した「約束に対する誘惑」はその例である．つ

まり「自分はある結果を達成したいが,誘惑が存在するために,そのことが相手に信用されない」ということが起こる.ドラマ理論では,主体の意図を阻害する要因をジレンマと呼ぶ.ジレンマがある場合,主体はさまざまな方法でそのジレンマを取り除こうとする.例えば,相手に対して言葉を尽くして自分の意図を説明し,裏切ることなどあり得ないということを主張する場合がそうである.このとき,表面的な言葉だけでは,相手に本当の意図は伝わらない.そこには適切な感情が必要なのである.例えば,約束に対する誘惑には負けない,ということを相手に信じてもらうには,相手に対する肯定的な感情が必要であろう.肯定的な感情が相手に伝われば,その主体が発している情報(この場合は約束)の信頼性が高まると考えられる.感情が必要なのは,主体が嘘をつこうとする場合も同じである.約束に対する誘惑には負けないという嘘の情報を相手に信じてもらうには,本当は誘惑に負けて裏切るというつもりであっても,肯定的な感情を表に出さなければならない.そうしなけば,情報の信頼性が高くならないのである.

　本当の情報であれ嘘の情報であれ,そこにジレンマがある場合,それを相手に信じてもらうためには感情の表出が必要であり,情報を信じてもらうために主体の中には適切な感情が発生する.ドラマ理論では,このようにして発生する感情が,主体が元々持っていた結果に対する選好を変化させる傾向にある,と仮定する.さらに,選好の変化によって,感情の発生の原因であったジレンマが解消し,ジレンマによって発生していた感情が消える,と考えるのである.このように,「選好の変化によってジレンマが解消していく過程」として意思決定状況を捉えるのがドラマ理論である.つまり,ドラマ理論では,意思決定をする過程で,その意思決定状況自体が変化する可能性を認めているのである.ドラマ理論は提案されて間もない理論であるため,あまり成熟した理論とはいえない.しかし,競争の意思決定の状況についての従来の理論にはない,新しい視点が導入されていることは明らかで,今後の発展が期待される.

　本節では,単に選好の面から考えると信じることができない情報であっても特定の感情が存在するときにはそれを信じること,いわば,情報の信頼性について「感情を許容する」というタイプの柔軟性によって,「個人の合理性と社会の効率性の矛盾」が克服できるということを,ソフトゲーム理論に基づいて見てきた.ここでの議論は,誘惑を持つ約束とその信頼性を高める機能を持つ肯定

5.2. ソフトゲーム

的な感情に焦点を絞った．しかしソフトゲーム理論では，誘惑を持つ脅しとその信頼性を高める機能を持つ否定的な感情についても扱われている．また，ここでは，主に言葉による直感的な議論が多かったが，ソフトゲーム理論における本来の議論は数理的であり厳密なものである．ここでのソフトゲーム理論についての解説を，入門的で直感的な内容としたのは，より詳しく厳密な議論の紹介は，「感情を許容する」というタイプの柔軟性という文脈よりは，むしろ「意思決定主体の主観」という新たな視点から捉えた方が適切であると考えられるからである．ソフトゲーム理論についての，より詳しく厳密な内容は，本書の姉妹書の「感情と認識 — 競争と社会の非合理戦略 II」に詳しく紹介してある．興味を持たれた読者の方々は是非参照して頂きたい．

第 II 部

柔軟性と社会の戦略

第I部「柔軟性と競争の戦略」では，競争の意思決定の状況における柔軟性を扱い，「個人の合理性と社会の効率性の矛盾」が意思決定主体のさまざまなタイプの柔軟性によって克服される様子を見た．第II部「柔軟性と社会の戦略」では，社会の意思決定の中での柔軟性がどのように理論的に扱われているかを紹介する．第II部全体を通じて，社会の意思決定における情報交換と柔軟性の必要性が議論されることになる．

　まず第6章「協力ゲーム」で，協力ゲーム理論の基礎的な知識を紹介し，社会の意思決定の状況を数理的に表現し分析する方法を説明していく．協力ゲームの定義から始め，代表的な解の概念としてのコア，シャプレー値，仁を紹介する．さらに協力ゲームの理論と競争の意思決定の状況の理論の間の関係を示すものとして，協力ゲームで表現される意思決定状況の中での提携の形成の分析を扱う．そこでは仁や提携値の概念，そして第I部の第4章で解説したコンフリクト解析の枠組を使い，集団の中でどの提携が形成され得るかを調べることができる手法が紹介される．第6章の内容の多くは，ゲーム理論の標準的な教科書でより詳しく解説されている．参考文献のうち，Driessen [11]，岡田章 [42]，Owen [44]，鈴木 [48] などを参照するといいだろう．

　第7章「会議の理論」では，社会の意思決定の状況のうち，特に選挙や会議の場面を扱うときに有用な，会議の理論を紹介する．ここでは，会議の分類方法や会議の中で選ばれるべき決定を示す概念としての「会議のコア」についての知識，そして，望ましい会議の形態についての示唆が得られるはずである．さらに，会議の中で形成され得る提携のうちどれが強いのかを比較する方法や，意思決定主体が持っている選好の間の距離を用いて，安定な提携はどれかということを調べる方法を見る．この章の内容の，より深い理解のためには参考文献の Einy [13]，Inohara [34]，Peleg [45] を参照するとよい．

　第8章「許容会議の理論」では，会議に参加している主体が柔軟性を持つ場合を考えていく．ここでの柔軟性は「情報交換を通じて適切に妥協する」というタイプのものである．まず主体の許容範囲を定義することで主体が持っている柔軟性を表現し，柔軟性を持った主体が行う会議の基本的な性質を述べていく．さらに，柔軟性を持った主体が行っている会議での提携の強さの比較の方法や，提携の安定性を調べるための方法を紹介する．

第 II 部最後の章である第 9 章「会議と情報交換」では，柔軟性と情報交換，そして主体全体にとって望ましい選択の間の関係についての議論を紹介する．会議の最終的な決定が各主体が発する情報によって変化することに着目して，各主体にとって望ましい情報交換の仕方とはどんなものかを議論する．そして，望ましい情報交換によって達成される最終的な決定が，元々の会議のコアと結び付けられることを見る．さらに，主体間の情報交換という側面から主体の許容範囲を捉えなおし，より一般的な意思決定状況に適用できるような枠組を構築する．

第 8 章と第 9 章の内容の理解には，参考文献の Inohara [36]，山嵜・猪原・中野 [52]，Yamazaki, Inohara and Nakano [53, 54, 55] などが有用だろう．

第6章　協力ゲーム

　協力ゲーム理論は，社会の意思決定の状況を分析することができる数理的な枠組である．この章では，費用分担問題を社会の意思決定の状況の典型的な例として取り上げて，協力ゲームの理論に基づいた表現方法と分析方法を紹介していく．まず，「意思決定主体全体の集まり」と「主体の提携が手に入れることができる利得を与える特性関数」の組として定義される，「特性関数形ゲーム」の定義を理解してほしい．続いて紹介する「コア」，「シャプレー値」，「仁」は，提携全体として手に入れた利得の分配方法を与える概念である．これらの概念が，さまざまな意味での「分配の望ましさ」に基づいて定義されていることに気がついてほしい．さらに，特性関数形ゲームで表現される意思決定状況での提携の形成を分析する方法を見る．社会の意思決定の状況も競争の側面を持っていること，そして，その競争の側面の分析には第I部の第4章で解説したコンフリクト解析の枠組を利用することが可能であることを理解してほしい．

　特性関数形ゲームの構成要素である特性関数は，数学的には，集合関数と呼ばれるものである．また，意思決定主体全体の集合の中に存在する提携すべてを考えるときには，集合の分割という考え方を使う．はじめにこれらの概念について説明しておこう．

- **集合関数** — ある集合の部分集合の族の要素それぞれにもう1つの集合の要素を対応付けるもの．

  集合 N の部分集合全体の族，すなわち，集合 N のべき集合 $P(N)$ の要素それぞれに対して，何らかの実数を割り当てる関数 v は集合関数の例である．普通の関数のときと同じように，$v : P(N) \to \mathbb{R}$ と書かれる．ただし $\mathbb{R}$ は実数全体の集合である．さらに，$P(N)$ のある要素 S に対して v

が割り当てる実数が x である場合, これは $v(S) = x$ と表される. 一般に, 集合の族 W から集合 Y への集合関数 v であれば $v : W \to Y$ と書くことができ, 任意の $S \in W$ に対して, $v(S) \in Y$ である.

- **集合の分割** ── ある集合の部分集合の族のうち, 異なる要素同士は交わらず, また, すべての要素の和集合が元の集合になっているようなもの.

  集合 N の非空の部分集合の族 $\beta = \{N_1, N_2, \cdots, N_m\}$ が,

  - $N_i \cap N_j = \emptyset \ (i \neq j)$ であり,
  - $N = \cup_{i=1}^{m} N_i$ である

  という2つの条件を満たしているとき, β は N の分割であるという. 例えば, $N = \{1, 2, 3\}$ とすると, N の分割としては,

  $$\{\{1\}, \{2\}, \{3\}\}, \quad \{\{1, 2\}, \{3\}\},$$

  $$\{\{1\}, \{2, 3\}\}, \quad \{\{2\}, \{1, 3\}\}, \quad \{\{1, 2, 3\}\}$$

  の5つがある.

6.1 協力ゲームの定義

費用分配問題は, 社会の意思決定の状況の典型例であり, 協力ゲームの理論で表現・分析することができる. まず費用分配問題の例を見て, それが協力ゲーム理論でどのように表現・分析されるかを理解していこう.

6.1.1 費用分配問題

費用分配問題の例として次のような状況を考えてみよう.

例 6.1 (情報通信網の費用分担問題) 3つの自治体が情報通信網 (ケーブルテレビ, 光ファイバーなど) の敷設を検討しているとする. ここでは3つの町 (A

6.1. 協力ゲームの定義

町，B 町，C 町）があるとする．それぞれの町の規模が異なるので，各町に通信網を敷設するための費用も異なる．ここでは，A 町，B 町，C 町に通信網を敷設する費用は，それぞれ，120 億円，140 億円，120 億円であるとする．

また，複数の町が提携して情報網の敷設にあたると共通の経費が削減できて費用が少なくて済む，という状況であるとしよう．A 町と B 町が提携して情報網を敷設すると 170 億円，B 町と C 町の提携では 190 億円，A 町と C 町の提携では 160 億円であるとする．さらに，3 つの町すべてで提携すれば，費用は 255 億円であるとする．

提携して情報網を敷設しても，提携せずに情報網を敷設しても，その後の維持費や手に入れられるサービス内容は同じだとすると，3 つの町すべてで提携して，その費用を 3 つの町で分担するのが一番良い．では，各町が分担する費用はいくらにすればいいだろうか． □

各町が単独で情報網を敷設するとき，またはいくつかの町が提携して情報網の敷設するときにかかる費用を，記号 c を用いて表そう．例えば，A 町と B 町が提携したときの費用は 170 億円なので，$c(\{A,B\}) = 170$ と書くのである．同じように，単独，あるいは可能な提携に応じた情報網の敷設費用は，以下のように表される．もちろん各数字の単位は「億円」である．

A 町だけのときの費用：$c(\{A\}) = 120$

B 町だけのときの費用：$c(\{B\}) = 140$

C 町だけのときの費用：$c(\{C\}) = 120$

A 町と B 町が提携したときの費用：$c(\{A,B\}) = 170$

B 町と C 町が提携したときの費用：$c(\{B,C\}) = 190$

C 町と A 町が提携したときの費用：$c(\{C,A\}) = 160$

A 町と B 町と C 町が提携したときの費用：$c(\{A,B,C\}) = 255$

今，便宜的に $c(\emptyset) = 0$ とおくと，記号 c は，$\{A,B,C\}$ という集合の部分集合それぞれに対して 1 つの実数を対応付けている 1 つの集合関数として考えることができる．つまり，c は $\{A,B,C\}$ のべき集合から実数への集合関数である．

各部分集合に対応付けられている実数は，その部分集合に属している町が提携した場合の情報網敷設費用である．このように，提携に応じた費用を表現している関数のことを「費用関数」と呼び，意思決定主体全体の集合とそのべき集合上の費用関数の組で表現される意思決定状況を「費用分配問題」と呼ぶ．

定義 6.1 (費用分配問題) $N = \{1, 2, \ldots, n\}$ を意思決定主体全体の集合とする．N 上の「費用関数」とは，N のべき集合から実数全体の集合への関数 c で，$c(\emptyset) = 0$ であるようなものである．費用分配問題とは，意思決定主体全体の集合 N と，N のべき集合上の費用関数 c の組 (N, c) である． □

費用分配問題での「問題」は，「意思決定主体全体でかかった費用をどのように分配すればよいか」である．この問題は，次に説明するように，「特性関数形ゲーム」で表現できる．

6.1.2　協力ゲームの要素

協力ゲーム，より正確には，特性関数形ゲームは，意思決定主体全体の集合と，そのべき集合上の「特性関数」の組で表現される．費用関数が，提携に応じた費用を表現しているのに対して，特性関数は，形成され得る提携が得ることができる利得を特定するために用いられる．

定義 6.2 (特性関数形ゲーム) $N = \{1, 2, \ldots, n\}$ を意思決定主体全体の集合とする．N 上の「特性関数」とは，N のべき集合から実数全体の集合への集合関数 v で，$v(\emptyset) = 0$ であるようなものである．特性関数形ゲームとは，意思決定主体全体の集合 N と，N 上の特性関数の組 (N, v) である． □

さらに，通常は，N の任意の部分集合 S と T に対して，

$$S \cap T = \emptyset \;\Rightarrow\; v(S) + v(T) \leq v(S \cup T)$$

であるという「優加法性」の条件が成り立っているということが仮定されることが多い．

6.1. 協力ゲームの定義

特性関数形ゲームの定義と費用分配問題の定義が極めて似ていることに注意しよう．実際，費用分配問題 (N,c) が1つ与えられると，それに応じて特性関数形ゲーム (N,v) を1つ作ることができる．特性関数形ゲームを1つ作るには，意思決定主体全体の集合 N と，N のべき集合から実数全体の集合への集合関数 v で，$v(\emptyset) = 0$ であるようなものを特定しなければならない．費用分配問題 (N,c) が与えられている場合，意思決定主体全体の集合 N については与えられているものをそのまま使い，特性関数 v についても，任意の $S \in P(N)$ に対して，

$$v(S) = \left(\sum_{i \in S} c(\{i\})\right) - c(S)$$

と定義する．この定義は，

「提携の利得」＝「提携内の町それぞれが単独のときの費用の合計」
－「提携したときの費用」

という考え方に基づいている．こうすれば，v は N 上の特性関数になり，(N,v) は特性関数形ゲームとなる．

この方法に従えば，例 6.1 の情報網の敷設についての費用分配問題からは次のような特性関数形ゲームを作ることができる．

- $N = \{A, B, C\}$；

- $v(\emptyset) = 0$,
  $v(\{A\}) = c(\{A\}) - c(\{A\}) = 0$,
  $v(\{B\}) = c(\{B\}) - c(\{B\}) = 0$,
  $v(\{C\}) = c(\{C\}) - c(\{C\}) = 0$,
  $v(\{A,B\}) = c(\{A\}) + c(\{B\}) - c(\{A,B\}) = (120 + 140) - 170 = 90$,
  $v(\{B,C\}) = c(\{B\}) + c(\{C\}) - c(\{B,C\}) = (140 + 120) - 190 = 70$,
  $v(\{C,A\}) = c(\{C\}) + c(\{A\}) - c(\{C,A\}) = (120 + 120) - 160 = 80$,
  $v(\{A,B,C\}) = c(\{A\}) + c(\{B\}) + c(\{C\}) - c(\{A,B,C\})$
  $= (120 + 140 + 120) - 255 = 125$.

特性関数形ゲームの特別なものとして「シンプルゲーム」がある．このシンプルゲームは，第7章以降で扱われる会議の理論において中心的な役割を果たす．シンプルゲームは，意思決定主体全体の集合と「勝利提携」と呼ばれる提携全体の集合の組である．以下が正確な定義である．

定義 6.3 (シンプルゲーム) シンプルゲームとは，意思決定主体全体の集合 $N = \{1, 2, \ldots, n\}$ と，N の部分集合の族 W の組 (N, W) のうち，

- $W \neq \emptyset$，かつ，

- 任意の $S, T \subset N$ に対して，もし $S \subset T \subset N$ かつ $S \in W$ ならば $T \in W$ である

という条件を満たすものである．W の要素を勝利提携と呼ぶ． □

シンプルゲーム (N, W) が1つ与えられると，特性関数 v を

$$v(S) = \begin{cases} 1 & \text{if} \quad S \in W \\ 0 & \text{if} \quad S \notin W \end{cases}$$

と定義して作ると，特性関数形ゲームを作ることができる．この意味で，シンプルゲームは特性関数形ゲームの特別なものとして見ることができるのである．

6.1.3 費用の分配と利得の分配

協力ゲーム理論では，意思決定状況を特性関数形ゲームで表現し，「全体として手に入れた利得をどのように各主体に分配するか」ということを考える．しかし，費用分配問題で私たちが知りたかったのは，「各主体が分担する費用はいくらか」ということであった．はたして，費用分配問題を特性関数形ゲームで表現しなおしたものを分析することで，元々の費用分配問題は解けるのであろうか．

例 6.1 の情報網の敷設についての費用分配問題 (N, c) に戻って考えよう．この問題から作られる特性関数形のゲーム (N, v) を分析することで，$y = (y_A, y_B, y_C)$

6.1. 協力ゲームの定義

という「利得」の分配方法が提案されたとしよう．では，このとき，各町の「費用」はいくらにすればいいだろうか．「利得」の分配 $y = (y_A, y_B, y_C)$ は

$$y_A + y_B + y_C = v(\{A, B, C\}) = 125$$

を満たしているとしてよい．すべての町で提携する場合が最も利得が大きく，また，提携として手にいれた利得は過不足なく各町に分配されるはずだからである．一方，各町に分配される「費用」を組にして $x = (x_A, x_B, x_C)$ と表すことにすると，

$$x_A + x_B + x_C = c(\{A, B, C\}) = 255$$

を満たしていなければならない．なぜなら，各町が負担する費用の合計は，すべての町で提携したときの費用と一致しなければならないからである．

利得の分配 $y = (y_A, y_B, y_C)$ が与えられているとき，各町の費用を x として，

$$y_A = c(A) - x_A, \quad y_B = c(B) - x_B, \quad y_C = c(C) - x_C$$

を満たすような $x = (x_A, x_B, x_C)$ を考えたらどうだろう．つまり，

「町の利得」＝「町が単独のときの費用」－「町の負担額」

という考え方に基づいて費用を決めるのである．こうすると，確かに各町が負担する費用の合計は，すべての町で提携したときの費用と一致する．実際，

$$\begin{aligned}
x_A + x_B + x_C &= (c(A) - y_A) + (c(B) - y_B) + (c(C) - y_C) \\
&= (c(A) + c(B) + c(C)) - (y_A + y_B + y_C) \\
&= (c(A) + c(B) + c(C)) - v(\{A, B, C\}) = c(\{A, B, C\})
\end{aligned}$$

である．

つまり費用分配問題は，これを特性関数形ゲームで表現し，「利得分配問題」として捉えて分析することで解けるわけである．では，利得の分配の仕方を与えるような特性関数形ゲームの分析方法にはどのようなものがあるのだろうか．次節で3つのタイプの方法を紹介する．

6.2 協力ゲームの分析

特性関数形ゲームで表現されている「利得分配問題」の分析方法として，ここでは「コア」，「シャプレー値」，「仁」という3つの考え方を紹介する．

6.2.1 コア

利得の分配のやり方の考え方の1つにコアがある．コアは利得の分配の仕方 $y = (y_A, y_B, y_C)$ のうち，「提携が形成されてその中の主体だけで利得の分配をしたとしても，その提携内のすべての主体が y での利得の分配に比べて得をしているということがない」ということを満たすようなもの全体の集まりである．つまり，コアに属している分配の仕方 y が提案されている状況では，その提案から外れて別の提携を形成しその提携内部で利得の分配をしたとしても，その提携全体としては提案 y に従う以上の利得を得られることはない，ということである．数理的には以下のように表現される．

定義 6.4 (コア) 特性関数形ゲーム (N, v) のコアとは，利得の分配の仕方 $y = (y_i)_{i \in N}$ のうち，任意の $S \subset N$ に対して，

$$\sum_{i \in S} y_i \geq v(S)$$

が成り立っているようなもの全体の集合である． □

通信網の敷設の例でコアを考えてみよう．この場合の特性関数形ゲーム (N, v) は以下のようになる．

- $N = \{A, B, C\}$；
- $v(\emptyset) = 0, \quad v(\{A\}) = 0, \quad v(\{B\}) = 0, \quad v(\{C\}) = 0,$
  $v(\{A, B\}) = 90, \quad v(\{B, C\}) = 70, \quad v(\{C, A\}) = 80,$
  $v(\{A, B, C\}) = 125.$

このとき，利得の分配方法 $y = (y_A, y_B, y_C)$ がコアに入るための条件を考えてみよう．コアの定義より，以下の条件をすべて満たしていればよい．

$$y_A \geq 0, \quad y_B \geq 0, \quad y_C \geq 0,$$

$$y_A + y_B \geq 90, \quad y_B + y_C \geq 70, \quad y_C + y_A \geq 80, \quad y_A + y_B + y_C \geq 125.$$

もちろん，y は利得の分配方法なので，$y_A + y_B + y_C = 125$ でなくてはならない．このような条件を満たしている y の視覚的な捉え方として正三角形の図を描く方法がある．図 6.1 を見てほしい．

図 6.1: 情報網敷設の費用分配問題

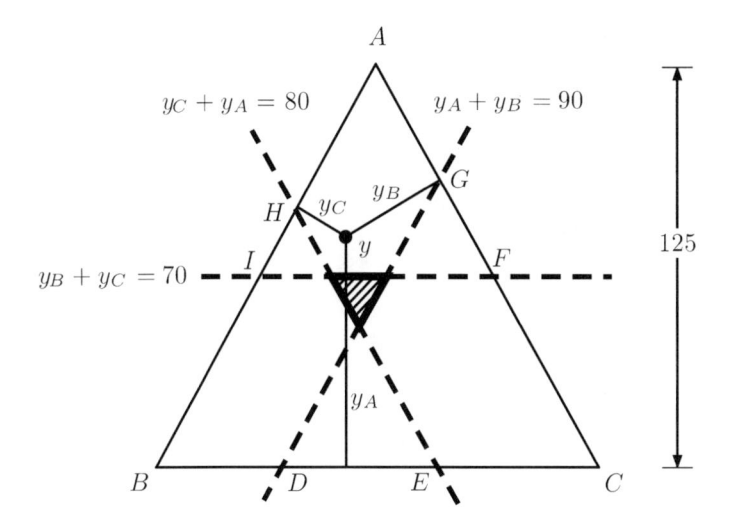

図の中の大きな正三角形の高さが 125 であるとすると，この正三角形の中の各点は 1 つの分配方法 y に対応する．なぜなら，正三角形の中の 1 つの点から正三角形の辺 BC, CA, AB に下ろした垂線の長さをそれぞれ y_A, y_B, y_C と考えれば，これらの合計は確かに正三角形の高さである 125 に等しくなるからである．さらに，上に挙げた各条件は，正三角形に交わる 1 つの直線によって定ま

小さな正三角形あるいは台形に対応する．例えば，$y_A \geq 0$ には正三角形 ABC が対応し，$y_A + y_B \geq 90$ という条件に対応するのは台形 $ABDG$ である．そして，コアはすべての小さな正三角形と台形の共通部分で表現される．つまり，図中の斜線がついた正三角形の部分がコアである．コアに属する分配としては $(52, 43, 30)$ などが考えられ，属さないものとしては $(40, 50, 35)$ がある．後者の場合，A 町と C 町に分配される利得の合計は 75 である．しかし A 町と C 町が提携すれば，利得 80 を得られるため，$(40, 50, 35)$ という分配方法は達成が難しい．

コアの考え方は「どの提携からも不満がでない」という意味で優れているが，ゲームによってはコアが空になってしまう場合がある．

例 6.2 (コアが空になる場合) 通信網の敷設の例で，A 町と B 町と C 町が提携したときの費用 $c(\{A, B, C\})$ が 255 ではなく，265 になった場合を考える．このときの特性関数形ゲームは，

- $N = \{A, B, C\}$;
- $v(\emptyset) = 0, \quad v(\{A\}) = 0, \quad v(\{B\}) = 0, \quad v(\{C\}) = 0,$
  $v(\{A, B\}) = 90, \quad v(\{B, C\}) = 70, \quad v(\{C, A\}) = 80,$
  $v(\{A, B, C\}) = 115.$

となる．このとき，利得の分配方法 $y = (y_A, y_B, y_C)$ がコアに入るための条件を考えてみよう．コアの定義より以下の条件を満たさなければならない．

$$y_A \geq 0, \quad y_B \geq 0, \quad y_C \geq 0,$$

$$y_A + y_B \geq 90, \quad y_B + y_C \geq 70, \quad y_C + y_A \geq 80, \quad y_A + y_B + y_C \geq 115$$

y は利得の分配方法なので，$y_A + y_B + y_C = 115$ でなくてはならない．このことを考えると，

$$y_A \leq 45, \quad y_B \leq 35, \quad y_C \leq 25$$

でなくてはならない．このとき，例えば，

$$y_A \leq 45, \quad y_B \leq 35, \quad y_A + y_B \geq 90$$

の3つの条件は同時には成立しない．したがって，コアに入る分配方法は存在しない． □

　コアは，意思決定主体全体による提携を実現させるような利得の分配の方法である．しかし複数存在する場合もあれば，存在しない場合もある．一方，次に紹介する「シャプレー値」は，どんな特性関数形ゲームが与えられても，ちょうど1つの利得の分配方法を与える考え方である．

6.2.2　シャプレー値

　「シャプレー値」の考え方においては，各主体の利得の分配を「各主体の貢献度の期待値」で定める．ここで，貢献度の期待値とは以下のような意味である．

　意思決定主体の全体 $N = \{1, 2, \ldots, n\}$ を一列に並べる順列の数は $n!$ 通り存在する．任意の順列 r に対して，ある主体 $i \in N$ に注目し，主体 i より前にいる主体全員の集合を S_r とする．どの順列 r も同じ確率で選ばれるとし，主体 i が自分より前にいる主体の集合 S_r に加わるときの，主体 i の S_r への貢献度，つまり

$$v(S_r \cup \{i\}) - v(S_r)$$

を考える．例えば，主体 2 に注目して，順列 $r = [1, 2, 3]$ が与えられた場合には

$$v(\{1\} \cup \{2\}) - v(\{1\})$$

を考えるのである．各順列 r に対してこのような貢献度が定まるので，その期待値を求めることができる．主体 3 に注目した場合の $r = [1, 2, 3]$ と $r' = [2, 1, 3]$ のように，異なる順列 r と r' を考えても S_r と $S_{r'}$ が等しい場合はある．しかしここでは考えている順列ごとに貢献度を計算するので，このような場合でもそれぞれが期待値の計算に影響を及ぼす．

　この貢献度の期待値は，

$$\sigma_i = \sum_{0 \leq s \leq n-1} \frac{s!(n-s-1)!}{n!} \sum_{S \subset N \setminus \{i\}, |S| = s} (v(S \cup \{i\}) - v(S))$$

で計算できる．これがシャプレー値である．

定義 6.5 (シャプレー値) 特性関数形ゲーム (N, v) のシャプレー値とは,

$$\sigma_i = \sum_{0 \le s \le n-1} \frac{s!(n-s-1)!}{n!} \sum_{S \subset N \setminus \{i\}, |S|=s} (v(S \cup \{i\}) - v(S))$$

で定まる利得の分配の仕方 $\sigma = (\sigma_i)_{i \in N}$ である. □

各主体のシャプレー値の総和は $v(N)$ になることがわかるので, シャプレー値は利得の分配方法を与えていることになる.

例 6.3 (通信網の敷設に関するゲームのシャプレー値) 通信網の敷設に関する特性関数形ゲームのシャプレー値を求めてみよう.

- $N = \{A, B, C\}$;
- $v(\emptyset) = 0$, $v(\{A\}) = 0$, $v(\{B\}) = 0$, $v(\{C\}) = 0$,
  $v(\{A, B\}) = 90$, $v(\{B, C\}) = 70$, $v(\{C, A\}) = 80$,
  $v(\{A, B, C\}) = 125$.

に対して, A 町のシャプレー値 σ_A を計算する. 定義から,

$$\sigma_A = \sum_{0 \le s \le n-1} \frac{s!(n-s-1)!}{n!} \sum_{S \subset N \setminus \{A\}, |S|=s} (v(S \cup \{A\}) - v(S))$$

である. また, 考えるべき順列は,

$$[A, B, C], \quad [A, C, B], \quad [B, A, C], \quad [B, C, A], \quad [C, A, B], \quad [C, B, A]$$

の 6 通りである. それぞれについて $(v(S \cup \{A\}) - v(S))$ を考えると,

$[A, B, C] : v(\emptyset \cup \{A\}) - v(\emptyset) = 0$

$[A, C, B] : v(\emptyset \cup \{A\}) - v(\emptyset) = 0$

$[B, A, C] : v(\{B\} \cup \{A\}) - v(\{B\}) = 90 - 0 = 90$

$[B, C, A] : v(\{B, C\} \cup \{A\}) - v(\{B, C\}) = 125 - 70 = 55$

$[C, A, B] : v(\{C\} \cup \{A\}) - v(\{C\}) = 80 - 0 = 80$

$[C, B, A] : v(\{C, B\} \cup \{A\}) - v(\{C, B\}) = 125 - 70 = 55$

である．これを平均すればいいので，

$$\sigma_A = \frac{1}{6}(0+0+90+55+80+55) = 46.67$$

となる．同様に，

$$\sigma_B = 41.67, \quad \sigma_C = 36.67$$

となる．つまり，この場合のシャプレー値は $(46.67, 41.67, 36.67)$ である． □

シャプレー値はどんなゲームに対しても1つに定まり，いくつかの望ましい性質（匿名性，加法性，ダミー性）を満たすことがわかっている．しかし，上の例からもわかるように，必ずしもコアには属さない．実際，A 町と B 町の提携は 90 の利得であり，シャプレー値の合計は 88.34 である．したがって，A 町と B 町は，シャプレー値が与える分配に従わずに，この2つの町だけで提携を作れば，提携としてより高い利得を得ることができる．

6.2.3 仁

どんな特性関数形ゲームに対しても1つの利得の分配方法を定めるもう1つのやり方として，「仁」という考え方がある．仁は「最大の超過の最小化」という考え方に基づいて定義される．詳しい定義は以下のようになる．

意思決定主体全体の中にさまざまな提携ができ，各提携内で協力することで利得を得て，それを提携の内部で分配することを考える．集団の中にあるすべての提携を表現するために「提携構造」という考え方を導入する．

定義 6.6 (提携構造) 特性関数形ゲーム (N, v) における提携構造とは，N の分割である．提携構造全体の集合を B で表す． □

利得の分配は，提携構造と各提携内での利得の分配の組である「利得構成」によって表現される．

定義 6.7 (利得構成) 特性関数形ゲーム (N, v) における利得構成とは，提携構造 $\beta = \{S_1, S_2, \ldots, S_m\}$ と，

- $\beta = \{S_1, S_2, \ldots, S_m\}$ であるときには，任意の $j = 1, 2, \ldots, m$ に対して，
$$\sum_{i \in S_j} x_i = v(S_j)$$
である．

- 任意の $i \in N$ に対して，$x_i \geq v(\{i\})$ である．

であるような利得の分配の仕方 $x = (x_i)_{i \in N}$ の組 $(x; \beta)$ である．ある固定された提携構造 β に関して，$(x; \beta)$ という形の利得構成全体の集合を $X(\beta)$ で表す． □

前者の条件は，提携で得た利益はその提携内で過不足無く分配することを表し，後者の条件は，各主体の分配はその主体が単独で振る舞ったときの利益よりも多いということを表す．すなわち，利得構成とは，集団内にどのような提携が形成され，それぞれが得た利益を提携を構成する各主体にどのように分配するか，ということを明示したものである．

仁は次のような意味で「最大の超過を最小にする」という手続きによって特定される利得構成である．

定義 6.8 (超過) 協力ゲーム (N, v) において，利得構成 $(x; \beta)$ が1つ与えられているとする．任意の提携 S に対して，
$$e(x; \beta)(S) = v(S) - \sum_{i \in S} x_i$$
を，「S の超過」と呼ぶ．利得構成 $(x; \beta)$ に関して，可能な提携それぞれの超過を大きい順に並べたものを $\theta(x; \beta)$ と書いて，利得構成 $(x; \beta)$ の超過列という．つまり，$l = 2^N - 1$ としたとき，任意の $k = 1, 2, \ldots, l - 1$ に対して，
$$e(x; \beta)(S_k) \geq e(x; \beta)(S_{k+1})$$
であるとき利得構成 $(x; \beta)$ の超過列は，
$$\theta(x; \beta) = (e(x; \beta)(S_1), \ldots, e(x; \beta)(S_l))$$
となる． □

定義 6.9 (仁) 任意の提携構造 β に対して, β における仁とは, $X(\beta)$ に含まれる各利得構成 $(x;\beta)$ の超過列 $\theta(x;\beta)$ を辞書式順序で比較したときの最も小さいものを指す. 提携構造 β における仁を $\nu(\beta)$ と書き, そのときの主体 $i \in N$ への分配を $\nu_i(\beta)$ と書く. □

どんな提携構造 β が与えられても, β における仁はただ 1 つ存在する, ということが知られている. 提携構造 β として N という全体提携だけからなるものを考えると, $X(\beta)$ に含まれている各利得構成は,

$$\sum_{i \in N} x_i = v(N)$$

であり, 任意の $i \in N$ に対して

$$x_i \geq v(\{i\})$$

である. この場合にも β における仁はただ 1 つ存在し, それを利得の分配の方法として採用するのである.

例 6.4 (通信網の敷設に関するゲームの仁) 通信網の敷設に関する特性関数形ゲームの仁を求めてみよう. 提携構造 $\beta = \{N\}$ とする.

- $N = \{A, B, C\}$;
- $v(\emptyset) = 0, \quad v(\{A\}) = 0, \quad v(\{B\}) = 0, \quad v(\{C\}) = 0,$
  $v(\{A,B\}) = 90, \quad v(\{B,C\}) = 70, \quad v(\{C,A\}) = 80,$
  $v(\{A,B,C\}) = 125.$

に対して, β における仁を求めたい. 利得構成 $(x;\beta)$ は,

$$x = (x_A, x_B, 125 - (x_A + x_B))$$

で表される. このとき, 各提携の超過は,

$$e(x;\beta)(\{A\}) = -x_A$$

$$e(x;\beta)(\{B\}) = -x_B$$
$$e(x;\beta)(\{C\}) = -125 + (x_A + x_B)$$
$$e(x;\beta)(\{A,B\}) = 90 - (x_A + x_B)$$
$$e(x;\beta)(\{B,C\}) = 70 - (125 - x_A) = -55 + x_A$$
$$e(x;\beta)(\{C,A\}) = 80 - (125 - x_B) = -45 + x_B$$
$$e(x;\beta)(\{A,B,C\}) = 0$$

となる.これらを大きい順に並べたものを,辞書式順序で比べたとき最も小さくするような (x_A, x_B) を見つけたい.今,$(x_A, x_B) = (155/3, 125/3)$ を考える.すると,

$$e(x;\beta)(\{A\}) = -155/3, \quad e(x;\beta)(\{B\}) = -125/3, \quad e(x;\beta)(\{C\}) = -95/3,$$
$$e(x;\beta)(\{A,B\}) = -10/3, \quad e(x;\beta)(\{B,C\}) = -10/3,$$
$$e(x;\beta)(\{C,A\}) = -10/3, \quad e(x;\beta)(\{A,B,C\}) = 0$$

である.x_A がこれ以上大きいと,

$$e(x;\beta)(\{A,B\}) = -55 + x_A > -10/3$$

となり,x_B がこれ以上大きいと,

$$e(x;\beta)(\{C,A\}) = -45 + x_B > -10/3$$

となる.ところが,$x_A + x_B$ がこれ以上小さいと,

$$e(x;\beta)(\{A,B\}) = 90 - (x_A + x_B) > -10/3$$

となるので,$(x_A, x_B) = (155/3, 125/3)$ のときが辞書式順序を一番小さくしていることがわかる.したがって,「$\beta = \{N\}$ における仁」は

$$x = (155/3, 125/3, 95/3) = (51.67, 41.67, 31.67)$$

である. □

以上のように，協力ゲームの理論では，コア，シャプレー値，仁などの考え方を使って，さまざまな利得の分配の仕方を提案している．そのどれがもっともらしいが，どれもがある程度の欠点を持っている．適用する状況に応じてこれらの考え方を使い分ける必要がある．

6.3　協力ゲームの応用 ── 提携の形成の分析

前節までの特性関数形ゲームの分析においては，意思決定主体全体が提携して得たものをどのように分配するか，あるいは与えられた提携構造において，提携として得たものをどのように分配するかということが主題であった．主体がどのように提携を形成するかは与えられたものとして分析が進んでいたわけである．

しかし現実には，どのような提携が形成されるかということも主体の意思決定の範囲である．主体にとっては，より高い利得を与えてくれる提携に参加することが望ましい．例えば，ある主体にとっては，主体全体が提携に参加する場合の利得よりも別の小さな提携に参加した場合の利得の方が高いかもしれない．この場合，この主体は全体提携からはずれて，部分提携に参加しようとするだろう．もしこの部分提携内のすべての主体にとって，この部分提携に参加することが他の提携に参加するよりも望ましい場合には，実際にこの部分提携が形成されるだろう．

この節では，協力ゲーム理論の応用として，特性関数形ゲームの分析の方法と第 I 部の第 4 章で解説したコンフリクト解析の枠組を利用することで，集団の中でどのような提携が形成されるかを分析する方法を紹介する．社会の意思決定の状況にも競争の側面があるということを理解してほしい．

6.3.1　提携構造を考慮した協力ゲーム

社会の意思決定の状況においては，提携に参加している主体が多くなればなるほど，その提携が得る利得も大きくなるということが成り立っていると考え

てよいので，ここでは，主体が巻き込まれている提携の形成に関する意思決定状況は特性関数形ゲームで表現する．しかし現実には，形成することが不可能な提携が存在する場合もある．また，異なる2つの提携が互いに干渉しあい，一方の提携が成立すると他方が成立しないという場合も考えられる．そこで，形成が可能な提携や実現可能な提携構造だけを分析の対象とするために，提携の実現可能性についての情報も意思決定状況の表現に含めることにする．

意思決定状況における利得に関する情報は，特性関数形ゲーム (N,v) で表現されているとする．提携の実現可能性についての情報は C と B という集合で表現する．C は形成可能な提携全体の集合を表すもので，

- C は N の非空な部分集合の集合であり，
- 任意の $i \in N$ に対して $\{i\} \in C$ である

ということを満たしているとする．後者の条件は，各主体が単独で振る舞うことも1つの提携として扱うことを示している．実現可能な提携構造は B で表され，C の部分集合であり，かつ N の分割をなすものであって，さらに，

- 任意の $S \in C$ に対して，$S \in \beta$ であるような $\beta \in B$ が存在する．
- 任意の $\beta = \{S_1, S_2, \ldots, S_m\} \in B$ と任意の $j = 1, 2, \ldots, m$ に対して，

$$\{S_1, S_2, \ldots, S_{j-1}, (\{i\})_{i \in S_j}, S_{j+1}, \ldots, S_m\}$$

も B の要素である．

ということを満たしているものであるとする．前者の条件は，形成可能な任意の提携について，それが形成されている提携構造が存在することを表し，後者の条件は，ある提携構造において実現されている任意の提携について，それを解散することが可能であることを表している．

ここでは，意思決定主体がおかれている提携の形成に関する意思決定状況を (N, v, C, B) で表現する．これを「提携構造を考慮した協力ゲーム」と呼ぶ．

定義 6.10 (提携構造を考慮した協力ゲーム) 提携構造を考慮した協力ゲームとは，(N, v, C, B) のことである． □

6.3. 協力ゲームの応用 — 提携の形成の分析

分析は，意思決定主体の提携が，提携として得た利益を，提携を構成する各主体にどのように分配するかということに焦点をあてて行われる．まず，可能な提携構造 $\beta \in B$ を固定し，さらに利益の分配を考える．提携構造に応じた各主体の利得を表現するには利得構成の考え方を用いることができる．前節で見たように，提携構造 β が 1 つ与えられると，それに応じて仁 $\nu(\beta)$ がちょうど 1 つ定まる．この節では利得の分配方法の 1 つとして仁を用いる．

この節で用いるもう 1 つの利得の分配方法は提携値である．提携値は「提携構造を考慮したシャプレー値」ともいうべき分配方法である．シャプレー値の場合は主体を一列に並べる順列をすべて考えて各主体の貢献度の期待値を計算した．これに対し提携値は，与えられた提携構造と整合する順列だけを考えて各主体の貢献度の期待値を計算するのである．シャプレー値と同様，提携値もいくつかの公理による特徴付けがなされている．また，提携構造が 1 つ定まると提携値もちょうど 1 つ決まる．

提携構造を考慮した協力ゲーム (N, v, C, B) において 1 つの提携構造 $\beta \in B$ が与えられると，提携値が主体 $i \in N$ に割り当てる値 $\varphi_i(\beta)$ は以下の式で算出される．

$$\varphi_i(v, \beta) = \sum_{H \subset M, j \notin H} \sum_{S \subset S_j, i \in S} (\frac{h!(m-h-1)!(s-1)!(s_j - s)!}{m! s_j!} \\ \times (v(Q \cup S) - v(Q \cup S - \{i\})))$$

ただし，$M = \{1, 2, \ldots, m\}$ は提携構造 β を構成する提携の添え字集合である．つまりこのとき，$|\beta| = m$ である．また，$Q = \cup_{k \in H} S_k$ である．さらに，S_j は主体 i が属している提携を表す．h, m, s, s_j は，それぞれ H, M, S, S_j の要素の数を表す．$(\varphi_i(\beta))_{i \in N}$ を $\varphi(\beta)$ と書き，提携構造 β における提携値と呼ぶ．

通信網敷設の費用分配問題を用いて提携値を計算してみよう．

例 6.5 (通信網の敷設に関するゲームにおける提携値) ここで考えている特性関数形ゲームは，

- $N = \{A, B, C\}$;

- $v(\emptyset) = 0,\quad v(\{A\}) = 0,\quad v(\{B\}) = 0,\quad v(\{C\}) = 0,$
  $v(\{A,B\}) = 90,\quad v(\{B,C\}) = 70,\quad v(\{C,A\}) = 80,$
  $v(\{A,B,C\}) = 125.$

であった．提携構造 $\beta = \{\{A,B\},\{C\}\}$ のもとでの A 町の提携値 φ_A を計算してみよう．提携構造 β と整合している順列は，

$$[A,B,C],\quad [B,A,C],\quad [C,A,B],\quad [C,B,A]$$

の4つである．$[A,C,B]$ と $[B,C,A]$ という2つの順列は，それぞれの中で，提携構造 β に属している提携を構成している主体が連続していない場合があるので，β と整合してはいない．それぞれについて A 町の貢献度を求めると，

$$[A,B,C] : v(\emptyset \cup \{A\}) - v(\emptyset) = 0$$
$$[B,A,C] : v(\{B\} \cup \{A\}) - v(\{B\}) = 90 - 0 = 90$$
$$[C,A,B] : v(\{C\} \cup \{A\}) - v(\{C\}) = 80 - 0 = 80$$
$$[C,B,A] : v(\{C,B\} \cup \{A\}) - v(\{C,B\}) = 125 - 70 = 55$$

となり，この平均は，

$$\frac{1}{4}(0 + 90 + 80 + 55) = 56.25$$

となる．これが $\varphi_A(\beta)$ の値である．同様に，

$$\varphi_B(\beta) = 51.25,\quad \varphi_C(\beta) = 17.5$$

となり，結局，この場合の提携値は $(56.25, 51.25, 17.5)$ となる．各町に与えられている提携値の合計が $v(\{A,B,C\})$ に等しい 125 になっていることに注意しよう．　□

提携構造を考慮した協力ゲームで表現された，提携の形成に関する意思決定状況は，第Ⅰ部の第4章で解説したコンフリクト解析の枠組を用いて分析できる．そのためには，提携構造を考慮した協力ゲームをコンフリクト状況に変換する作業が必要である．これを次に見てみよう．

6.3.2 ゲームの変換

提携の形成に関する意思決定には，協力だけではなく競争の側面も含まれる．主体がある提携に属するには，その提携に属する他の主体との協力が必要である．一方で，他の主体よりも先に自分にとって望ましい提携を形成しなければならない場合もある．自分と同じ提携に属していてほしい他の主体が，別の提携に属してしまい，自分が望む提携が形成できなくなるかもしれないからである．これは提携の形成の競争の側面である．

したがって，提携の形成に関わる意思決定を分析するためには，意思決定主体の間の協力的な関係だけでなく，競争的な関係も捉えることができる枠組が必要である．ここでは，協力的な関係は提携構造を考慮した協力ゲームで，競争的な関係は第I部の第4章で解説したコンフリクト解析で扱うことにする．しかし今のところ，主体が巻き込まれている意思決定状況は提携構造を考慮した協力ゲームで表現されているので，これをこのままコンフリクト解析の枠組の中で分析することはできない．そこで，提携構造を考慮した協力ゲームで表現されている意思決定状況をコンフリクト状況へと変換することを考える．

コンフリクト状況とは，主体，オプション，戦略，結果，選好という5つの要素の組 (N, O, T, U, R) であった．提携構造を考慮した協力ゲーム (N, v, C, B) から，これらの要素を作り出していこう．まず，コンフリクト状況の表現のうち N を決める必要がある．ここでは単純に提携構造を考慮した協力ゲームの中の N をそのまま使う．次に，主体 $i \in N$ のオプションの集合 O_i を構成する．これには，提携構造を考慮した協力ゲームの中の，可能な提携全体の集合 C を用いる．任意の $i \in I$ に対して O_i を，主体 i が属することができる提携全体の集合，すなわち，

$$O_i = \{S \in C \mid i \in S\}$$

と定義するのである．主体 $i \in N$ の戦略の集合は，主体 i のオプションの可能な組み合わせ全体として定義する．ここでは，各主体はちょうど1つの提携に属すると考えて，オプションの組み合わせのうち，ちょうど1つのオプションからなるものを戦略として認める．すなわち，$O_i = \{S_1, S_2, \ldots, S_m\}$ である場合には，$T_i = \{\{S_1\}, \{S_2\}, \ldots, \{S_m\}\}$ とするのである．結局，O_i の要素と T_i の要

素は括弧の部分を除けば同一視できることになる．各主体 $i \in N$ は，自分の戦略の集合 T_i から1つを選ぶ．これは「自分が属したい提携」を指定するということに対応する．

さらに，結果の集合 U は，提携構造を考慮した協力ゲームの中の B, つまり実現可能な提携構造全体の集合とする．各主体の戦略の組み合わせに応じてどの提携構造が実現するかについては，ここでは次のように考える．

> 各主体の「自分が属したい提携」の指定の仕方に制限はない．しかし各主体が指定した提携が互いに整合しているとは限らない．そこで，「ある主体が属したいと指定した提携に属するすべての主体がその提携に属したいと指定している場合，またそのときに限って，その提携が形成されるとし，それ以外の場合にはその主体は単独で振る舞わなければならない」と仮定する．

このような，結果 $u \in U$ と実際に達成される提携構造の間の関係は次のように数理的に表すことができる．

任意の結果 $u \in U$ に対して，実際に達成される提携構造 β を，任意の $i \in N$ に対して，

$$t'_i = \begin{cases} \{\{i\}\} & \text{if} \quad \exists j \in O_i \in t_i, t_j \neq t_i \\ t_i & \text{if} \quad \forall j \in O_i \in t_i, t_j = t_i, \end{cases}$$

として，

$$f(u) = u' = (t'_i)_{i \in N} \in U$$

と定義される関数 f と，U と B の間の同一視のための関数 g を用いて，

$$\beta = g \circ f(u)$$

と対応付ける．例えば，$N = \{1, 2, 3\}$ であり，

$$u = (u_1 = \{\{1,2\}\}, u_2 = \{\{2,3\}\}, u_3 = \{\{2,3\}\})$$

であるとすると，

$$f(u) = (\{\{1\}\}, \{\{2,3\}\}, \{\{2,3\}\}), \quad g \circ f(u) = \{\{1\}, \{\{2,3\}\}\}$$

6.3. 協力ゲームの応用 — 提携の形成の分析

となる．

最後に，主体 $i \in N$ の選好 R_i を決めるために，ここでは提携値あるいは仁を用いる．各主体 $i \in N$ が自分の戦略 $t_i \in T_i$ を選び，戦略の組み合わせ $(t_i)_{i \in N}$ が与えられると，上記の関数 f と g を用いて，ある提携構造 β が決まる．この β に応じた提携値 $\varphi_i(\beta)$ や仁 $\nu_i(\beta)$ を主体 $i \in N$ の利得として割り当てることで主体 i の選好 R_i が定まる．

このように提携構造を考慮した協力ゲームをコンフリクト状況に変換すると，コンフリクト解析の安定性分析の手法を用いた提携の形成の分析が可能となる．

6.3.3 提携の形成の分析

ここでは，3人の主体からなり，特性関数の値が0から1の間に入っているような協力ゲームを対象として，提携の形成に関する意思決定状況の分析例を見る．

次の提携構造を考慮した協力ゲームを考える．

- $N = \{1, 2, 3\}$
- $v(\emptyset) = 0, \quad v(\{1\}) = 0, \quad v(\{2\}) = 0, \quad v(\{3\}) = 0,$
  $v(\{1,2\}) = 0.2, \quad v(\{2,3\}) = 0.8, \quad v(\{3,1\}) = 0.9, \quad v(\{1,2,3\}) = 1$
- $C = \{\{1\}, \{2\}, \{3\}, \{1,2\}, \{2,3\}, \{3,1\}, \{1,2,3\}\}$
- $B = \{\{\{1\}, \{2\}, \{3\}\}, \{\{1,2\}, \{3\}\}, \{\{1\}, \{2,3\}\},$
  $\{\{2\}, \{1,3\}\}, \{\{1,2,3\}\}\}$

この協力ゲームは3人の主体で構成され，どんな提携もどんな提携構造も可能である．また，コアも存在する．例えば，$(0.14, 0.09, 0.77)$ という配分はコアに属する．

第 6.3.2 節の変換において，各主体の選好の決定に提携値あるいは仁を用いると，以下のようなコンフリクト状況がそれぞれ得られる．

- $N = \{1, 2, 3\}$

- $O_1 = \{\{1\}, \{1,2\}, \{1,3\}, \{1,2,3\}\}$
  $O_2 = \{\{2\}, \{1,2\}, \{2,3\}, \{1,2,3\}\}$
  $O_3 = \{\{3\}, \{2,3\}, \{3,1\}, \{1,2,3\}\}$
- $T_1 = \{\{\{1\}\}, \{\{1,2\}\}, \{\{1,3\}\}, \{\{1,2,3\}\}\}$
  $T_2 = \{\{\{2\}\}, \{\{1,2\}\}, \{\{2,3\}\}, \{\{1,2,3\}\}\}$
  $T_3 = \{\{\{3\}\}, \{\{2,3\}\}, \{\{3,1\}\}, \{\{1,2,3\}\}\}$
- $U = B$
- $R = (R_i)_{i \in N}$:
  任意の $i \in N$ と任意の $u \in U$ に対して, 利益関数 $P_i(u)$ を
  $$P_i(u) = \pi_i(v, g \circ f(u))$$
  と定義し, 任意の $u, u' \in U$ に対して, $P_i(u) \geq P_i(u')$ であるとき, またそのときに限って, $u\, R_i\, u'$ であるとして R_i を定義する. ただし, $\pi_i(v, g \circ f(u))$ は協力ゲーム v での, 提携構造 $\beta = g \circ f(u)$ における主体 $i \in N$ の提携値 $\varphi_i(\beta)$ あるいは仁 $\nu_i(\beta)$ を表す. それぞれの場合の各主体の利益関数の値は表 6.1 と表 6.2 のようになる.

表 6.1: 利益関数の値（提携値の場合）

$U \backslash N$	1	2	3
$\{\{1\}, \{2\}, \{3\}\}$	0	0	0
$\{\{1,2\}, \{3\}\}$	0.111	0.089	0
$\{\{2,3\}, \{1\}\}$	0	0.213	0.587
$\{\{1,3\}, \{2\}\}$	0.281	0	0.619
$\{\{1,2,3\}\}$	0.25	0.2	0.55

6.3. 協力ゲームの応用 — 提携の形成の分析

表 6.2: 利益関数の値（仁の場合）

$U \backslash N$	1	2	3
$\{\{1\},\{2\},\{3\}\}$	0	0	0
$\{\{1,2\},\{3\}\}$	0.15	0.05	0
$\{\{2,3\},\{1\}\}$	0	0.05	0.75
$\{\{1,3\},\{2\}\}$	0.15	0	0.75
$\{\{1,2,3\}\}$	0.167	0.067	0.766

一般に，協力ゲームにおいてコアが存在する場合には，仁はそのコアに属することが知られている．実際，配分 $(0.167, 0.067, 0.766)$ もコアに属していることがわかる（Owen [44] を参照）．

得られたコンフリクト状況をコンフリクト解析の安定性分析の手法を用いて分析する．この例では可能な提携構造が

$\{\{1\},\{2\},\{3\}\}, \quad \{\{1,2\},\{3\}\}, \quad \{\{1\},\{2,3\}\}, \quad \{\{2\},\{1,3\}\}, \quad \{\{1,2,3\}\}$

の5通りある．これらをそれぞれ，

$$\beta_{1,2,3}, \quad \beta_{12,3}, \quad \beta_{23,1}, \quad \beta_{13,2}, \quad \beta_{123}$$

と書くことにする．

提携構造に応じて，各主体の利得が表 6.1 のように決まる．すると，各主体の選好ベクトルを作ることができる．提携値を用いた場合の各主体の選好ベクトルは以下のようになる．

主体 1 : $(\beta_{13,2}, \beta_{123}, \beta_{12,3}, \beta_{1,2,3} = \beta_{23,1})$

主体 2 : $(\beta_{23,1}, \beta_{123}, \beta_{12,3}, \beta_{1,2,3} = \beta_{13,2})$

主体 3 : $(\beta_{13,2}, \beta_{23,1}, \beta_{123}, \beta_{1,2,3} = \beta_{12,3})$

一方, 仁を用いた場合の選好ベクトルは次のようになる.

主体 1 ：$(\beta_{123}, \beta_{12,3} = \beta_{13,2}, \beta_{1,2,3} = \beta_{23,1})$

主体 2 ：$(\beta_{123}, \beta_{12,3} = \beta_{23,1}, \beta_{1,2,3} = \beta_{13,2})$

主体 3 ：$(\beta_{123}, \beta_{23,1} = \beta_{13,2}, \beta_{1,2,3} = \beta_{12,3})$

次に，各主体の選好ベクトルの要素，つまり各提携構造からの可能な改善を列挙していくと表 6.3 のようになる．以下では，提携値の場合のみを考える．

表 6.3: 可能な改善（提携値）

主体1					
選好ベクトル	$\beta_{13,2}$	β_{123}	$\beta_{12,3}$	$\beta_{1,2,3} =$	$\beta_{23,1}$
可能な改善		$\beta_{13,2}$	$\beta_{13,2}$	$\beta_{13,2}$	$\beta_{13,2}$
			β_{123}	β_{123}	
				$\beta_{12,3}$	
主体2					
選好ベクトル	$\beta_{23,1}$	β_{123}	$\beta_{12,3}$	$\beta_{1,2,3} =$	$\beta_{13,2}$
可能な改善		$\beta_{23,1}$	$\beta_{23,1}$	$\beta_{23,1}$	
			β_{123}	β_{123}	
				$\beta_{12,3}$	
主体3					
選好ベクトル	$\beta_{13,2}$	$\beta_{23,1}$	β_{123}	$\beta_{1,2,3} =$	$\beta_{12,3}$
可能な改善		$\beta_{13,2}$	$\beta_{13,2}$	$\beta_{13,2}$	$\beta_{13,2}$
			$\beta_{23,1}$	$\beta_{23,1}$	$\beta_{23,1}$
				β_{123}	β_{123}

表 6.3 において，各主体の選好ベクトルの要素である各提携構造に対し，その提携構造と同じ列で下に書かれた提携構造がその提携構造からの可能な改善である．例えば，主体 1 の選好ベクトル内の提携構造 β_{123} の列の下には提携構造 $\beta_{13,2}$ が書かれている．これは，主体 1 にとって，β_{123} からの可能な改善として

6.3. 協力ゲームの応用 — 提携の形成の分析

$\beta_{13,2}$ があることを示している．実際，β_{123} から $\beta_{13,2}$ への移動は提携 $\{1,3\}$ を通して達成できる．選好ベクトルを見ると，主体1に対しても主体3に対しても $\beta_{13,2}$ は β_{123} よりも高い利得を与える．したがって，$\beta_{13,2}$ は β_{123} からの $\{1,3\}$ による改善である．ある主体から見て改善が存在しないような提携構造はその主体にとっては安定であり，それを示すために，そのような提携構造の上に r の印を付ける．

さらに，もし改善が存在したとしても制裁が存在するのであれば，それも安定な提携構造である．そのような提携構造の上には s の印を付ける．例えば，主体2から見た提携構造 β_{123} に対しては，提携 $\{2,3\}$ による改善 $\beta_{23,1}$ が存在する．しかし，提携構造 $\beta_{23,1}$ には，提携 $\{1,3\}$ による改善 $\beta_{13,2}$ がある．選好ベクトルを見れば，提携構造 $\beta_{13,2}$ は元の提携構造 β_{123} に比べ主体2により低い利益しか与えないことがわかる．したがって，$\beta_{13,2}$ は β_{123} からの $\{2,3\}$ による改善 $\beta_{23,1}$ に対する $\{1,3\}$ による制裁になっている．つまり，主体2から見た提携構造 β_{123} には改善が存在するが，それに対する制裁も存在するので，β_{123} は主体2にとって安定である．

安定性分析の結果は，表 6.4 にまとめられる．すべての主体に対して r あるいは s の印が付いた提携構造が安定となる．この例では安定な提携構造は $\beta_{13,2}$ だけであることがわかる．同様の分析を仁の場合についても行うと，β_{123} という提携構造が安定になる．

ここでは，協力ゲームの理論とコンフリクト解析の枠組に基づいて，提携の形成に関わる意思決定の方法を紹介してきた．3人の主体による意思決定状況の分析例からわかるのは，利得の分配方法として提携値を用いると，元の協力ゲームに非空のコアが存在するにもかかわらず，全体提携 β_{123} は安定ではない場合があるということである．このことは，各主体が自らの利得を追い求めて提携の形成に関する意思決定を行っていくと，社会全体としては非効率な結果に陥ってしまう場合があることを示している．一方，仁を用いて利得を分配すれば全体提携が安定になった．実際，一般に，元の協力ゲームに非空のコアが存在する場合に仁を用いて利得を分配すれば全体提携が安定になることが知られている．

最後に，元の協力ゲームに非空のコアが存在し，利得の分配方法として仁を採用しても，全体提携だけが安定であるとは限らないということを示す例を紹介

表 6.4: 安定性分析の結果（提携値）

全体の安定性	E				
主体1	r				
選好ベクトル	$\beta_{13,2}$	β_{123}	$\beta_{12,3}$	$\beta_{1,2,3}=$	$\beta_{23,1}$
可能な改善		$\beta_{13,2}$	$\beta_{13,2}$	$\beta_{13,2}$	$\beta_{13,2}$
			β_{123}	β_{123}	
				$\beta_{12,3}$	
主体2	r	s			r
選好ベクトル	$\beta_{23,1}$	β_{123}	$\beta_{12,3}$	$\beta_{1,2,3}=$	$\beta_{13,2}$
可能な改善		$\beta_{23,1}$	$\beta_{23,1}$	$\beta_{23,1}$	
			β_{123}	β_{123}	
				$\beta_{12,3}$	
主体3	r				
選好ベクトル	$\beta_{13,2}$	$\beta_{23,1}$	β_{123}	$\beta_{1,2,3}=$	$\beta_{12,3}$
可能な改善		$\beta_{13,2}$	$\beta_{13,2}$	$\beta_{13,2}$	$\beta_{13,2}$
			$\beta_{23,1}$	$\beta_{23,1}$	$\beta_{23,1}$
				β_{123}	β_{123}

してこの章を終わろう．

例 6.6 (全体提携以外の安定な提携の存在) 提携構造を考慮した協力ゲームとして，

- $N=\{1,2,3\}$
- $v(\emptyset)=0, \quad v(\{1\})=0, \quad v(\{2\})=0, \quad v(\{3\})=0,$
  $v(\{1,2\})=0.6, \quad v(\{2,3\})=0.7, \quad v(\{3,1\})=0.7, \quad v(\{1,2,3\})=1$
- $C=\{\{1\},\{2\},\{3\},\{1,2\},\{2,3\},\{3,1\},\{1,2,3\}\}$

6.3. 協力ゲームの応用 — 提携の形成の分析

- $B = \{\{\{1\},\{2\},\{3\}\},\{\{1,2\},\{3\}\},\{\{1\},\{2,3\}\},$
  $\{\{2\},\{1,3\}\},\{\{1,2,3\}\}\}$

を考える.この協力ゲームは唯一のコアの要素として $(0.3, 0.3, 0.4)$ を持つ.さらに,仁を用いて利得の分配を行うと,利益関数の値は表 6.5 のようになる.

表 6.5: 仁を用いた利益関数の値

$U\backslash N$	1	2	3
$\{\{1\},\{2\},\{3\}\}$	0	0	0
$\{\{1,2\},\{3\}\}$	0.3	0.3	0
$\{\{2,3\},\{1\}\}$	0	0.3	0.4
$\{\{1,3\},\{2\}\}$	0.3	0	0.4
$\{\{1,2,3\}\}$	0.3	0.3	0.4

コンフリクト解析の枠組を用いて安定性分析を行うと,提携構造 β_{123} の他にも $\beta_{12,3}, \beta_{23,1}, \beta_{13,2}$ が安定になる. □

第7章 会議の理論

この章では,社会の意思決定の状況のうち会議に代表される状況を扱う.ここで考える会議は,「主体」,「採決のルール」,「代替案」,そして各主体の「選好」からなる.このうち,採決のルールを表現するときに用いるのが,第7章で紹介した協力ゲームの特別な形としてのシンプルゲームである.この章のはじめの部分でシンプルゲームの性質や分類方法,そして会議の中の提携の強さの比較方法を理解してほしい.次に,シンプルゲームの概念を用いて「会議」を数理的に定義する.そして会議の中で選択されるべき代替案の集合としての「会議のコア」の概念を紹介する.会議のコアの性質から,望ましい会議の形式についての示唆が得られるはずである.この章の最後では,主体が持っている選好の間の「距離」に基づいて,会議の中の提携のうちどれが安定しているかということを分析する方法を説明する.そして,安定した提携が持っている性質をもとに主体の間の情報交換について考察する.

この章の最後に「距離」という数学的な概念を用いる.それを説明しておこう.

- **距離** — ある集合の中の任意の2つの要素の間の離れ具合を表現する関数.集合 X の任意の2つの要素 x, y の組 (x, y) に実数を1つ対応付ける関数 d を考える.すなわち,d は $X \times X$ から $\mathbb{R}$ への関数である.関数 d が $(x, y) \in X \times X$ に対応付ける実数を $d(x, y)$ と書くことにする.このような関数 d のうち,

    - **非負性** 任意の $x \in X, y \in X$ に対して,$d(x, y) \geq 0$ であり,このうち $d(x, y) = 0$ であるのは $x = y$ であるとき,またそのときに限る.

    - **対称性** 任意の $x \in X, y \in X$ に対して,$d(x, y) = d(y, x)$ である.

- **三角不等式** 任意の $x \in X, y \in X, z \in X$ に対して, $d(x,y) + d(y,z) \geq d(x,z)$ である.

という3つの条件を満たしているようなものを X 上の距離という. 例えば, $X = \mathbb{R}$ とし, d を, 任意の $x \in X, y \in X$ に対して, $d(x,y) = |x - y|$ と定義すれば, d は上の3つの条件を満たすので X 上の距離となる.

7.1 会議の定義

会議は数理的にはどのように扱うことができるのだろうか. 会議には, そこに参加している意思決定主体, 採決のルール, 代替案, そして各主体の選好などが関係する. ここでは「いくつかある代替案の中から1つを選ぶ」という目的を持った会議を取り上げ, その数理的な捉え方を説明していく. 特に, 採決のルールがシンプルゲームによって表現されることに注目し, その性質や分類方法, さらには, 会議における提携の強さの比較への応用方法を解説する.

7.1.1 会議の流れ

議会や企業の役員会, あるいは選挙による代表者の選出などがここで考える「会議」の例であり, 身近なものとしては家族会議もある. これらの会議は, 大きく「問題認識」, 「情報交換」, 「採決」という3つの場面に分けられる. 会議の流れを確認するために, 第1章で見た「車選びの会議の状況」をとりあげよう.

最初の問題認識の場面では, 会議を構成する要素が各意思決定主体によって認識される. その要素とは, 「意思決定主体の集合」, 「採決のルール」, 「代替案の集合」である. 第1章の車選びの会議では, 父親, 母親, 長女, 次女, 長男の5人からなる家族が, 今度買う車を選んでいるのであった. つまりこの会議の意思決定主体の集合は,

$$\{ 父親, 母親, 長女, 次女, 長男 \}$$

になる. ここでは, 最終的に過半数の人, つまり3人以上が支持した車が選ばれ

7.1. 会議の定義

る約束になっているものとすると，この会議の採決のルールは過半数のルールになる．候補に挙がっているのは，白いセダン，シルバーのワゴン，赤いスポーツであった．したがって，代替案の集合は

{ 白いセダン, シルバーのワゴン, 赤いスポーツ }

である．問題認識の場面は，各主体が代替案に対して自分の選好を持つと終了する．つまり各主体が，すべての代替案を選ばれてほしい順に並べた段階で問題認識の場面が終了するのである．候補に挙がっている白，シルバー，赤の車をそれぞれ，W (white), S (silver), R (red) と書くと，主体の選好は表 7.1 のようになるのであった．このように各主体が自分の選好を持つと，問題認識の場面が終了し，次の情報交換の場面が始まる．

表 7.1: 車選びの会議の状況

父親	母親	長女	次女	長男
W	S	R	S	R
S	W	W	R	W
R	R	S	W	S

情報交換の場面では，主体間の相互作用が起こる．相互作用としては，ある主体から他者への説得とそれに伴う主体の妥協が考えられる．上の例を用いれば，例えば父親は長男の選好を変えるために長男を説得する．また母親や次女は父親と話し合って，父親の選好を変えようとする．大切なことは，相互作用によって各主体の選好が変化する可能性があるということである．主体の間の相互作用が進んでいくと，だんだんと集団の中の選好が集約されていく．そして採決で選ばれるだけの支持者を獲得している代替案が現れると，会議は採決の場面に移る．例えば，次女が，長女あるいは長男の説得に応じて妥協し，赤いスポーツを買うことに同意したとすると，この車は，長女，次女，長男という3人から支持されていることになり，この状況は採決の場面へと移る．

採決は，通常，投票という形をとることが多い．あらかじめ決められている採決のルールに従って投票や集計が行われ，最終的に全体としての選択が決定する．上の家族の例では，3人以上の支持を得ている車が選ばれることになっていて，もし赤いスポーツがその条件を満たしているのであれば，この車が全体としての選択になる．

7.1.2 シンプルゲーム

会議に参加している意思決定主体と採決のルールは，第6章で紹介したシンプルゲームで表現される．シンプルゲームは特性関数形ゲームの特殊な形をしたものである．第6章で見た定義をもう一度復習しておこう．

定義 7.1 (シンプルゲーム) シンプルゲームとは，意思決定主体全体の集合 $N = \{1, 2, \ldots, n\}$ と，N の部分集合の族 W の組 (N, W) のうち，

- $W \neq \emptyset$，かつ，
- 任意の $S, T \subset N$ に対して，もし $S \subset T \subset N$ かつ $S \in W$ ならば $T \in W$ である

という条件を満たすものである．W の要素を勝利提携と呼ぶ． □

勝利提携という考え方がわかりにくいかもしれない．勝利提携とは，

> 意思決定主体の集合のうち，その中の意思決定主体の選好がまとまれば，会議全体としての最終的な決定を完全に自分たちの思い通りにできるだけの力を持つようなもの

である．したがって，会議の中での勝利提携をすべて列挙することと，会議の採決のルールを特定することは同じことである．つまり，W が採決のルールを表現しているのである．車選びの会議を例にとってもう少し説明しよう．

車選びの会議では，意思決定主体全体の集合は，{父親,母親,長女,次女,長男} であり，採決のルールは過半数のルールであった．これをシンプルゲームを用い

て表現してみよう．意思決定主体の集団 N については，

$$N = \{\text{父親, 母親, 長女, 次女, 長男}\}$$

でよい．また，採決のルールは過半数のルールなので，3人以上の人の中で選好がまとまれば会議全体としての最終的な決定を完全に自分たちの思い通りにできる．したがって勝利提携全体の集合 W は，

$$\begin{aligned}
W &= \{S \subset N \mid |S| \geq 3\} \\
&= \{\{\text{父親, 母親, 長女, 次女, 長男}\}, \{\text{父親, 母親, 長女, 次女}\}, \\
&\quad \{\text{父親, 母親, 長女, 長男}\}, \{\text{父親, 母親, 次女, 長男}\}, \\
&\quad \{\text{父親, 長女, 次女, 長男}\}, \{\text{母親, 長女, 次女, 長男}\}, \\
&\quad \{\text{父親, 母親, 長女}\}, \{\text{父親, 母親, 次女}\}, \{\text{父親, 長女, 次女}\}, \\
&\quad \{\text{母親, 長女, 次女}\}, \{\text{父親, 母親, 長男}\}, \{\text{父親, 長女, 長男}\}, \\
&\quad \{\text{母親, 長女, 長男}\}, \{\text{父親, 次女, 長男}\}, \{\text{母親, 次女, 長男}\}, \\
&\quad \{\text{長女, 次女, 長男}\}\}
\end{aligned}$$

となる．

採決のルール，すなわちシンプルゲームにもいろいろなものが考えられる．過半数のルールがその代表例である．W が満たしている条件によって以下のようなものが考えられる．

定義 7.2 (過半数のルール) シンプルゲーム (N, W) が過半数のルールであるとは，任意の $S \subset N$ に対して，

$$S \in W \Leftrightarrow |S| > |N|/2$$

が成り立っている場合をいう． □

ある人が賛成しなければ全体としては何も決められない場合，その意思決定主体を「拒否権者」という．採決のルールには拒否権者を持つものと持たないものがある．

定義 7.3 (拒否権者を持つルール) シンプルゲーム (N, W) が拒否権者を持つルールであるとは, ある $i \in N$ が存在して, 任意の $S \in W$ に対して $i \in S$ である場合, つまり,

$$(\exists i \in N)(\forall S \in W)(i \in S)$$

の場合をいう. また,

$$(\forall S \in W)(i \in S)$$

であるような主体 $i \in N$ のことを拒否権者という. □

ある 1 人の主体だけで全体としての選択をすべてを決められる場合, その主体を「独裁者」と呼ぶ. 採決のルールには独裁者を持つものと持たないものがある.

定義 7.4 (独裁者を持つルール) シンプルゲーム (N, W) が独裁者を持つルールであるとは, ある $i \in N$ が存在して, 任意の $S \subset N$ に対して,

$$S \in W \Leftrightarrow i \in S$$

である場合をいう. また,

$$(\forall S \subset N)(S \in W \Leftrightarrow i \in S)$$

であるような主体 $i \in N$ を独裁者という. □

もちろん, 独裁者は拒否権者である. また独裁者は存在するとしても 1 人である.

多くの採決のルールが満たす条件として, 「真」であるという性質や「対称」であるという性質がある. これらの定義と性質を順に見ていこう.

真なルールでは, 同時に 2 つの勝利提携が成立することはない. ある提携が勝利提携である場合, その提携に属していない主体がすべて集まっても勝利提携にはなり得ないのである.

定義 7.5 (真なルール) シンプルゲーム (N, W) が真なルールであるとは, 任意の $S \subset N$ に対して,

$$S \in W \Rightarrow N \backslash S \notin W$$

7.1. 会議の定義

が成り立っている場合をいう． □

真なルールとしては，過半数のルール，拒否権者を持つルール，あるいは独裁者を持つルールなどが挙げられる．

命題 7.1 (真なルール) シンプルゲーム (N, W) がそれぞれ，過半数のルール，拒否権者を持つルール，独裁者を持つルールである場合，それらはいずれも真なルールである． □

(証明)

- 過半数のルールの場合．

    $S \in W$ ならば $|S| > |N|/2$ であり，また $|N| = |S| + |N \setminus S|$ であることから $|N \setminus S| \leq |N|/2$ が成り立つ．したがって，$N \setminus S \notin W$ である． ∎

- 拒否権者を持つルールの場合．

    $S \in W$ ならば $i \in S$ である．もし $N \setminus S \in W$ ならば $i \in N \setminus S$ が成り立たなければならないが，$i \in S$ であることから $i \notin N \setminus S$ である． ∎

- 独裁者を持つルールの場合．

    独裁者は拒否権者である．拒否権者を持つルールは真であるから独裁者を持つルールも真である． ∎

一方，真でないルールを考えることもできる．そのようなルールにおいては，互いに共通部分を持たない2つの勝利提携が同時に成立してしまうことがある．しかし，勝利提携が「最終的な決定を完全に思い通りにできる」ものとして定義されていることや，異なる選好を持った2つの勝利提携が成立した場合にどちらの選好を採用するのかがわからないということなどを考えると，このようなルールは採決のルールとしては望ましくない．

例 7.1 (真でないルール) シンプルゲーム (N, W) が, $|N|$ が正の偶数であり, かつ $W = \{S \subset N \mid |S| \geq |N|/2\}$ という条件を満たす場合, このルールは真ではない. 実際, $|S| = |N|/2$ であるような S が存在し $S \in W$ である. また $|N \setminus S| = |N|/2$ であるから, $N \setminus S \in W$ である. □

対称な採決のルールでは, ある提携が勝利提携であるかどうかが, その提携に属している主体の数だけに依存する.

定義 7.6 (対称なルール) シンプルゲーム (N, W) が対称なルールであるとは, 任意の $S, T \subset N$ に対して,

$$[S \in W \text{ かつ } |T| = |S|] \Rightarrow T \in W$$

が成り立っている場合をいう. ルールが対称でない場合, そのルールは非対称であるという. □

過半数のルールは対称である. しかし, 拒否権者を持つルールや独裁者を持つルールは対称にならない場合がある.

命題 7.2 (会議の対称性) シンプルゲーム (N, W) に対して以下が成り立つ.

- (N, W) が過半数のルールの場合には, このルールは対称である.

- (N, W) が拒否権者を持つルールである場合で, 拒否権者でない主体がいる場合には, このルールは非対称である.

- (N, W) が独裁者を持つルールである場合で, 独裁者でない主体がいる, つまり $|N| = 1$ ではない場合には, このルールは非対称である.

□

(証明)

- 過半数のルールである場合.

  $S \in W$ ならば, $|S| > |N|/2$ である. さらに, もし $|T| = |S|$ ならば $|T| = |S| > |N|/2$ なので, $T \in W$ である. ∎

7.1. 会議の定義

- 拒否権者を持つルールである場合.

  拒否権者でない主体 $i \in N$ が存在するので,ある $S \in W$ で $i \notin S$ であるようなものが存在する.任意の拒否権者 j に対して $j \in S$ が成り立つ.ある拒否権者 j に対して $(S \backslash \{j\}) \cup \{i\} = T$ とすると $|S| = |T|$ であるが,$j \notin T$ なので $T \notin W$ である. ∎

- 独裁者を持つルールである場合.

  独裁者 i に対して,$\{i\} \in W$ であり,独裁者ではない主体 j に対しては $\{j\} \notin W$ である.$|\{i\}| = |\{j\}|$ であるから (N, W) は対称ではない. ∎

さらに,対称な会議について次の命題が知られている.

命題 7.3 (クオータの存在; Peleg [45]) シンプルゲーム (N, W) が対称であれば,ある正の整数 q が存在して,任意の $S \subset N$ に対して,

$$S \in W \iff |S| \geq q$$

である.この q をシンプルゲーム (N, W) のクオータという. □

7.1.3 会議の定義と提携の強さの比較

問題認識の場面が終了する段階を考えると,会議は 4 つの要素で成り立っていることがわかる.つまり,意思決定主体全体の集合,採決のルール,代替案全体の集合,各主体の代替案に対する選好である.

上で見たように,意思決定主体全体の集合と採決のルールはシンプルゲームを用いて (N, W) と表現できる.また,代替案全体の集合は,有限個の要素を持つ集合で表現される.これから代替案の集合は A で表現しよう.さらに,各主体の代替案に対する選好は,代替案 A 上の順序で表現する.主体 $i \in N$ の選好であれば R_i と書くことにする.車選びの会議を例に用いて,代替案全体の集合と主体の選好について説明しよう.

車選びの会議で候補として挙がっている車は，白いセダン (W)，シルバーのワゴン (S)，赤いスポーツ (R) の3つであった．したがって，ここでの代替案全体の集合 A は，

$$A = \{W, S, R\}$$

となる．また，各主体の選好は表 7.2 のように表せた．

表 7.2: 車選びの会議の状況

父親	母親	長女	次女	長男
W	S	R	S	R
S	W	W	R	W
R	R	S	W	S

つまり，

$$R_{父親} = (W, S, R), \quad R_{母親} = (S, W, R), \quad R_{長女} = (R, W, S),$$

$$R_{次女} = (S, R, W), \quad R_{長男} = (R, W, S)$$

である．この $(R_{父親}, R_{母親}, R_{長女}, R_{次女}, R_{長男})$ で各主体の選好が表現できる．

結局，1つの会議は，意思決定主体の集合 N，採決のルール W，代替案の集合 A，そして各主体の代替案に対する選好 $R = (R_i)_{i \in N}$ という4つの要素で成り立っていることになる．そこでこれから，この4つの要素の組を会議と呼ぶことにする．

定義 7.7 (会議) 会議とは，意思決定主体の集合 N，採決のルール W，代替案の集合 A，各主体の代替案に対する選好 $R = (R_i)_{i \in N}$ という4つの要素の組 (N, W, A, R) である．ただし，組 (N, W) はシンプルゲームになっていて，任意の $i \in N$ に対して R_i は A 上の線形順序であるとする．会議 (N, W, A, R) を C という記号で表す． □

7.1. 会議の定義

例えば, 車選びの会議を数理的に $C = (N, W, A, R)$ という形で表すと,

$N = \{$ 父親, 母親, 長女, 次女, 長男 $\}$, $W = \{S \subset N \mid |S| \geq 3\}$,

$$A = \{\mathrm{W}, \mathrm{S}, \mathrm{R}\}, \quad R = (R_i)_{i \in N}$$

となる. ただし,

$$R_{\text{父親}} = (\mathrm{W}, \mathrm{S}, \mathrm{R}), \quad R_{\text{母親}} = (\mathrm{S}, \mathrm{W}, \mathrm{R}), \quad R_{\text{長女}} = (\mathrm{R}, \mathrm{W}, \mathrm{S}),$$

$$R_{\text{次女}} = (\mathrm{S}, \mathrm{R}, \mathrm{W}), \quad R_{\text{長男}} = (\mathrm{R}, \mathrm{W}, \mathrm{S})$$

である.

ここまでで, 会議は $C = (N, W, A, R)$ という形で数理的に表されるということを見た. ではこのように表現された会議は, どのように分析されてきたのだろうか. 特に注目されてきたのは, 会議の中の提携が持っている強さの比較や, 選ばれるべき代替案が存在するための条件についての分析である. ここでは前者について述べ, 後者については次節に詳しく説明することにする.

会議に参加している主体のうち何人かをまとめて考えるとき, それを提携と呼ぶ. 各提携が持っている意思決定に対する影響力は, 会議の全体としての最終的な決定を左右するので重要である. また会議に参加している主体自身にとっても, 自分が属すべき提携を見極める必要がある. どの提携が力を持っているのか, あるいはどの提携が属すべき提携なのかを知るためには, 各提携が持っている影響力を比較する方法が必要である.

これまでの研究で, 2つの提携が持っている影響力を比較する方法が提案されている. しかしその方法では「どんな2つの提携をとってきても比較ができる」とは限らない. したがって, 考えなければならないのは, 「提携の影響力がいつも比較可能であるために会議が満たしているべき条件は何か」ということである. その条件の1つとして「会議が対称である」ということが挙げられる.

まず, 提携が持っている影響力を比較する方法を紹介する. 比較は Desirability Relation と呼ばれる, 提携全体の集合上の関係を用いて行われる.

定義 7.8 (提携の強さの関係; Einy [13]) 会議 C (ただし $C = (N, W, A, R)$ とする) の採決のルール (N, W) を考える. 任意の $S, T \subset N$ に対して, 提携

S は提携 T と同じかそれ以上に強いとは, $B \cap (S \cup T) = \emptyset$ であるような任意の $B \subset N$ に対して,

$$B \cup T \in W \Rightarrow B \cup S \in W$$

が成立することをいう. このことを $S \geq^d T$ と書き, $\geq^d$ を Desirability Relation と呼ぶ. $S =^d T$ は $S \geq^d T$ かつ $T \geq^d S$ であることをいい, また $S >^d T$ は, 「$S \geq^d T$ であり, かつ $T \geq^d S$ ではない」ということが成り立っていることを表す. □

「提携の影響力がいつも比較可能である」ということは, 次の「関係の完備性」という考え方で定義される.

定義 7.9 (提携の強さの関係の完備性) 会議 $C = (N, W, A, R)$ について, 提携の強さを表す関係 $\geq^d$ が完備であるとは, 任意の $S, T \subset N$ に対して, $S \geq^d T$ かあるいは $T \geq^d S$ が成り立つことをいう. □

提携の強さの関係が完備であるとは,「2つの提携のどんな組み合わせをとってきても, それらのうちどちらが強いか, 弱いかあるいは同じかが定まる」, ということで, これはつまり,「どちらが強いかを判定できないような2つの提携の組が存在しない」ということである. 提携の強さの関係の完備性と会議の対称性の間には次のような関係がある.

命題 7.4 (対称性と完備性; **Einy** [**13**]) 対称な採決のルール (N, W) を持っている会議 $C = (N, W, A, R)$ を考える. そのとき, 会議 C の中の提携の強さを表す関係 $\geq^d$ は完備である. □

しかし, 提携の強さの関係の完備性と採決のルールの対称性は同値ではない. つまり, 提携の強さの関係が完備でも, 採決のルールが非対称である場合がある. 実際, 次のような例を挙げることができる.

例 7.2 (非対称な採決のルールにおける提携の強さの関係) 採決のルールが,

$$N = \{1, 2, 3\}, \quad W = \{\{1, 3\}, \{2, 3\}, \{1, 2, 3\}\}$$

であるようなシンプルゲーム (N, W) である会議 $C = (N, W, A, R)$ を考える．提携の強さの関係の完備性と採決のルールの対称性には，代替案の集合 A と主体の選好 R は関係しないので，どんなものを考えてもよい．

まず，$\{1, 2\} \notin W$ であり，かつ $\{1, 3\} \in W$ なので，この採決のルール (N, W) は非対称である．また，提携の強さの関係 $\geq^d$ は表 7.3 のようになり完備であることがわかる．例えば，提携 $\{1, 3\}$ は提携 $\{1, 2\}$ よりも強いことがわかる．

表 7.3: 提携の強さの比較

	$\{1\}$	$\{2\}$	$\{3\}$	$\{1,2\}$	$\{1,3\}$	$\{2,3\}$	$\{1,2,3\}$
$\{1\}$	=	=	<	=	<	<	<
$\{2\}$	=	=	<	=	<	<	<
$\{3\}$	>	>	=	=	<	<	<
$\{1,2\}$	=	=	=	=	<	<	<
$\{1,3\}$	>	>	>	>	=	=	=
$\{2,3\}$	>	>	>	>	=	=	=
$\{1,2,3\}$	>	>	>	>	=	=	=

□

7.2 会議のコア

会議の中ではどのような代替案が選択されるべきであろうか．この疑問に答える概念の1つとして「会議のコア」がある．会議のコアは「会議において選ばれるべき代替案を特定する概念」である．しかし会議によってはコアは存在しない．コアの概念は万能ではないのである．

この節では，会議のコアの定義から始め，拒否権者がいない会議でのコアの存在性についての中村数による特徴付けを紹介する．この特徴付けにより，望ましい会議の形式についての示唆が得られるはずである．

7.2.1 代替案の支配関係

会議のコアの定義の元になる「支配」という考え方から定義していこう．会議 $C = (N, W, A, R)$ が与えられているものとする．

定義 7.10 (代替案の支配関係) 代替案 $a, b \in A$ を考え，$a \neq b$ とする．代替案 a が代替案 b を支配しているとは，ある勝利提携 $S \in W$ が存在して，任意の $i \in S$ に対して，$a\, R_i\, b$ が成り立っているときをいい，$a\, Dom\, b$ と書く．また，代替案 a が代替案 b を支配していないことを，$a\, Do\!/\!n\, b$ と書く． □

会議 $C = (N, W, A, R)$ における代替案 A の中で，他のどんな代替案にも支配されない代替案全体の集合をこの会議のコアと呼ぶ．

定義 7.11 (会議のコア) 会議 $C = (N, W, A, R)$ のコアとは，代替案 $a \in A$ のうち，任意の他の代替案 $b \in A\ (b \neq a)$ に対して $b\, Do\!/\!n\, a$ であるようなもの全体の集合であり，$Core(C)$ で表す．つまり，

$$Core(C) = \{a \in A \mid \forall b \in A \setminus \{a\}, b\, Do\!/\!n\, a\}$$

である． □

会議のコアは存在することもあるが存在しないこともある．また存在しても唯一ではないこともある．

例 7.3 (会議のコア) $N = \{1, 2, 3\}, W = \{\{1, 2\}, \{2, 3\}, \{1, 3\}, N\}$ であるようなシンプルゲームを考え，$A = \{a, b, c\}, R = (R_i)_{i \in N}$ を

$$R_1 = (a, b, c), \quad R_2 = (b, c, a), \quad R_3 = (c, b, a)$$

であるとする．このとき $C = (N, W, A, R)$ は会議となる．コアの定義を適用すると，$Core(C) = \{b\}$ であることがわかる．この会議の R を，

$$R_1 = (a, b, c), \quad R_2 = (b, c, a), \quad R_3 = (c, a, b)$$

と置き換えると $Core(C) = \emptyset$ となる．

7.2. 会議のコア 175

一方, $N = \{1, 2, 3, 4\}$, $W = \{S \subset N \mid |S| \geq 3\}$ であるようなシンプルゲームを考え, $A = \{a, b, c\}$, $R = (R_i)_{i \in N}$ を

$$R_1 = (a, b, c), \quad R_2 = (a, b, c), \quad R_3 = (b, a, c), \quad R_4 = (b, a, c)$$

であるとする.このとき $C = (N, W, A, R)$ は会議になるが, $Core(C) = \{a, b\}$ である. □

7.2.2 中村数

上の例で,会議によってはコアが存在しないということがわかった.コアは,「会議で選択されるべき代替案」の集合なので,それが存在しない場合には他の選択の仕方を考えなくてはならない.では,どのような会議の場合に,常にコアが存在するのだろうか.「常に」ということの意味は,「主体がどのような選好を持っていても」という意味である.

このコアの存在性に関しては,「中村数」による特徴付けが知られている (Peleg [45] を参照).中村数は拒否権者がいない採決のルールにおいてのみ意味を持つので,拒否権者を持つルールの定義を復習しておく.

定義 7.12 (拒否権者を持つルール) シンプルゲーム (N, W) が拒否権者を持つルールであるとは,ある $i \in N$ が存在して,任意の $S \in W$ に対して $i \in S$ である場合,つまり,

$$(\exists i \in N)(\forall S \in W)(i \in S)$$

の場合をいう.

$$(\forall S \in W)(i \in S)$$

であるような主体 $i \in N$ のことを拒否権者という. □

拒否権者がいない採決のルールを持つ会議 $C = (N, W, A, R)$ の中村数は以下のように定義される.

定義 7.13 (中村数) $C = (N, W, A, R)$ を，拒否権者がいない採決のルールを持つ会議とする．C の中村数とは，

$$\min\{|\sigma| \mid \sigma \subset W, \cap\{S \mid S \in \sigma\} = \emptyset\}$$

で定義される数であり，$\nu(C)$ で表される． □

簡単な例で中村数を求めてみよう．

例 7.4 (中村数) $N = \{1, 2, 3\}$, $W = \{\{1, 2\}, \{2, 3\}, \{1, 3\}, N\}$ であるような採決のルールを持つ会議 $C = (N, W, A, R)$ を考えて，この会議の中村数 $\nu(C)$ を求めてみよう．

定義より，$\nu(C) = \min\{|\sigma| \mid \sigma \subset W, \cap\{S \mid S \in \sigma\} = \emptyset\}$ である．σ として，$\{\{1, 2\}, \{2, 3\}, \{1, 3\}\}$ をとると，$\cap\{S \mid S \in \sigma\} = \emptyset$ である．W の他の部分集合では共通部分が空集合にはならないので，$\nu(C) = 3$ であることがわかる．

一方，$N = \{1, 2, 3, 4\}$, $W = \{S \subset N \mid |S| \geq 2\}$ であるような会議 $C = (N, W, A, R)$ では，σ として $\{\{1, 2\}, \{3, 4\}\}$ をとると，$\cap\{S \mid S \in \sigma\} = \emptyset$ である．したがって，$\nu(C) = 2$ である． □

7.2.3 コアの存在

次の命題が中村数によるコアの存在性の特徴付けである．

命題 7.5 (中村数とコアの存在性; Peleg [45]) 会議 $C = (N, W, A, R)$ を考える．この会議の採決のルールが拒否権者を持たず，代替案 A が有限個しかない，つまり $|A| < \infty$ とする．このとき，

$$[\forall R, Core(C) \neq \emptyset] \Leftrightarrow |A| < \nu(C)$$

が成り立つ． □

この命題についての簡単な例を見てみよう．

例 7.5 (中村数とコアの存在性)

$$N = \{1, 2, 3\}, \quad W = \{\{1, 2\}, \{2, 3\}, \{1, 3\}, N\}$$

であるような会議 $C = (N, W, A, R)$ の中村数 $\nu(C)$ は，前の例で見たように，3 であった．上の命題からいえることは，コアの存在を保証するためには代替案の数が 3 個未満でなければならない，ということである．

また，$N = \{1, 2, 3, 4\}$，$W = \{S \subset N \mid |S| \geq 2\}$ であるような会議 $C = (N, W, A, R)$ の中村数 $\nu(C)$ は 2 であった．この場合，コアが存在するためには，代替案の数は 1 つでなくてはならない，ということがわかる．

一般に，$|N| = n \ (n \geq 2)$，$W = \{S \subset N \mid |S| \geq n-1\}$ とすると，中村数は $\nu(C) = n$ となる．このときコアが存在するためには，代替案の数は n 個未満でなくてはならない． □

この例から，中村数は会議が扱うことができる代替案の数の上限を与えてくれるということがわかる．このことを参考にして会議の形式を定めれば，会議を円滑に進行させることができるだろう．

7.3 選好の違いと提携の形成

会議においては，各意思決定主体は代替案に対してさまざまな選好を持っている．意思決定主体全体として最終的な意思決定をするためには，主体の選好をすりあわせ，各主体の選好の変化を引き出しながら，選好を集約させていかなければならない．はじめから似通った選好を持っている主体同士であれば選好の集約は容易である．しかし，まったく異なった選好を持っている複数の主体の選好を一致させるのは難しい．

会議をできるだけ円滑に進めるには，より近い選好を持っていて，全体の意思決定に影響力がある主体の集合の選好の変化を引き出すことを考えるべきである．つまり，ある程度選好がまとまっている主体の集団に目を付けて，そこに属している主体達の選好をまとめていけば円滑な意思決定になる．

ここで問題になるのが選好の間の距離である．各主体が持つことができる選好にはさまざまなものがある．ここでは，ある代替案の集合から1つを選び出そうとしている会議を考えていて，各主体の選好は代替案全体の集合上の順序で表されている．では，2つの選好の間の「距離」はどのように測ったらいいだろうか．ここでは選好の変更の考え方をもとにした「選好の間の距離」の測り方を1つ用いて「互いに近い選好を持っている主体の集団」を特定する考え方を紹介する．

7.3.1 選好の間の距離

2つの選好を考えたとき，それらの間の「距離」はどのように定義できるだろうか．選好は，代替案全体の集合 A 上の線形順序で表されていたので，選好間の距離は，A 上の線形順序全体の集合上に定義されることになる．A 上の線形順序全体の集合を $L(A)$ で表し，この集合上の距離を d で表すことにしよう．

$L(A)$ 上の距離にはいろいろなものが考えられる．例えば，次のような，「代替案の交換」の考え方に基づいた距離も定義できる．

例 7.6 ($L(A)$ 上の距離) 任意の選好 $r \in L(A)$ は，$(a_m, a_{m-1}, \ldots, a_1)$ という，A の要素をすべて並べた列で表現できる．この列の，下から n 番目の代替案 a_n と下から $n+1$ 番目の代替案 a_{n+1} を入れ替えることを 2^{n-1} として評価し，任意の $r, r' \in L(A)$ に対して，選好 r と選好 r' の間の距離を，$r = r'$ である場合には 0，$r \neq r'$ である場合には，r と r' を一致させるために必要な代替案の交換の評価の合計の最小値として定義する．これを $d^2(r, r')$ と書く．d^2 が距離であることは容易に証明できる．さらに，任意の正の整数 k に対して，下から n 番目の代替案 a_n と下から $n+1$ 番目の代替案 a_{n+1} の入れ替えを k^{n-1} と評価すると，同様に d^k という $L(A)$ 上の距離を定義することができる． □

7.3.2 整合的な提携

$L(A)$ 上の距離 d が1つ与えられると,意思決定主体の提携の中でより選好がまとまっているものを特定するための概念を定義できる.その概念は,選好に関する主体の間の情報交換を想定して定義される.意思決定状況の中での主体の間の情報交換を考えると,各主体が常に正しい情報を発信するとは限らない.主体は嘘をついてもよいのである.そこで,各主体が持っている選好 $R = (R_i)_{i \in N}$ の他に,各主体が他の主体に伝える選好を考えて,これを「交換選好」と呼ぶ.

定義 7.14 (交換選好) 任意の $i \in N$ に対して,主体 $i \in N$ が他者に伝える選好を $\hat{r}_i$ で表し,主体 i の交換選好と呼ぶ.また,$\hat{r}$ は各主体 $i \in N$ の交換選好を並べたもの,すなわち $\hat{r} = (\hat{r}_i)_{i \in N}$ を表す. □

任意の $i \in N$ に対して,主体 i の交換選好 $\hat{r}_i$ も $L(A)$ の要素であるとする.

任意の提携を考え,その提携の「提携としての選好」を定めるために,そこに属している主体が持っている選好がどこにまとまるかを考える.ここでは,提携に属している主体の選好の「中心」という考え方を用いて,提携内の主体の選好がどこにまとまるかを特定する.

定義 7.15 (選好の中心) 会議 $C = (N, W, A, R)$ を考える.$R = (R_i)_{i \in N}$ であり,選好全体の集合 $L(A)$ には距離 d が定義されているとする.任意の提携 S と任意の交換選好 $\hat{r} = (\hat{r}_i)_{i \in N}$ に対して,S における $\hat{r}$ の中心とは,

$$\{r \in L(A) \mid \sum_{i \in S} d(r, \hat{r}_i) \leq \sum_{i \in S} d(r', \hat{r}_i) \ (\forall r' \in L(A))\}$$

であり,$C(\hat{r})_S$ と表される. □

選好の中心は,提携内のすべての主体の選好を共通にするために各主体の選好を変更させていくことを考えることで定義されている.各主体にとっては,選好の変更,すなわち元の選好と共通の選好の間の距離が小さいほど望ましい.そこで,考えられる選好の中で,それを提携共通の選好にするために必要な各主体の変化の距離の総和を最小にするようなものを,その提携における選好の中心として定義しているのである.例を見てみよう.

例 7.7 (提携の中の選好の中心) 会議 $C = (N, W, A, R)$ を，

$$N = \{1, 2, 3, 4, 5\}, \quad W = \{S \subset N \mid |S| \geq 3\}, \quad A = \{a, b, c\}$$

であり，$R = (R_i)_{i \in N}$ が，

$$R_1 = (a, b, c), \quad R_2 = (a, b, c), \quad R_3 = (b, a, c),$$
$$R_4 = (b, c, a), \quad R_5 = (a, c, b)$$

であるようなものとする．さらに，$L(A)$ 上の距離は d^2 であるとする．$\hat{r} = R$ であると仮定すると，$\hat{r}$ における提携 $\{1, 2, 3\}$ の選好の中心 $C(\hat{r})_{\{1,2,3\}}$ は $\{(a, b, c)\}$ となり，$\hat{r}$ における提携 $\{1, 2, 3, 4\}$ の選好の中心 $C(\hat{r})_{\{1,2,3,4\}}$ は $\{(a, b, c), (b, a, c)\}$ となる．この例から，選好の中心は必ずしも一点集合ではないということがわかる． □

提携の中心を考えることができるようになると，各主体がどの提携に属したいと考えるかを論じることができるようになる．提携の中心に属している選好は，その提携によって達成されそうな選好であると考えられるから，各主体は自分の真の選好に最も近い選好を中心に持つ提携に属そうとするだろう．この考えをもとに，提携のうち「そこに属しているすべての主体が，その提携に属そうと考えている」ようなものを定義することができる．このような提携を「完全勝利提携」と呼ぶ．

定義 7.16 (完全勝利提携) 会議 $C = (N, W, A, R)$ と $L(A)$ 上の距離 d が与えられているとする．任意の $i \in N$ と任意の交換選好 $\hat{r}$ に対して，$\hat{r}$ での主体 i にとっての完全勝利提携全体の集合は，

$$\{S \in W \mid \exists r \in C(\hat{r})_S, d(R_i, r) \leq d(R_i, r') \ (\forall r' \in \bigcup_{S' \in W} C(\hat{r})_{S'})\},$$

と定義され，$V_i(\hat{r})$ と表される． □

この定義は，「ある主体にとっての完全勝利提携は，勝利提携であって，その提携の中心に，他の提携の中心と比べて，より望ましい選好が含まれている」というアイデアを反映したものである．

7.3. 選好の違いと提携の形成

各主体にとっての完全勝利提携の集合は空ではないけれども，次の例で示されているように，ちょうど1つの要素を持つとは限らない．

例 7.8 (完全勝利提携) 例 7.7 と同じ会議を考える．すると，主体 3 にとっての $\hat{r}$ における完全勝利提携 $V_3(\hat{r})$ は，

$$\{\{1,3,4\},\{2,3,4\},\{3,4,5\},\{1,2,3,4\},\{1,3,4,5\},\{2,3,4,5\}\}$$

である． □

この例からわかることは，ある主体にとっての完全勝利提携が実際に形成されたとしても，必ずしもその主体にとって望ましい代替案が選ばれるとは限らない，ということである．意思決定主体が望んでいることは，自分にとって望ましい提携が形成されることではなくて，最終的に自分にとって望ましい代替案が選ばれることである．したがって，考えるべきことは，ある勝利提携が達成しうる選好のうち，各主体にとって最も望ましい選好である．このような選好を「完全勝利選好」と呼ぶことにする．

定義 7.17 (完全勝利選好) 会議 $C = (N, W, A, R)$ を考え，$L(A)$ 上の距離として d が与えられているとする．任意の $i \in N$ と任意の交換選好 $\hat{r}$ に対して，$\hat{r}$ における主体 i にとっての完全勝利選好とは

$$\{r \in L(A) \mid r \in \bigcup_{S \in W} C(\hat{r})_S, d(R_i, r) \leq d(R_i, r') \ (\forall r' \in \bigcup_{S' \in W} C(\hat{r})_{S'})\},$$

と定義され，$V_i'(\hat{r})$ と表される． □

次の例は，各主体にとっての完全勝利選好がちょうど1つになるとは限らない，ということを示している．

例 7.9 (完全勝利選好) 会議 $C = (N, W, A, R)$ を，

$$N = \{1,2,3,4,5\}, \quad W = \{S \subset N \mid |S| \geq 3\}, \quad A = \{a,b,c\}$$

であって，$R = (R_i)_{i \in N}$ が，

$$R_1 = (a,b,c), \quad R_2 = (a,b,c), \quad R_3 = (b,a,c),$$

$$R_4 = (c, b, a), \quad R_5 = (a, c, b)$$

であるようなものを考える．また，$L(A)$ 上の距離 d^2 が与えられているとし，$\hat{r} = R$ であるとするとき，$\hat{r}$ における主体 3 にとっての完全勝利選好 $V_3'(\hat{r})$ は $\{(a, c, b), (b, a, c)\}$ である． □

これまでに定義してきた概念を使って，2 種類の「安定している提携」を定義していく．まず 1 つ目は，「ある提携に属している主体すべてにとって，自分が属している提携が完全勝利提携である」ということを満たしていればその提携は安定である，という考えを反映しているものである．

定義 7.18 (α-整合的提携)　会議 $C = (N, W, A, R)$ に対して，$L(A)$ 上の距離 d が与えられているものとする．任意の交換選好 $\hat{r}$ に対して，$\hat{r}$ における α-整合的提携の集合とは，

$$\{S \in W \mid S \in \bigcap_{i \in S} V_i(\hat{r})\}$$

であり，$U(\hat{r})$ で表される． □

以下の例は，簡単な状況における α-整合的提携を与えている．

例 7.10 (α-整合的提携)　例 7.7 と同じ会議を考える．すると，提携 $S = \{1, 2, 5\}$ は

$$S \in \bigcap_{i \in S} V_i(\hat{r})$$

ということを満たしている．したがって，提携 $\{1, 2, 5\}$ は $\hat{r}$ において α-整合的提携である．同様に，提携 $\{1, 2, 3, 4\}$，$\{1, 3, 4, 5\}$，$\{2, 3, 4, 5\}$ が α-整合的提携であることがわかる． □

2 つ目の「安定している提携」の概念は，「完全勝利選好」の概念をもとにしている．つまり，「ある提携の属している主体すべてにとっての完全勝利選好の中に共通なものがあるような提携は安定している」という考えである．

定義 7.19 (β-整合的提携)　会議 $C = (N, W, A, R)$ に対して，$L(A)$ 上の距離 d が与えられているものとする．任意の交換選好 $\hat{r}$ に対して，$\hat{r}$ における β-整合

的提携の集合とは，
$$\{S \in W \mid \bigcap_{i \in S} V_i'(\hat{r}) \neq \phi\}$$
であり，$U'(\hat{r})$ で表される． □

上の α-整合的提携の例においても β-整合的提携が存在する．

例 7.11 (β-整合的提携の存在) 例 7.7 と同じ会議を考える．すると，提携 $S = \{1, 2, 5\}$ は
$$\bigcap_{i \in S} V_i'(\hat{r}) \neq \phi$$
を満たす．したがって，提携 $\{1, 2, 5\}$ は β-整合的提携であることがわかる． □

7.3.3 整合的な提携が持つ性質

安定な提携はどのような性質を持っているだろうか．ここでは特に，基本的な性質に加え，2つのタイプの「戦略的な情報操作」に関する性質について取り上げ，情報操作が不可能になるための十分条件を与える．

例 7.12 が示すように，各主体にとっての安定な提携には，その主体自身が属していないこともある．ここでまず調べたいのは，自分にとって安定な提携に自分自身が属していない場合，その提携に自分が参加してもその提携は自分にとって安定な提携であり続けるかどうか，ということである．

例 7.12 (外部の完全勝利提携) 例 7.7 と同じ会議を考える．提携 $\{1, 2, 3\}$ と $\{1, 2, 4\}$ は $V_5(\hat{r})$ に属している．つまり，ある主体にとっての完全勝利提携はその主体自身を含まないこともある． □

命題 7.6 は，自分にとって安定な提携に自分自身が属していない場合に，その提携に自分が参加してもその提携は自分にとって安定な提携であり続ける，ということを示している．

命題 7.6 (完全勝利提携への参加) 会議 $C = (N, W, A, R)$ と $L(A)$ 上の距離 d が与えられているとする。交換選好 $\hat{r} = (\hat{r}_i)_{i \in N}$ を考え、さらに $\hat{r}_i = R_i$ であるとする。このとき、
$$S \in V_i(\hat{r}) \;\Rightarrow\; S \cup \{i\} \in V_i(\hat{r})$$
である。 □

(証明) $i \in S$ であれば自明である。$S \in V_i(\hat{r})$ かつ $i \neq S$ であるとする。$S \in V_i(\hat{r})$ なので、ある $r \in C(\hat{r})_S$ が存在して、任意の $r' \in \cup_{S' \in W} C(\hat{r})_{S'}$ に対して、$d(r, R_i) \leq d(r', R_i)$ である。$R_i = \hat{r}_i$ であるから、任意の $r' \in \cup_{S' \in W} C(\hat{r})_{S'}$ に対して、$d(r, \hat{r}_i) \leq d(r', \hat{r}_i)$ である。したがって、$S \cup \{i\} \in W$ であることから、任意の $r'' \in C(\hat{r})_{S \cup \{i\}}$ に対して、

$$d(r, \hat{r}_i) \leq d(r'', \hat{r}_i) \tag{7.1}$$

が成り立つ。

今 $r'' \in C(\hat{r})_{S \cup \{i\}}$ を固定する。$C(\hat{r})_{S \cup \{i\}}$ の定義から、任意の $r' \in L(A)$ に対して、

$$\sum_{j \in S \cup \{i\}} d(r'', \hat{r}_j) \leq \sum_{j \in S \cup \{i\}} d(r', \hat{r}_j)$$

が成り立つ。これより、任意の $r' \in L(A)$ に対して、

$$d(r'', \hat{r}_i) + \sum_{j \in S} d(r'', \hat{r}_j) \leq d(r', \hat{r}_i) + \sum_{j \in S} d(r', \hat{r}_j)$$

である。r' として特に r をとると、

$$d(r'', \hat{r}_i) + \sum_{j \in S} d(r'', \hat{r}_j) \leq d(r, \hat{r}_i) + \sum_{j \in S} d(r, \hat{r}_j) \tag{7.2}$$

である。一方、$r \in C(\hat{r})_S$ であることから、任意の $r' \in L(A)$ に対して、

$$\sum_{j \in S} d(r, \hat{r}_j) \leq \sum_{j \in S} d(r', \hat{r}_j)$$

7.3. 選好の違いと提携の形成

であり, 特に r' として r'' を選ぶと,

$$\sum_{j \in S} d(r, \hat{r}_j) \leq \sum_{j \in S} d(r'', \hat{r}_j) \tag{7.3}$$

である.
(7.1) 式と (7.3) 式より

$$d(r, \hat{r}_i) + \sum_{j \in S} d(r, \hat{r}_j) \leq d(r'', \hat{r}_i) + \sum_{j \in S} d(r'', \hat{r}_j) \tag{7.4}$$

である. さらに (7.2) 式と (7.4) 式より,

$$d(r, \hat{r}_i) + \sum_{j \in S} d(r, \hat{r}_j) \leq d(r'', \hat{r}_i) + \sum_{j \in S} d(r'', \hat{r}_j) \leq d(r, \hat{r}_i) + \sum_{j \in S} d(r, \hat{r}_j)$$

であるので,

$$\sum_{j \in S \cup \{i\}} d(r, \hat{r}_j) \leq \sum_{j \in S \cup \{i\}} d(r'', \hat{r}_j) \leq \sum_{j \in S \cup \{i\}} d(r, \hat{r}_j)$$

つまり,

$$\sum_{j \in S \cup \{i\}} d(r, \hat{r}_j) = \sum_{j \in S \cup \{i\}} d(r'', \hat{r}_j)$$

である. r'' は $C(\hat{r})_{S \cup \{i\}}$ の要素なので, r も $C(\hat{r})_{S \cup \{i\}}$ の要素である. r が, 任意の $r' \in \cup_{S' \in W} C(\hat{r})_{S'}$ に対して,

$$d(r, R_i) \leq d(r', R_i)$$

であるので, $V_i(\hat{r})$ の定義から, $S \cup \{i\} \in V_i(\hat{r})$ である. ∎

この命題で, 主体が自分にとっての完全勝利提携に参加したとしても, その提携はその主体にとって完全勝利提携であり続ける, ということがわかる. しかし, 次の例でわかるように, 他の人にとっての望ましさは犠牲になることがある.

例 7.13 (他者にとっては望ましくない参加) 例 7.7 と同じ会議を考える. すると, 提携 $\{1,2,3,4\}$ は $V_3(\hat{r})$ と $V_4(\hat{r})$ に属しているが $\{1,2,3,4,5\}$ は $V_3(\hat{r})$ にも $V_4(\hat{r})$ にも属していない. つまり, 主体 5 の提携 $\{1,2,3,4\}$ への参加は, 主体 3 や主体 4 にとっては望ましくない. さらに, 提携 $\{1,2,3,4\}$ と $\{3,4,5\}$ は $V_3(\hat{r})$ の要素であるが, 提携 $\{1,2,3,4,5\} = \{1,2,3,4\} \cup \{3,4,5\}$ は $V_3(\hat{r})$ の要素ではない. このことは, 主体 i に対して, もし提携 S と提携 T が $V_i(\hat{r})$ に入っていたとしても, 提携 $S \cup T$ は $V_i(\hat{r})$ に入らないことがある, ということを示している. □

次の命題は, α-整合的提携と β-整合的提携の間の関係を述べている. この命題は α-整合的提携が存在するための十分条件の 1 つを与えているとも考えられる.

命題 7.7 (α-整合的提携の存在のための十分条件) 会議 $C = (N, W, A, R)$ と, 交換選好 $\hat{r}$, そして $L(A)$ 上の距離 d を考える. $\hat{r} = R$ である場合, もし提携 S が β-整合的であるならば, 提携 S は α-整合的である. □

(証明) 提携 S が β-整合的であるとする. すなわち, $\cap_{i \in S} V_i'(\hat{r}) \neq \emptyset$ である. このとき, ある $T \in W$ と $r \in C(\hat{r})_T$ が存在して, 任意の $i \in S$ に対して $r \in V_i'(\hat{r})$ である. これより, 任意の $i \in S$ と任意の $r' \in \cup_{S' \in W} C(\hat{r})_{S'}$ に対して, $d(r, \hat{r}_i) \leq d(r', \hat{r}_i)$ である. 今 r' として, どんな $r'' \in C(\hat{r})_S$ を選んでもよく, このとき任意の $i \in S$ に対して, $d(r, \hat{r}_i) \leq d(r'', \hat{r}_i)$ である. したがって,

$$\sum_{i \in S} d(r, \hat{r}_i) \leq \sum_{i \in S} d(r'', \hat{r}_i) \tag{7.5}$$

である. 一方, $r'' \in C(\hat{r})_S$ なので, 任意の $r' \in L(A)$ に対して,

$$\sum_{i \in S} d(r'', \hat{r}_i) \leq \sum_{i \in S} d(r', \hat{r}_i)$$

である. これより, r' として r を選ぶことで,

$$\sum_{i \in S} d(r'', \hat{r}_i) \leq \sum_{i \in S} d(r, \hat{r}_i) \tag{7.6}$$

7.3. 選好の違いと提携の形成

が成り立つ. (7.5) 式と (7.6) 式より,

$$\sum_{i\in S} d(r,\hat{r}_i) \leq \sum_{i\in S} d(r'',\hat{r}_i) \leq \sum_{i\in S} d(r,\hat{r}_i)$$

つまり,

$$\sum_{i\in S} d(r,\hat{r}_i) = \sum_{i\in S} d(r'',\hat{r}_i)$$

である. $r'' \in C(\hat{r})_S$ なので, $r \in C(\hat{r})_S$ が成り立つ. したがって, もし $\cap_{i\in S} V_i'(\hat{r}) \neq \emptyset$ ならば, ある $r \in C(\hat{r})_S$ が存在して, 任意の $i \in S$ に対して $r \in V_i(\hat{r})$ である. これは $S \in \cap_{i\in S} V_i(\hat{r})$ を意味する. よって, 提携 S は α-整合的である. ∎

この命題により, β-整合的な提携が存在して α-整合的な提携が存在しないということはあり得ない, ということがわかった. 以下の 2 つの例は他の場合が起こりうることを示している. すなわち, 例 7.14 では α-整合的な提携と β-整合的な提携の両方が存在する場合と, α-整合的な提携は存在するけれども, β-整合的な提携は存在しない場合を, さらに例 7.15 では, α-整合的な提携も β-整合的な提携も存在しない場合をそれぞれ扱っている.

例 7.14 (α-**整合的な提携**) 例 7.7 と同じ会議を考える. すると, 提携 $S = \{1,2,5\}$ は $\cap_{i\in S} V_i'(\hat{r}) \neq \emptyset$ と $\cap_{i\in S} V_i(\hat{r}) \in S$ を満たす. つまり, 提携 $\{1,2,5\}$ は α-整合的であり, かつ β-整合的である. 提携 $\{1,2,3,4\}$, 提携 $\{1,3,4,5\}$, 提携 $\{2,3,4,5\}$ は, α-整合的であるが, β-整合的ではない. □

例 7.15 (β-**整合的な提携が存在しない**) 会議 $C = (N, W, A, R)$ を

$$N = \{1,2,3,4,5\}, \quad W = \{S \subset N \mid |S| \geq 3\}, \quad A = \{a,b,c\}$$

であり, $R = (R_i)_{i\in N}$ が,

$$R_1 = (a,b,c), \quad R_2 = (a,b,c), \quad R_3 = (c,b,a),$$
$$R_4 = (c,b,a), \quad R_5 = (c,a,b)$$

であるようなものとする.さらに,$L(A)$ 上の距離 d^2 が与えられているとする.$\hat{r} = R$ であるとするとき,どんな $S \in W$ に対しても,$\cap_{i \in S} V_i'(\hat{r}) = \emptyset$ である.すなわち,どの提携も β-整合的ではない.しかしこの場合,提携 $S = \{1,2,3,4\}$ は $S \in \cap_{i \in S} V_i(\hat{r})$ を満たすので,この提携 S は α-整合的である.一方,$R = (R_i)_{i \in N}$ が,

$$R_1 = (a,b,c), \quad R_2 = (a,b,c), \quad R_3 = (b,a,c),$$

$$R_4 = (b,c,a), \quad R_5 = (c,a,b)$$

である場合には,任意の $S \in W$ に対して $\cap_{i \in S} V_i'(\hat{r}) = \emptyset$ であり,$\cap_{i \in S} V_i(\hat{r}) = \emptyset$ である.これより,β-整合的な提携も α-整合的な提携も存在しないことがわかる. □

各主体は,自分にとってより望ましい選好が全体としての選択になることを望んでいるので,場合によっては他者に伝える選好を戦略的に操作するかもしれない.そこで以下では戦略的な情報操作について扱う.β-整合的提携は,同時に α-整合的提携であるので,ここでは戦略的な情報操作と α-整合的提携の間の関係を調べていくことにする.

ここでは特に,他者の真の選好についての予想をしていて,また,他者は正直に情報交換を行う主体であると考えている主体に注目する.さらに,その主体が正直に情報交換し,他者も正直に情報交換した場合には,α-整合的な提携が形成されるとする.この α-整合的な提携のメンバーに関して2つの場合が考えられる.1つは少なくとも1つの α-整合的な提携に,今注目している主体が属している場合であり,もう1つは,どの α-整合的な提携にも,今注目している主体が属していない場合である.

まず前者の場合について考えよう.この主体は α-整合的な提携に属しているので,実現可能な選好の中でこの主体にとって最も望ましいものがこの提携の中心に存在する.さらに,もしこの主体が正直に情報交換をしないのなら,この主体にとってより望ましい選好が,ある α-整合的な提携の中心に存在することになる.なぜなら,戦略的な情報操作によって勝利提携の中心は変化していくからである.

7.3. 選好の違いと提携の形成

このタイプの戦略的情報操作のことを「内部情報操作」と呼ぶ. すなわち, α-整合的な提携の内部に属している主体による情報の操作である. 内部情報操作についての命題を証明するための補題を証明する.

補題 7.1 会議 $C = (N, W, A, R)$ と交換選好 $\hat{r} = (\hat{r}_i)_{i \in N}$ を考え, $L(A)$ 上の距離 d が与えられているとする. また, $\hat{r} = R$ であるとする. 今, ある $S \in W$, $i \in S$, そして $r \in C(\hat{r})_S$ が存在して, 任意の $r'' \in \cup_{S'' \in W} C(\hat{r})_{S''}$ に対して, $d(r, R_i) \leq d(r'', R_i)$ であるとする. このとき, もしある $R'_i \in L(A)$, $S' \in W$, $r' \in C(R'_i, \hat{r}_{-i})_{S'}$ が存在して, $d(r', R_i) < d(r, R_i)$ であるならば, $i \in S'$ である. □

(証明) 任意の $r'' \in \cup_{S'' \in W} C(\hat{r})_{S''}$ に対して $d(r, R_i) \leq d(r'', R_i)$ であり, $d(r', R_i) < d(r, R_i)$ なので, r' は $\cup_{S'' \in W} C(\hat{r})_{S''}$ には属さないことがわかる. $i \notin S'$ ならば, $C(R'_i, \hat{r}_{-i})_{S'} = C(\hat{r})_{S'}$ であることに注意すると, $i \notin S'$ であることは $r' \notin \cup_{S'' \in W} C(\hat{r})_{S''}$ であることに矛盾する. なぜなら, $r' \in C(R'_i, \hat{r}_{-i})_{S'}$ であるからである. したがって $i \in S'$ である. ■

次の命題は, 内部情報操作が可能であるための必要条件である.

命題 7.8 (内部情報操作) 会議 $C = (N, W, A, R)$ と交換選好 $\hat{r} = (\hat{r}_i)_{i \in N}$ を考え $L(A)$ 上の距離 d が与えられているとする. $\hat{r} = R$ であり, $U(\hat{r}) \neq \emptyset$ であるとし, さらにある $S \in U(\hat{r})$, $i \in S$, そして $r \in C(\hat{r})_S$ が存在して, 任意の $r'' \in C(\hat{r})_S$ に対して, $d(r, R_i) \leq d(r'', R_i)$ を満たしているとする. このとき, もしある $R'_i \in L(A)$ と $S' \in U(R'_i, \hat{r}_{-i})$, そして $r' \in C(R'_i, \hat{r}_{-i})_{S'}$ が存在して, $d(r', R_i) < d(r, R_i)$ であれば, $i \in S'$ である. □

(証明) $S \in U(\hat{r})$ なので, r が, 任意の $r'' \in \cup_{S'' \in W} C(\hat{r})_{S''}$ に対して, $d(r, R_i) \leq d(r'', R_i)$ を満たしている. さらに, $R'_i \in L(A)$ と $S' \in U(R'_i, \hat{r}_{-i}) \subset W$, そして $r' \in C(R'_i, \hat{r}_{-i})_{S'}$ は $d(r', R_i) < d(r, R_i)$ を満たすので, 補題 7.1 により $i \in S'$ が成り立つ. ■

この命題を, 内部情報操作が不可能であるための十分条件として見ることもできる. すなわちこの命題は, ある主体による内部情報操作は, もしその情報に

よって新たに α-整合的な提携を作ることができないのであれば，その主体にとって有益ではない，ということを示している．

次に考えるのは，情報操作をする主体が α-整合的な提携に属していない場合である．この場合には，この主体にとっての最も望ましい選好は，どの α-整合的な提携の中心にも含まれていない．しかしやはり，この主体が交換選好を変えることで，より望ましい選好を持つ α-整合的な提携の中心に属するようになる．これは交換選好の変化によって，勝利提携の中心が変化することによる．このタイプの戦略的情報操作のことを「外部情報操作」と呼ぶ．現実の状況では，内部情報操作に比べ外部情報操作の方が起こりやすいと考えられる．なぜなら，α-整合的な提携に属していない主体は，集団としての最終的な意思決定にまったく影響を及ぼすことができないからである．次の補題を用いて外部情報操作についての命題を証明する．

補題 7.2 会議 $C = (N, W, A, R)$ と交換選好 $\hat{r} = (\hat{r}_i)_{i \in N}$ を考え，$L(A)$ 上の距離 d が与えられているとする．また $\hat{r} = R$ であるとする．このときもし，ある $S \in W$, $i \notin S$, そして $r \in C(\hat{r})_S$ が，任意の $r'' \in C(\hat{r})_S$ に対して，$d(r, R_i) \leq d(r'', R_i)$ を満たしているとする．もし，ある $R'_i \in L(A)$, $S' \in W$, そして $r' \in C(R'_i, \hat{r}_{-i})_{S'}$ が存在して，$d(r', R_i) < d(r, R_i)$ であるならば，$S' \neq S$ である． □

(証明) $i \notin S$ の場合，$C(R'_i, \hat{r})_S = C(\hat{r})_S$ が成り立つ．したがって，もし $S' = S$ ならば，$r' \in C(R'_i, \hat{r}_{-i})_{S'} = C(R'_i, \hat{r}_{-i})_S = C(\hat{r})_S$ である．r の選び方より，$d(r, R_i) \leq d(r', R_i)$ が成り立たなければならないが，これは，$d(r', R_i) < d(r, R_i)$ という仮定に反する．したがって $S' \neq S$ である． ■

次の命題は外部情報操作が可能であるための必要条件である．いいかえれば，外部情報操作が不可能であるための十分条件である．

命題 7.9 (外部情報操作) 会議 $C = (N, W, A, R))$ と交換選好 $\hat{r} = (\hat{r}_i)_{i \in N}$ を考え $L(A)$ 上の距離 d が与えられているとする．$\hat{r} = R$ であり，$U(\hat{r}) \neq \emptyset$ であるとし，さらに $i \notin \cup_{S'' \in U(\hat{r})} S''$ と $r \in \cup_{S'' \in U(\hat{r})} C(\hat{r})_{S''}$ が，任意の $r'' \in$

7.3. 選好の違いと提携の形成

$\cup_{S'' \in U(\hat{r})} C(\hat{r})_{S''}$ に対して, $d(r, R_i) \leq d(r'', R_i)$ を満たしているとする. もしある $R_i' \in L(A)$ と $S' \in U(R_i', \hat{r}_{-i})$, そして $r' \in C(R_i', \hat{r}_{-i})_{S'}$ が存在して, $d(r', R_i) < d(r, R_i)$ であれば, $S' \notin U(\hat{r})$ である. □

(証明) 任意の $\bar{S} \in U(\hat{r})$ に対して $i \notin \bar{S}$ である. $\bar{r} \in C(\hat{r})_{\bar{S}}$ として, 任意の $r'' \in C(\hat{r})_{\bar{S}}$ に対して $d(\bar{r}, R_i) \leq d(r'', R_i)$ であるようなものを選ぶと, r の選び方より,

$$d(r, R_i) \leq d(\bar{r}, R_i) \tag{7.7}$$

である. さらに, $R_i' \in L(A)$, $S' \in U(R_i', \hat{r}_{-i})$, $r' \in C(R_i', \hat{r}_{-i})_{S'}$ は,

$$d(r', R_i) < d(r, R_i) \tag{7.8}$$

を満たす. (7.7) 式と (7.8) 式から, $d(r', R_i) < d(\bar{r}, R_i)$ である. 補題 7.2 より $S' \neq \bar{S}$ が成り立つ. $\bar{S}$ は $U(\hat{r})$ から任意に選べるので, 任意の $\bar{S} \in U(\hat{r})$ に対して $S' \neq \bar{S}$ である. したがって, $S' \notin U(\hat{r})$ である. ■

この命題により, 主体による外部情報操作は, もしその情報操作によって新しい α-整合的な提携を形成できなければ, その主体にとって有益ではない, ということがわかる. 2つの命題より, 内部情報操作と外部情報操作は両方とも, 操作された情報によって新たに整合的な提携が形成されなければ有益ではないということがわかる.

第8章　許容会議の理論

　第7章で扱われていた意思決定主体は，ちょうど1つの線形順序で表されるような選好を持っていた．しかし実際の意思決定主体はそれほどはっきりとした選好を持っているとは限らない．会議の中に「こっちの案でもいいがそっちの案でもいい」とか「この案でなければ何でもいい」と考える主体がいる場合も多いだろう．このような主体はしばしば，他の主体と情報交換をすることで妥協する．1つの選好にこだわらず他者の情報に柔軟に対応するのである．そこでこの章では，持っている選好に柔軟性があるような意思決定主体を想定して，会議を数理的に表現・分析していく．つまり，ここで考える柔軟性は，「情報交換を通じて適切に妥協する」というタイプのものである．

　まず主体の許容範囲を定義することで主体が持っている柔軟性を表現し，柔軟性を持った主体が行う会議の基本的な性質を述べていく．主体が許容範囲を持つことで，採決のルールが真であることや対称であることが，どのように影響を受けるかが明らかになる．また，柔軟性を持った主体が行っている会議での，提携の強さや主体にとっての望ましさについて調べ，提携の有効性と効率がトレードオフの関係にあることを見る．さらに，会議の中での安定な提携が持つ性質について調べる．安定な提携においては，そこに属しているすべての主体がその提携から出ようとはせず，また意思決定に関して十分な力を持っているので，新たに他の主体を参加させる必要がない．もちろん，会議によっては，安定な提携は必ず存在するとは限らず，また存在する場合でも1つだけとは限らない．しかし，安定な提携が複数存在する場合でも，それらが達成しようとする代替案は一致することが示されるので，会議の中に安定な提携が形成されてしまえば，会議全体としての最終的な決定は容易であるということがわかる．

8.1 許容会議の定義

まず,持っている選好に柔軟性があるような意思決定主体を想定して,会議を定義し直そう.元々の会議と新しく考える会議を区別するために,新しく考える会議を「許容会議」と呼ぶことにする.許容会議から導かれるいくつかのシンプルゲームやそれらの基本的な性質について見ていこう.

8.1.1 主体の許容範囲

意思決定主体の選好の柔軟性は「許容範囲」によって表現される.まずこの考え方の定義から始める.会議 $C = (N, W, A, R)$ が与えられているとすると,意思決定主体の選好の許容範囲は以下のように定義される.

定義 8.1 (主体の許容範囲) 会議 $C = (N, W, A, R)$ における意思決定主体の「許容範囲」とは,任意の主体 $i \in N$ に対して $R_i \in P_i \subset L(A)$ が成り立っているような P_i を並べたもの $(P_i)_{i \in N}$ のことであり,P で表される. □

主体の許容範囲を考えに入れた会議のことを「許容会議」と呼ぶ.

定義 8.2 (許容会議) 会議 $C = (N, W, A, R)$ と C における主体の許容範囲 P の組 (C, P) を「許容会議」と呼び,$C(P)$ で表す. □

許容会議は会議と許容範囲の組で定義されるので,会議が同じであっても,主体の許容範囲が異なれば,異なる許容会議になるということに注意しよう.

例 8.1 (許容会議) $N = \{1, 2, 3\}$,$W = \{S \subset N \mid |S| \geq 2\}$ とする.また,$A = \{a, b, c\}$ とし,$R = (R_i)_{i \in N}$ を

$$R_1 = (a, b, c), \quad R_2 = (b, c, a), \quad R_3 = (c, a, b)$$

とする.すると,$C = (N, W, A, R)$ は会議になる.さらに,C における主体の許容範囲 $P = (P_i)_{i \in N}$ として,

$$P_1 = \{(a, b, c)\}, \quad P_2 = \{(b, c, a)\}, \quad P_3 = \{(a, b, c), (b, c, a), (c, a, b)\}$$

とすると,$C(P)$ は許容会議になる. □

8.1.2 許容ゲーム

許容会議 $C(P)$ が1つ与えられると，そこからいくつかのシンプルゲームを作ることができる．ここでは3つのシンプルゲームを考える．最初のシンプルゲームは，元々の会議 $C = (N, W, A, R)$ における採決のルール (N, W) である．これを今後「オリジナルゲーム」と呼ぶことにしよう．

定義 8.3 (オリジナルゲーム) 許容会議 $C(P) = (C, P)$ のオリジナルゲームとは，$C = (N, W, A, R)$ におけるシンプルゲーム (N, W) のことである．これを G で表す． □

2番目のシンプルゲームは，「許容ゲーム」と呼ばれるものである．オリジナルゲームに現れる W は考えられる勝利提携をすべて集めたものであり，これは採決のルールそのものを表現するものである．しかし勝利提携の中には，その中の主体が上手く話し合いをすればある選好で合意にいたることができるものと，反対に，主体がどのように話し合っても合意にいたる可能性がないものとがある．許容ゲームは，この前者に属する勝利提携だけをすべて集めたものを考えることで得られるシンプルゲームである．つまり，何らかの合意に達することができそうな勝利提携だけを考察の対象にするのである．

任意の選好 $r \in L(A)$ に対して，代替案集合 A の中で，選好 r に関して最も順位が高い代替案を $\max r$ で表す．さらに，任意の勝利提携 $S \in W$ と任意の代替案 $a \in A$ に対して，S に含まれる主体のうち，その許容範囲に代替案 a を最も高い順位にしているものを持っているもの全体の集合を S_a で表す．すなわち，

$$S_a = \{i \in S \mid (\exists r \in P_i)(\max r = a)\}$$

である．このとき，許容会議 $C(P)$ の許容ゲームは以下のように定義される．

定義 8.4 (許容ゲーム) 許容会議 $C(P) = (C, P)$ （ただし $C = (N, W, A, R)$ とする）の許容ゲームとは，C における主体の集合 N と，

$$W_{C(P)} = \{S \in W \mid (\exists a \in A)(S_a \in W)\}$$

で定義される勝利提携の集合 $W_{C(P)}$ の組 $(N, W_{C(P)})$ であり，$G_{C(P)}$ で表される． □

S_a は，「代替案 a に合意できそうな主体の集団」であり，それが勝利提携である場合にその集団は $W_{C(P)}$ に属することになる．

例 8.2 (許容ゲーム) 例 8.1 の許容会議 $C(P)$ を考える．すなわち，

$$N = \{1, 2, 3\}, \quad W = \{S \subset N \mid |S| \geq 2\}, \quad A = \{a, b, c\},$$

であり，$R = (R_i)_{i \in N}$ を，

$$R_1 = (a, b, c), \quad R_2 = (b, c, a), \quad R_3 = (c, a, b),$$

$P = (P_i)_{i \in N}$ を，

$$P_1 = \{(a, b, c)\}, \quad P_2 = \{(b, c, a)\}, \quad P_3 = \{(a, b, c), (b, c, a), (c, a, b)\}$$

とする．この許容会議 $C(P)$ の許容ゲーム $G_{C(P)}$ は，

$$W_{C(P)} = \{\{1, 3\}, \{2, 3\}, \{1, 2, 3\}\}$$

であるような組 $(N, W_{C(P)})$ である． □

次の命題は，許容ゲームもシンプルゲームになるということを示している．

命題 8.1 (許容ゲームはシンプルゲーム) 任意の許容会議 $C(P)$ に対して，その許容ゲーム $G_{C(P)}$ は，$W_{C(P)} \neq \emptyset$ が成立していればシンプルゲームである．
□

(証明) $S \subset T \subset N$ とし，また $S \in W_{C(P)}$ であるとする．このとき $T \in W_{C(P)}$ であることを示したい．$S \in W_{C(P)}$ であるので，ある $a \in A$ に対して，$S_a \in W$ が成り立つ．一般に，$S \subset T$ であれば $S_a \subset T_a$ が成り立つので，$T_a \in W$ であることがわかる．したがって $T \in W_{C(P)}$ である． ■

8.1. 許容会議の定義

3つ目のシンプルゲームは許容ゲームをもとに作られ,「制限許容ゲーム」と呼ばれる. ある許容会議 $C(P)$ の許容ゲーム $G_{C(P)} = (N, W_{C(P)})$ を考えると, 主体によっては,「どんな勝利提携の中にいても合意に達することができるような代替案が存在しない」という場合がある. このような主体は全体の意思決定にまったく影響を与えないので, 考察の対象から外してもいい. この意味で「制限許容ゲーム」は, 全体の意思決定に影響を与えることができる主体だけを考慮したシンプルゲームである.

全体の意思決定に影響を与えることができる主体の集合は

$$\hat{N} = \{i \in N \mid (\exists r \in P_i)(\exists S \subset N)(S_{\max r} \in W)\}$$

で与えられる. この記号を使うと制限許容ゲームは次のように定義される.

定義 8.5 (制限許容ゲーム) 許容会議 $C(P) = (C, P)$ の制限許容ゲームとは, 制限された主体の集合 $\hat{N}$ と,

$$\hat{W}_{C(P)} = \{S \subset \hat{N} \mid (\exists a \in A)(S_a \in W)\}$$

で定義される勝利提携の集合 $\hat{W}_{C(P)}$ の組 $(\hat{N}, \hat{W}_{C(P)})$ であり, $\hat{G}_{C(P)}$ で表される. □

$\hat{W}_{C(P)}$ は, 制限された主体の集合 $\hat{N}$ に属する主体の集団のうち, 何らかの代替案で合意に達することができる勝利提携をすべて集めたものである. 例を見よう.

例 8.3 (制限許容ゲーム) 次の許容会議 $C(P)$ を考える. すなわち,

$$N = \{1, 2, 3, 4, 5\}, \quad W = \{S \subset N \mid |S| \geq 3\}, \quad A = \{a, b, c\},$$

であり, $R = (R_i)_{i \in N}$ が,

$$R_1 = (a, b, c), \quad R_2 = (a, b, c), \quad R_3 = (b, a, c),$$
$$R_4 = (b, a, c), \quad R_5 = (c, a, b)$$

第8章 許容会議の理論

そして, $P = (P_i)_{i \in N}$ が,

$$P_1 = \{(a,b,c)\}, \quad P_2 = \{(a,b,c),(b,a,c)\}, \quad P_3 = \{(a,b,c),(b,a,c)\},$$

$$P_4 = \{(a,b,c),(b,a,c)\}, \quad P_5 = \{(c,a,b)\}$$

であるとする.この許容会議 $C(P)$ の許容ゲーム $G_{C(P)} = (N, W_{C(P)})$ は,

$$N = \{1,2,3,4,5\},$$

$W_{C(P)} = \{S \subset \{1,2,3,4\} \mid |S| \geq 3\} \cup \{S \cup \{5\} \mid S \subset \{1,2,3,4\} \text{ かつ } |S| \geq 3\}$
であるようなものである.さらに,制限許容ゲーム $\hat{G}_{C(P)} = (\hat{N}, \hat{W}_{C(P)})$ は,

$$\hat{N} = \{1,2,3,4\}, \quad \hat{W}_{C(P)} = \{S \subset \hat{N} \mid |S| \geq 3\}$$

であるようなものである. □

許容ゲームと同様,制限許容ゲームもシンプルゲームであることを示そう.

命題 8.2 (制限許容ゲームはシンプルゲーム) 任意の許容会議 $C(P)$ に対して,その制限許容ゲーム $\hat{G}_{C(P)}$ は,$W_{C(P)} \neq \emptyset$ が成立していればシンプルゲームである. □

(証明) $W_{C(P)} \neq \emptyset$ かつ $S \in W_{C(P)}$ であるとする.このとき,ある $a \in A$ に対して $S_a \in W$ である.さらに,任意の $i \in S_a$ に対して,ある $r_i \in P_i$ が存在して $\max r_i = a$ かつ $S_a \in W$ であるので,任意の $i \in S_a$ に対して,$i \in \hat{N}$ である.$S_a \subset \hat{N}$ であり,かつ $(S_a)_a = S_a$ であることから,$(S_a)_a \in W$ である.したがって,$S_a \in \hat{W}_{C(P)}$ であり,かつ $\hat{W}_{C(P)} \neq \emptyset$ である.

$S \subset \hat{N}$ と $T \subset \hat{N}$ を考え,$S \in \hat{W}_{C(P)}$ かつ $S \subset T$ が満たされているとする.$S \in \hat{W}_{C(P)}$ であることから,ある $a \in A$ に対して $S_a \in W$ である.$S \subset T$ より,任意の $a \in A$ に対して $S_a \subset T_a$ が成り立つので,(N,W) がシンプルゲームであることから,$T_a \in W$ が成立する.したがって,$T \in \hat{W}_{C(P)}$ である. ∎

8.1.3 許容ゲームの分類

許容会議 $C(P)$ (ただし $C(P) = (C, P)$ であり, かつ $C = (N, W, A, R)$ である) が1つ与えられると, そこから3つのシンプルゲームを作ることができる. オリジナルゲーム $G = (N, W)$, 許容ゲーム $G_{C(P)} = (N, W_{C(P)})$, そして制限許容ゲーム $\hat{G}_{C(P)} = (\hat{N}, \hat{W}_{C(P)})$ である. ここでは, オリジナルゲームが真であるとき, あるいは対称であるときに, 許容ゲームや制限許容ゲームが真であるという性質や対称であるという性質を保存しているかどうかを調べる.

許容ゲームと制限許容ゲームの真性

オリジナルゲームが真であるとき, 許容ゲームは真であろうか. このことについては以下の命題が成り立つ.

命題 8.3 (許容ゲームでの真性の保存) 任意の許容会議 $C(P)$ について, そのオリジナルゲーム $G = (N, W)$ と許容ゲーム $G_{C(P)} = (N, W_{C(P)})$ を考える. もしオリジナルゲーム G が真ならば, 許容ゲーム $G_{C(P)}$ も真である. □

(証明) 任意の $S \in W_{C(P)}$ を1つとる. $W_{C(P)} \subset W$ であるから, $S \in W$ である. G が真であるとすると, $N \setminus S \notin W$ が成り立つ. $W_{C(P)} \subset W$ であることをもう一度使えば, $N \setminus S \notin W_{C(P)}$ となる. したがって $G_{C(P)}$ は真である. ■

つまり, オリジナルゲームが真であるときには許容ゲームは真であることがわかった. では, 制限許容ゲームはどうだろうか. 許容ゲームの場合と同じように, 以下が成り立つ.

命題 8.4 (制限許容ゲームでの真性の保存) 任意の許容会議 $C(P)$ について, そのオリジナルゲーム $G = (N, W)$ と制限許容ゲーム $\hat{G}_{C(P)} = (\hat{N}, \hat{W}_{C(P)})$ を考える. もしオリジナルゲーム G が真ならば, 制限許容ゲーム $\hat{G}_{C(P)}$ も真である. □

(証明) 任意の $S \in \hat{W}_{C(P)}$ を1つとる. $\hat{W}_{C(P)} \subset W_{C(P)} \subset W$ であるから, $S \in W$ である. G が真であるとすると, $N \setminus S \notin W$ が成り立つ. $\hat{W}_{C(P)} \subset W$

であることをもう一度使えば, $N\backslash S \notin \hat{W}_{C(P)}$ となる. したがって $\hat{G}_{C(P)}$ は真である. ∎

つまり, 制限許容ゲームにおいても真であるという性質は保存されるのである.

許容ゲームと制限許容ゲームの対称性

真であるという性質は, 許容ゲーム, 制限許容ゲームのいずれの場合にも保存された. では対称であるという性質はどうだろうか. ここでは, オリジナルゲームが対称である場合に, 許容ゲーム, 制限許容ゲームが対称であるかどうかを調べる. まず, 例をいくつか見てみよう.

最初の例は, オリジナルゲームが対称であり, 許容ゲームも対称になる例である.

例 8.4 (対称な許容ゲーム) 許容会議 $C(P)$ において,

$$N = \{1, 2, 3\}, \quad W = \{S \subset N \mid |S| \geq 3\}, \quad A = \{a, b, c\},$$

であり, $R = (R_i)_{i \in N}$ が,

$$R_1 = (a, b, c), \quad R_2 = (b, c, a), \quad R_3 = (c, a, b),$$

$P = (P_i)_{i \in N}$ が,

$$P_1 = \{(a, b, c), (b, c, a)\}, \quad P_2 = \{(b, c, a), (c, a, b)\}, \quad P_3 = \{(c, a, b), (a, b, c)\}$$

であるとする. このとき, $C(P)$ のオリジナルゲーム $G = (N, W)$ は対称であり, また, $W_{C(P)} = W$ となるので, 許容ゲーム $G_{C(P)} = (N, W_{C(P)})$ も対称である. □

次の例は, オリジナルゲームが対称であるが, 許容ゲームが対称にならない例である.

8.1. 許容会議の定義

例 8.5 (対称でない許容ゲーム) 許容会議 $C(P)$ において,

$$N = \{1,2,3,4,5\}, \quad W = \{S \subset N \mid |S| \geq 3\}, \quad A = \{a,b,c\},$$

であり, $R = (R_i)_{i \in N}$ が,

$$R_1 = (a,b,c), \quad R_2 = (a,b,c), \quad R_3 = (b,a,c),$$

$$R_4 = (b,a,c), \quad R_5 = (c,a,b)$$

$P = (P_i)_{i \in N}$ が,

$$P_1 = \{(a,b,c)\}, \quad P_2 = \{(a,b,c),(b,a,c)\}, \quad P_3 = \{(a,b,c),(b,a,c)\},$$

$$P_4 = \{(a,b,c),(b,a,c)\}, \quad P_5 = \{(c,a,b)\}$$

であるとする. このとき, $C(P)$ のオリジナルゲーム $G = (N,W)$ は対称であるが, $\{1,2,3\} \in W_{C(P)}$ かつ $\{1,2,5\} \notin W_{C(P)}$ なので, 許容ゲーム $G_{C(P)} = (N, W_{C(P)})$ は対称ではない. □

上の2つの例は, 許容会議のオリジナルゲームが対称であっても, 許容ゲームは対称であるとは限らないことを示している. しかし, 許容ゲームの対称性に関しては少なくとも以下のことが成り立つ.

命題 8.5 (許容ゲームの対称性) 許容会議 $C(P)$ において, $C = (N,W,A,R)$ であるとし, オリジナルゲーム $G = (N,W)$ がクオータ q で対称であると仮定する. このとき, $C(P)$ の許容ゲーム $G_{C(P)}$ がクオータ q で対称であることと, $|S| = q$ であるような任意の $S \subset N$ に対してある $a \in A$ が存在して $S_a = S$ であることは同値である. □

(証明) $G_{C(P)}$ がクオータ q で対称であるとし, $|S| = q$ であるような $S \subset N$ を考える. $G_{C(P)}$ がクオータ q で対称なので $S \in W_{C(P)}$ が成り立つ. このことは, ある $a \in A$ に対して $S_a \in W$ であることを意味する. G がクオータ q で対称であることから, $|S_a| \geq q$ である. $|S| = q$ かつ $S_a \subset S$ なので, $S_a = S$ が成り立つ.

逆に, $|S| = q$ であるような $S \subset N$ に対して, ある $a \in A$ が存在して $S_a = S$ であるとする. もし $T \in W_{C(P)}$ であれば, $W_{C(P)}$ の定義より, ある $a \in A$ に対して $T_a \in W$ である. G が対称であるから, $|T_a| \geq q$ である. したがって, $T_a \subset T$ であることから, $|T| \geq q$ である. 一方, $|T| \geq q$ であるような $T \subset N$ に対しては, $|U| = q$ であるような $U \subset T$ を見つけることができる. このとき, ある $a \in A$ に対して $U_a = U$ が成り立ち, したがって, $U \in W_{C(P)}$ である. さらに, $U = U_a \subset T_a$ かつ $T_a \subset T$ であるから, $U \subset T$ である. $G_{C(P)}$ はシンプルゲームなので, $T \in W_{C(P)}$ である. ∎

制限許容ゲームの対称性については, まず次の命題が成り立つ.

命題 8.6 (制限許容ゲームの対称性1) 会議 $C = (N, W, A, R)$ に対して許容会議 $C(P)$ を考え, オリジナルゲーム $G = (N, W)$ と許容ゲーム $G_{C(P)} = (N, W_{C(P)})$ がともにクオータ q で対称であるとする. このとき, 制限許容ゲーム $\hat{G}_{C(P)} = (\hat{N}, \hat{W}_{C(P)})$ もクオータ q で対称である. □

(証明) $\hat{N} = N$ かつ $\hat{W}_{C(P)} = W_{C(P)}$ であることを示せば十分である.

$\hat{N} \subset N$ であることは $\hat{N}$ の定義から明らかである. 一方, 任意の $i \in N$ に対して $i \in S$ かつ $|S| = q$ であるような $S \subset N$ が存在する. $G_{C(P)}$ はクオータ q で対称なので $S \in W_{C(P)}$ である. このことは, ある $a \in A$ に対して $S_a \in W$ であることを意味する. $S_a \subset S$ であれば, $|S_a| \leq |S|$ であるが, もし $|S_a| < |S|$ であるならば, G がクオータ q であることから $S_a \notin W$ となってしまう. これは $S_a \in W$ であることに反するので, $|S_a| = |S|$ となり, さらにこれは $i \in S_a$ であることを意味する. つまり $i \in \hat{N}$ である. したがって $N \subset \hat{N}$ であり, $\hat{N} = N$ である.

任意の $S \in \hat{W}_{C(P)}$ に対して $S \subset \hat{N} = N$ であり, かつ, $\hat{W}_{C(P)}$ の定義より, ある $a \in A$ に対して $S_a \in W$ である. したがって, $\hat{W}_{C(P)} \subset W_{C(P)}$ が成り立つ. さらに任意の $T \in W_{C(P)}$ に対して $T \subset N = \hat{N}$ であり, かつ, $W_{C(P)}$ の定義より, ある $a \in A$ に対して $S_a \in W$ である. したがって, $T \in \hat{W}_{C(P)}$ となる. つまり, $\hat{W}_{C(P)} = W_{C(P)}$ が成立する. ∎

8.1. 許容会議の定義

この命題の主張は2つの部分に分けられることに注意しよう。1つは，「もし G と $G_{C(P)}$ がともにクオータ q で対称ならば，$\hat{N} = N$ である」ということであり，もう1つは，「もし $\hat{N} = N$ ならば $\hat{W}_{C(P)} = W_{C(P)}$ であり，したがって $\hat{G}_{C(P)} = G_{C(P)}$ である」ということである．証明を見れば明らかなように，後者は，オリジナルゲームや許容ゲームが対称でなくても成立するのである．

この命題により，「オリジナルゲームと許容ゲームがともに同じクオータで対称であり，かつ，制限許容ゲームが対称でないような許容会議は存在しない」ということがわかった．さらに以下の2つの例で，

- オリジナルゲームが対称で，許容ゲームが対称でなく，制限許容ゲームが対称な許容会議

- オリジナルゲームが対称で，許容ゲームが対称でなく，制限許容ゲームが対称でない許容会議

がともに存在することがわかる．

例 8.6 (許容ゲームが対称でなく制限許容ゲームが対称) 許容会議 $C(P)$ において，

$$N = \{1, 2, 3, 4, 5\}, \quad W = \{S \subset N \mid |S| \geq 3\}, \quad A = \{a, b, c\},$$

であり，$R = (R_i)_{i \in N}$ が，

$$R_1 = (a, b, c), \quad R_2 = (a, b, c), \quad R_3 = (b, a, c),$$

$$R_4 = (b, a, c), \quad R_5 = (c, a, b)$$

$P = (P_i)_{i \in N}$ が，

$$P_1 = \{(a, b, c)\}, \quad P_2 = \{(a, b, c), (b, a, c)\}, \quad P_3 = \{(a, b, c), (b, a, c)\},$$

$$P_4 = \{(a, b, c), (b, a, c)\}, \quad P_5 = \{(c, a, b)\}$$

であるとする．このとき，$C(P)$ のオリジナルゲーム $G = (N, W)$ は対称であるが，$\{1,2,3\} \in W_{C(P)}$ かつ $\{1,2,5\} \notin W_{C(P)}$ なので，許容ゲーム $G_{C(P)} = (N, W_{C(P)})$ は対称ではない．しかし，

$$\hat{N} = \{1,2,3,4\}, \quad \hat{W}_{C(P)} = \{S \subset \hat{N} \mid |S| \geq 3\}$$

なので，制限許容ゲームは対称である． □

例 8.7 (許容ゲームも制限許容ゲームも非対称) 許容会議 $C(P)$ において，

$$N = \{1,2,3,4,5\}, \quad W = \{S \subset N \mid |S| \geq 3\}, \quad A = \{a,b,c\},$$

であり，$R = (R_i)_{i \in N}$ が，

$$R_1 = (a,b,c), \quad R_2 = (a,b,c), \quad R_3 = (b,a,c),$$

$$R_4 = (b,a,c), \quad R_5 = (c,a,b)$$

$P = (P_i)_{i \in N}$ が，

$$P_1 = \{(a,b,c)\}, \quad P_2 = \{(a,b,c), (b,a,c)\}, \quad P_3 = \{(a,b,c), (b,a,c)\},$$

$$P_4 = \{(b,a,c)\}, \quad P_5 = \{(c,a,b)\}$$

であるとすると，$C(P)$ のオリジナルゲーム $G = (N, W)$ は対称であるが，許容ゲーム $G_{C(P)} = (N, W_{C(P)})$ も制限許容ゲーム $\hat{G}_{C(P)} = (\hat{N}, \hat{W}_{C(P)})$ も対称ではない．これは $\{1,2,3\} \in W_{C(P)} \cap \hat{W}_{C(P)}$ であるが $\{1,2,4\} \notin W_{C(P)} \cup \hat{W}_{C(P)}$ であることからわかる． □

制限許容ゲームの対称性についての2つ目の命題として以下のことが成り立つ．

命題 8.7 (制限許容ゲームの対称性2) 会議 $C = (N, W, A, R)$ に対して許容会議 $C(P)$ を考え，オリジナルゲーム $G = (N, W)$ がクオータ q で対称であると仮定する．このとき，$C(P)$ の制限許容ゲーム $\hat{G}_{C(P)}$ がクオータ q で対称であることと，$|S| = q$ であるような任意の $S \subset \hat{N}$ に対してある $a \in A$ が存在して $S_a = S$ であることは同値である． □

(証明) $\hat{G}_{C(P)}$ がクオータ q で対称であると仮定し, $S \subset \hat{N}$ が $|S| = q$ を満たすとする. $\hat{G}_{C(P)}$ が対称であることから, $S \in \hat{W}_{C(P)}$ である. このことから, ある $a \in A$ が存在して $S_a \in W$ であることがわかる. G がクオータ q で対称であることから $|S_a| \geq q$ である. $|S| = q$ かつ $S_a \subset S$ であるから, $S_a = S$ となる.

逆に, $|S| = q$ であるような任意の $S \subset \hat{N}$ に対して, ある $a \in A$ が存在して $S_a = S$ であるとする. $\hat{W}_{C(P)}$ の定義から, 任意の $T \in \hat{W}_{C(P)}$ に対して, ある $a \in A$ が存在して $T_a \in W$ である. G が対称であるという仮定から, $|T_a| \geq q$ である. したがって, $T_a \subset T$ であることから, $|T| \geq q$ がいえる. 一方, $|T| \geq q$ であるような任意の $T \subset \hat{N}$ に対して, $|U| = q$ であるような $U \subset T$ が存在する. このとき, ある $a \in A$ が存在して $U_a = U$ であり $U \in \hat{W}_{C(P)}$ である. さらに $U = U_a \subset T_a$ かつ $T_a \subset T$ なので, $U \subset T$ となる. $\hat{G}_{C(P)}$ がシンプルゲームであることから $T \in \hat{W}_{C(P)}$ が成り立つ. ∎

許容ゲームの場合も制限許容ゲームの場合も, それがオリジナルゲームと同じクオータで対称になることは, 「最終的な決定に影響力を持つ主体からなるどんな勝利提携も, 少なくとも1つの代替案については合意できる」ということと同等であるということがわかる. また, オリジナルゲームと制限許容ゲームが同じクオータで対称であっても, それぞれを構成している主体の数は異なる場合があることに注意するべきである. 表 8.1 は, クオータ q で対称なオリジナルゲームの許容ゲームと制限許容ゲームの対称性の組み合わせについてまとめたものである.

8.2 許容ゲームと提携の比較

第7章では, 「提携の強さ」を比較するための考え方として Desirability Relation という可能な提携全体の集合上に定義される関係を紹介した. Desirability Relation を用いた提携の強さの比較は, 会議が与えられた場合に, そのオリジナルゲームを分析するという形で行われていた. しかし, オリジナルゲームは, 単

表 8.1: 許容ゲームと制限許容ゲームの対称性

		制限許容ゲーム	
		クオータ q で対称	非対称
許容ゲーム	クオータ q で対称	可能 （例 8.4, 命題 8.6）	不可能 （命題 8.6）
	非対称	可能（例 8.6）	可能（例 8.7）

にその会議が採用している採決のルールを表現するものである．ある提携がオリジナルゲームの中で勝利提携であったとしても，その提携が全体としての決定に影響力を持つとは限らない．例えば，ある提携内に多数の主体がいるとしても，各主体が持っている選好がまったくまとまっていない場合には，その提携が影響力を持つとは考えにくい．提携の強さは，採決のルールだけでなく提携内の選好のまとまり方にも影響を受けると考えるべきである．このようなこと，つまり採決のルールと提携内の選好のまとまりを考慮した提携の強さの比較の方法はないだろうか．

8.2.1 提携の強さ

提携の強さの関係の定義を振り返ると，それは任意のシンプルゲームに対して適用可能な形をしていることがわかる．

定義 8.6 (提携の強さの関係; Einy [13]) 採決のルールが (N, W) であるような会議 $C = (N, W, A, R)$ を考える．任意の $S, T \subset N$ に対して，提携 S は提携 T と同じかそれ以上に強いとは，$B \cap (S \cup T) = \emptyset$ であるような任意の $B \subset N$ に対して，

$$B \cup T \in W \Rightarrow B \cup S \in W$$

が成立することをいう．このことを $S \geq^d T$ と書き，$\geq^d$ を Desirability Relation

8.2. 許容ゲームと提携の比較

と呼ぶ．$S =^d T$ は $S \geq^d T$ かつ $T \geq^d S$ であることをいい，また $S >^d T$ は，「$S \geq^d T$ であり，かつ $T \geq^d S$ ではない」ということが成り立っていることを表す． □

一方，許容会議から導かれる3つのゲーム，つまりオリジナルゲーム，許容ゲーム，制限許容ゲームはいずれもシンプルゲームである．では，この提携の強さの比較の方法をこれらのゲームに適用してみてはどうだろうか．オリジナルゲームに適用した場合には，これは以前の分析と何ら変わるところはなく，採決のルールから決まる提携の強さを比較することになる．一方，許容ゲーム，あるいは制限許容ゲームに適用した場合には，採決のルールだけでなく提携内の選好のまとまりを考慮した提携の強さを比較することになるだろう．なぜなら，許容ゲームは，内部で選好をまとめることができる可能性を持っている提携だけを勝利提携として採用しているからである．つまり許容ゲームを分析することで，本来の提携の強さの比較ができるのではないだろうか．ここでは，許容会議から導かれるゲームのうち，特に許容ゲームに注目し，それに対して上の提携の強さの関係を適用したときに，関係が完備になるかどうか，つまり，いつでも強さの比較ができるかどうかを調べることにする．

8.2.2 支持者と提携の強さ

まず，「ある提携を支持する主体」という考え方を導入しよう．

定義 8.7 (提携の支持者) 会議 $C = (N, W, A, R)$ に対して許容会議 $C(P)$ を考え，その許容ゲーム $G_{C(P)} = (N, W_{C(P)})$ を考える．任意の $i \in N$ と任意の $S \in W_{C(P)}$ に対して，主体 i が提携 S の支持者であるというのは，ある $r \in P_i$ が存在して $S_{\max r} \in W$ であるときをいう．任意の $i \in N$ に対して，主体 i が支持者となっているような提携全体の集合を W_i で表す． □

提携の支持者の例を見よう．

例 8.8 (提携の支持者) 許容会議 $C(P)$ において，

$$N = \{1, 2, 3\}, \quad W = \{S \subset N \mid |S| \geq 2\}, \quad A = \{a, b, c\},$$

であり, $R = (R_i)_{i \in N}$ が,

$$R_1 = (a,b,c), \quad R_2 = (b,c,a), \quad R_3 = (c,a,b),$$

$P = (P_i)_{i \in N}$ が,

$$P_1 = \{(a,b,c)\}, \quad P_2 = \{(b,c,a)\}, \quad P_3 = \{(a,b,c),(b,c,a),(c,a,b)\}$$

であるとすると, $C(P)$ の許容ゲーム $G_{C(P)}$ は

$$W_{C(P)} = \{\{1,3\},\{2,3\},\{1,2,3\}\}$$

であるような $(N, W_{C(P)})$ である. このとき,

$$W_1 = \{\{1,3\},\{1,2,3\}\}$$
$$W_2 = \{\{2,3\},\{1,2,3\}\}$$
$$W_3 = \{\{1,3\},\{2,3\},\{1,2,3\}\}$$

である. □

支持者という考え方を使うと, 許容ゲームにおいて提携の強さの比較ができないときの条件を述べることができる.

命題 8.8 (提携の強さの比較と支持者) 会議 $C = (N, W, A, R)$ に対して許容会議 $C(P)$ を考え, その許容ゲーム $G_{C(P)} = (N, W_{C(P)})$ を考える. またオリジナルゲーム $G = (N, W)$ は対称であるとする. $G_{C(P)}$ 上の Desirability Relation が「完備でない」のは,

$$(S \cup T) \cap (U \cup V) = \emptyset$$

であるような提携 S, T, U, V が $P(N) \backslash W_{C(P)}$ の中に存在して, 任意の $i \in U$ に対して,

$$S \cup U \in W_i \text{ かつ } T \cup U \notin W_i$$

であり, かつ, 任意の $j \in V$ に対して

$$T \cup V \in W_j \text{ かつ } S \cup V \notin W_j$$

を満たすときであり, またそのときに限る. □

8.2. 許容ゲームと提携の比較

(証明) オリジナルゲーム (N, W) が対称なので,あるクオータ q が存在する.つまり,任意の $S \subset N$ に対して,

$$S \in W \Leftrightarrow |S| \geq q$$

であるような, q が存在する.

$G_{C(P)}$ 上の Desirablity Relaition が非完備であれば, 2 つの N の部分集合 S', T' で,ある $U', V' \subset N$ に対して,

$$(S' \cup T') \cap U' = (S' \cup T') \cap V' = \emptyset$$

であり,かつ,

$$S' \cup U' \in W_{C(P)}, \quad T' \cup U' \notin W_{C(P)}, \quad S' \cup V' \notin W_{C(P)}, \quad T' \cup V' \in W_{C(P)}$$

であるようなものが存在する. $W_{C(P)}$ がシンプルゲームなので, $T' \cup U' \notin W_{C(P)}$ と $S' \cup V' \notin W_{C(P)}$ とから S', T', U', V' は $P(N) \backslash W_{C(P)}$ の要素であることがわかる. $S' \cup U' \in W_{C(P)}$ であることから,ある $a \in A$ が存在して $(S' \cup U')_a \in W$ であることがわかる. 同様に $T' \cup V' \in W_{C(P)}$ であることから,ある $b \in A$ が存在して $(T' \cup V')_b \in W$ である. ここで,

$$S = S' \cap (S' \cup U')_a, \quad T = T' \cap (T' \cup V')_b,$$
$$U = U' \cap (S' \cup U')_a, \quad V = V' \cap (T' \cup V')_b$$

とし,この S, T, U, V が条件を満たすことを示す.

実際, $S' \notin W_{C(P)}$ かつ $S \subset S'$ であるから, $S \notin W_{C(P)}$ である. 同様に

$$T \notin W_{C(P)}, \quad U \notin W_{C(P)}, \quad V \notin W_{C(P)}$$

がすべて成り立つ. さらに,

$$(S \cup T) \cap (U \cup V) \subset (S' \cup T') \cap (U' \cup V') = \emptyset$$

であるから,

$$(S \cup T) \cap (U \cup V) = \emptyset$$

である．また，$U \subset U'_a$ かつ $U'_a = U'$ であるから $U_a = U$ が成り立ち，さらに $S \cup U = (S' \cup U')_a \in W$ であることは，任意の $i \in U$ に対して $S \cup U \in W_i$ であることを意味する．$T' \cup U' \notin W_{C(P)}$ と $T \cup U \subset T' \cup U'$ とから $T \cup U \notin W_{C(P)}$ がいえるので，任意の $i \in N$ に対して，特に任意の $i \in U$ に対して，$T \cup U \notin W_i$ であることも成り立つ．同様に，任意の $j \in V$ に対して $T \cup V \in W_j$ であり，かつ $S \cup V \notin W_j$ である．

逆に，$(S \cup T) \cap (U \cup V) = \emptyset$ であるような $S, T, U, V \in P(N) \setminus W_{C(P)}$ が，任意の $i \in U$ に対して $S \cup U \in W_i$ かつ $T \cup U \notin W_i$ であり，また任意の $j \in V$ に対して $T \cup V \in W_j$ かつ $S \cup V \notin W_j$ であるとする．任意の $i \in U$ に対して $S \cup U \in W_i$ なので，ある $r \in P_i$ が存在して，$(S \cup U)_{(\max r)} \in W$ である．同様に，任意の $j \in V$ に対して $T \cup V \in W_j$ であることから，ある $r' \in P_j$ が存在して $(T \cup V)_{(\max r')} \in W$ である．オリジナルゲームが対称であり，$(S \cup T) \cap (U \cup V) = \emptyset$ であることから，ある

$$S' \subset S_{(\max r)}, \quad T' \subset T_{(\max r')}, \quad U' \subset U_{(\max r)}, \quad V' \subset V_{(\max r')}$$

が存在して，$|S' \cup U'| = |S'| + |U'| = q$ かつ $|T' \cup V'| = |T'| + |V'| = q$ である．$U' = \emptyset$ であることと $V' = \emptyset$ であることは，それぞれ $S \in W_{C(P)}$ と $T \in W_{C(P)}$ とを意味するので，$U' \neq \emptyset$ かつ $V' \neq \emptyset$ であることがわかる．

S' と T' が Desirability Relation で比較不可能であることを示そう．まず，$(S \cup T) \cap (U \cup V) = \emptyset$ という仮定から，$(S' \cup T') \cap U' = \emptyset$ かつ $(S' \cup T') \cap V' = \emptyset$ ということがわかる．次に，$(S' \cup U')_{(\max r)} = S' \cup U'$ かつ $|S' \cup U'| = q$ であることから，$S' \cup U' \in W_{C(P)}$ であることがわかり，一方，$T' \cup U' \notin W_{C(P)}$ であることが，任意の $i \in U'$ に対して $T' \cup U' \notin W_i$ であることと $|T'| < q$ であることからいえる．同様に $T' \cup V' \in W_{C(P)}$ かつ $S' \cup V' \notin W_{C(P)}$ である．また，U' と V' も比較不可能である． ∎

この命題でわかることは，「互いに異なる主体の集団から支持されている提携は，Desirability Relation を用いた比較が難しい」ということである．命題において，$S \cup U$ という提携は U という主体の集団から，$T \cup V$ という提携は V という主体の集団からそれぞれ支持されている．命題の証明の最後では，提携

8.2. 許容ゲームと提携の比較　211

$S' \subset S$ と提携 $T' \subset T$ だけでなく,提携 $U' \subset U$ と提携 $V' \subset V$ も比較不可能であることが明らかになっている.

さらに,証明の最後において U と V を,それぞれ $\{i\}$ と $\{j\}$ で置き換えると,主体 i と主体 j がそれぞれ異なる提携を支持していると,主体 i と主体 j の強さが比較できないということがわかる.

系 8.1 (個人の強さの比較の非完備性と支持者) 会議 $C = (N, W, A, R)$ に対して許容会議 $C(P)$ を考え,その許容ゲーム $G_{C(P)} = (N, W_{C(P)})$ を考える.またオリジナルゲーム $G = (N, W)$ は対称であるとする.任意の $i, j \in N$ に対して,提携 $\{i\}$ と提携 $\{j\}$ が $G_{C(P)}$ 上の Desirability Relation で比較できないのは,ある $S, T \subset N \setminus \{i, j\}$ が存在して,

$$S \cup \{i\} \in W_i, \quad T \cup \{i\} \notin W_i, \quad T \cup \{j\} \in W_j, \quad S \cup \{j\} \notin W_j$$

が成り立つときであり,またそのときに限る. □

提携の強さの比較ができない許容会議の例を見てみよう.

例 8.9 (非完備な Desirability Relation)

$$N = \{1, 2, 3, 4, 5\}, \quad W = \{S \subset N \mid |S| \geq 3\}, \quad A = \{a, b, c\},$$

とし,$R = (R_i)_{i \in N}$ を,

$$R_1 = (c, a, b), \quad R_2 = (a, c, b), \quad R_3 = (a, b, c),$$

$$R_4 = (b, a, c), \quad R_5 = (b, c, a)$$

$P = (P_i)_{i \in N}$ を,

$$P_1 = \{(c, a, b), (a, c, b)\}, \quad P_2 = \{(c, a, b), (a, c, b)\},$$

$$P_3 = \{(a, b, c), (b, a, c), (c, a, b)\},$$

$$P_4 = \{(b, a, c)\}, \quad P_5 = \{(b, c, a)\}$$

とすると，許容会議 $C(P)$ を1つ得る．このとき，許容ゲーム $G_{C(P)}$ は

$$W_{C(P)} = \{\{1,2,3\}, \{3,4,5\}, \{1,2,3,4\}, \{1,2,3,5\}, \{1,3,4,5\}, \{2,3,4,5\}, N\}$$

であるような $(N, W_{C(P)})$ である．2つの提携 $\{2\}$ と $\{5\}$ を考えると，

$$\{1,3\} \cup \{2\} = \{1,2,3\} \in W_{C(P)}, \quad \{1,3\} \cup \{5\} = \{1,3,5\} \notin W_{C(P)}$$

であることがわかる．さらに，

$$\{3,4\} \cup \{2\} = \{2,3,4\} \notin W_{C(P)}, \quad \{3,4\} \cup \{5\} = \{3,4,5\} \in W_{C(P)}$$

である．このことより，提携 $\{2\}$ と提携 $\{5\}$ は，Desirability Relation を用いた比較ができないということがわかる． □

8.2.3 提携の望ましさ

ある提携が決定する力を持つことと，その提携に属している主体が決定に満足していることとは別である．提携の強さの関係は，いずれかの代替案を全体としての決定にする力の比較を行っていた．しかし個々の主体にとっては，単なる決定する力ではなく，何を決定できるかが問題になる．各主体は，自分が属するべき提携，つまり自分の選好を最大限に達成する力を持っている提携を探しているのである．

ここでは，各主体が属するべき提携を見つけるための指針を与えるものとして，主体にとっての提携の望ましさを比較する方法を1つ与える．そして，ある主体にとっての提携の望ましさの比較がいつもできるかどうか，つまり，提携の望ましさの関係が完備かどうかについて述べ，さらに強さと望ましさの間の関係を考察する．

まず主体にとっての提携の望ましさについての例を見よう．

例 8.10 (同じ強さの提携の間の望ましさの違い)

$$N = \{1,2,3\}, \quad W = \{S \subset N \mid |S| \geq 2\}, \quad A = \{a,b,c\},$$

8.2. 許容ゲームと提携の比較

とし, $R = (R_i)_{i \in N}$ を,

$$R_1 = (a,b,c), \quad R_2 = (b,c,a), \quad R_3 = (c,a,b),$$

$P = (P_i)_{i \in N}$ を,

$$P_1 = \{(a,b,c)\}, \quad P_2 = \{(b,c,a)\}, \quad P_3 = \{(a,b,c),(b,c,a),(c,a,b)\}$$

とすると, 許容会議 $C(P)$ を 1 つ得る. この許容会議 $C(P)$ の許容ゲーム $G_{C(P)}$ は

$$W_{C(P)} = \{\{1,3\},\{2,3\},\{1,2,3\}\}$$

であるような $(N, W_{C(P)})$ である. このとき, Desirability Relation の定義から, 提携 $\{1,3\}$, $\{2,3\}$, $\{1,2,3\}$ は互いに等しい強さを持つことになる.

ここで, 各提携がどんな代替案を実現できそうかを調べてみよう. 各主体の許容範囲を考えると, 提携 $\{1,3\}$, 提携 $\{2,3\}$, 提携 $\{1,2,3\}$ では, それぞれ代替案 a, 代替案 b, 代替案 a または b が選択されそうである. このとき各主体はどの提携が実現されてほしいと考えるだろうか. 主体 1 の選好は $R_1 = (a,b,c)$ なので, 主体 1 にとっては, 提携 $\{1,3\}$ が最も望ましく次に提携 $\{1,2,3\}$, 最も望ましくないのは提携 $\{2,3\}$ であろう. 同じように, 主体 2 にとって一番望ましいのは提携 $\{2,3\}$ であり, 次に提携 $\{1,2,3\}$, 最後に提携 $\{1,3\}$ であり, 主体 3 にとっては提携 $\{1,3\}$, 提携 $\{1,2,3\}$, 提携 $\{2,3\}$ の順になるだろう. □

この例のような, どの提携が実現されてほしいかという意味での「主体から見た提携の望ましさ」を反映した提携の比較の方法を考えたい. その方法の 1 つとして Hopefulness Relation という考え方を紹介する.

$C = (N, W, A, R)$ であるような会議 $C(P)$ を考え, その許容ゲーム $G_{C(P)} = (N, W_{C(P)})$ を考える. 任意の $S \in W_{C(P)}$ に対して, A_S で,

$$\{a \in A \mid S_a \in W\}$$

という集合を表すものとする. このとき, 任意の $S \subset N$ に対して,

$$S \in W_{C(P)} \Leftrightarrow A_S \neq \phi$$

であることが成立する. 以下が Hopefulness Relaiton の定義である.

定義 8.8 (提携の望ましさ (Hopefulness Relation)) 許容会議 $C(P)$（ただし $C = (N, W, A, R)$ であるとする）を考える. 任意の $i \in N$, 任意の $S, T \in W_{C(P)}$ に対して, 主体 i にとって提携 S は提携 T と同じかそれ以上に望ましいとは, 任意の $a \in A_S$ に対して, $a\,R_i\,b$ であるような $b \in A_T$ が存在し, かつ, 任意の $b \in A_T$ に対して, $a\,R_i\,b$ であるような $a \in A_S$ が存在するときをいう. これを $S \geq_i^h T$ と表す. $S =_i^h T$ は $S \geq_i^h T$ かつ $T \geq_i^h S$ であることを, $S >_i^h T$ は「$S \geq_i^h T$ であり $T \geq_i^h S$ ではない」ことを表す. □

例 8.10 の許容会議での Hopefulness Relation がどのようになるかを見よう.

例 8.11 (提携の望ましさの関係) 例 8.10 の許容会議を考える. このとき,

$$A_{\{1,3\}} = \{a\}, \quad A_{\{2,3\}} = \{b\}, \quad A_{\{1,2,3\}} = \{a,b\}$$

である. さらに,

$$\{1,3\} >_1^h \{2,3\}, \quad \{1,3\} >_1^h \{1,2,3\}, \quad \{1,2,3\} >_1^h \{2,3\}$$

なので, 主体 1 にとっては, 提携 $\{1,3\}$ が最も望ましい. 同じように,

$$\{2,3\} >_2^h \{1,3\}, \quad \{2,3\} >_2^h \{1,2,3\}, \quad \{1,2,3\} >_2^h \{1,3\}$$

$$\{1,3\} >_3^h \{2,3\}, \quad \{1,3\} >_3^h \{1,2,3\}, \quad \{1,2,3\} >_3^h \{2,3\}$$

となる. □

Hopefulness Relation による順序付けが, 例 8.10 での直感的な順序付けと一致していることに注意してほしい.

例 8.11 では, 各主体に対して, その主体にとっての提携の望ましさの比較がいつも可能であった. つまり, Hopefulness Relation が完備であった. しかしこのことはいつも成り立つとは限らない. 次の例では, Hopefulness Relation が完備となっていない.

例 8.12 (完備でない Hopefulness Relation)

$$N = \{1,2,3,4,5\}, \quad W = \{S \subset N \mid |S| \geq 3\}, \quad A = \{a,b,c\},$$

8.2. 許容ゲームと提携の比較

とし, $R = (R_i)_{i \in N}$ を,

$$R_1 = (c, a, b), \quad R_2 = (a, c, b), \quad R_3 = (a, b, c),$$

$$R_4 = (b, a, c), \quad R_5 = (b, c, a)$$

$P = (P_i)_{i \in N}$ を,

$$P_1 = \{(c, a, b), (a, c, b)\}, \quad P_2 = \{(c, a, b), (a, c, b)\},$$

$$P_3 = \{(a, b, c), (b, a, c), (c, a, b)\}, \quad P_4 = \{(b, a, c)\}, \quad P_5 = \{(b, c, a)\}$$

とすると, 許容会議 $C(P)$ を1つ得る. このとき, 許容ゲーム $G_{C(P)}$ は

$$W_{C(P)} = \{\{1,2,3\}, \{3,4,5\}, \{1,2,3,4\}, \{1,2,3,5\}, \{1,3,4,5\}, \{2,3,4,5\}, N\}$$

であるような $(N, W_{C(P)})$ である. $W_{C(P)}$ に属している提携が達成できる代替案は,

$$A_{\{1,2,3\}} = \{a, c\}, \quad A_{\{3,4,5\}} = \{b\}, \quad A_{\{1,2,3,4\}} = \{a, c\},$$

$$A_{\{1,2,3,5\}} = \{a, c\}, \quad A_{\{1,3,4,5\}} = \{b\}, \quad A_{\{2,3,4,5\}} = \{b\}, \quad A_N = \{a, b, c\}$$

となる. ここで, 主体 3 の Hopefulness Relation を考えよう. 提携として $\{1, 2, 3\}$ と $\{3, 4, 5\}$ をとる. まず, $\{1, 2, 3\} \geq_3^h \{3, 4, 5\}$ は成り立たない. なぜなら,

$$c \in A_{\{1,2,3\}} \text{ かつ } \{b\} = A_{\{3,4,5\}} \text{ かつ } b\, R_3\, c$$

であるからである. 一方, $\{3, 4, 5\} \geq_3^h \{1, 2, 3\}$ も成り立たない. なぜなら,

$$\{b\} = A_{\{3,4,5\}} \text{ かつ } a \in A_{\{1,2,3\}} \text{ かつ } a\, R_3\, b$$

であるからである. したがって, この場合には, 主体 3 にとっての提携 $\{1, 2, 3\}$ と提携 $\{3, 4, 5\}$ の望ましさは比較できない. □

最後に, Desirability Relation と Hopefulness Relation の関係について考察しよう. 会議, あるいは許容会議に参加している主体は, 属するべき提携を見つ

けようとしている．その際，Desirability Relation を用いることで，各提携が自らの主張を実現できるかどうか，つまり「提携の有効性」について知ることができる．しかしながらここで，Desirability Relation が持つ2つの問題が明らかになる．1つは，許容ゲームにおいて勝利提携となるようなすべての提携は同じ有効性を持つと判断されること，2つ目は，命題や例で示したように，Desirability Relation が完備であるとは限らないということである．

これらの問題の一部は，Hopefulness Relation を用いることで解決する．Hopefulness Relation は，許容ゲームにおける各勝利提携がどの代替案を実現できそうかについて，つまり各主体にとっての「提携の効率」についての情報を与えてくれる．つまり各主体は，許容ゲームにおける勝利提携のうちどの提携に属するべきかを知ることができる場合があるのである．しかしながら，これも例で示したように，Hopefulness Relation もまた完備であるとは限らない．つまり，

- 許容ゲームにおいて勝利提携でない提携の主体にとっての効率の評価
- 強さが同じで望ましさが比較できない提携の間の比較

という場合がまだ解決されていないことになる．

「集団意思決定支援」という分野に対しても，Desirability Relation や Hopefulness Relation は重要な示唆を与える．集団意思決定支援の目的の1つは，会議の進行を円滑にすることである．その1つの方法として，有効かつ効率的な提携を早く形成させることが挙げられる．提携が形成されるには各主体を説得することや妥協を促すことが必要である．説得や妥協は，「許容範囲からある選好を取り除く」か，逆に「許容範囲にある選好を付け加える」という主体の許容範囲の変化に対応する．会議を円滑に進めるためには，意思決定を支援している人はこれらのいずれかを適切に選択しなければならない．「選好を取り除かせる」か「選好を付け加えさせる」かのいずれかである．このことを例を用いて見てみよう．

例 8.13 (許容範囲の拡大と縮小)

$$N = \{1, 2, 3, 4, 5\}, \quad W = \{S \subset N \mid |S| \geq 3\}, \quad A = \{a, b, c\},$$

8.2. 許容ゲームと提携の比較

であり, $R = (R_i)_{i \in N}$ が,

$$R_1 = (c, a, b), \quad R_2 = (a, c, b), \quad R_3 = (a, b, c),$$

$$R_4 = (b, a, c), \quad R_5 = (b, c, a)$$

であるような会議 $C = (N, W, A, R)$ を考える. この会議に

$$P_1 = \{(c, a, b)\}, \quad P_2 = \{(a, c, b)\}, \quad P_3 = \{(a, b, c)\},$$

$$P_4 = \{(b, a, c)\}, \quad P_5 = \{(b, c, a)\}$$

という許容範囲 $P = (P_i)_{i \in N}$ を与えて許容会議 $C(P)$ を作ると,

$$W_{C(P)} = \emptyset$$

である. この場合には, どんな2つの提携の Desirability Relation も比較可能で, 強さは等しい. ただしこの場合は「どの提携も有効でない」という意味で強さは等しいのである. このような場合には, 意思決定の支援者は, 許容範囲に選好を付け加えさせる, という種類の支援を行わなければならない. 一般に, Desirability Relation の定義から, 主体の許容範囲がより広くなれば, 提携の有効性はより大きくなるからである.

一方, 主体にとっての提携の効率は, 主体の許容範囲が広がるにつれて小さくなる. 実際, 上の場合と同じ会議 $C = (N, W, A, R)$ に対して,

$$P_1 = \{(c, a, b), (a, c, b)\}, \quad P_2 = \{(a, c, b)\},$$

$$P_3 = \{(a, b, c), (b, a, c)\}, \quad P_4 = \{(b, a, c)\}, \quad P_5 = \{(b, c, a)\}$$

という許容範囲 $P = (P_i)_{i \in N}$ を考えると, 主体3に関する Hopefulness Relation においては,

$$\{1, 2, 3\} \geq_3^h \{3, 4, 5\}$$

である. 一方,

$$P'_1 = \{(c, a, b), (a, c, b)\}, \quad P'_2 = \{(c, a, b), (a, c, b)\},$$

$$P_3' = \{(a,b,c),(b,a,c),(c,a,b)\}, \quad P_4' = \{(b,a,c)\}, \quad P_5' = \{(b,c,a)\}$$

という許容範囲 $P' = (P_i')_{i \in N}$ である場合の主体 3 に関しての Hopefulness Relation では，提携 $\{1,2,3\}$ と提携 $\{3,4,5\}$ は比較できない．主体 3 が代替案 c を許容したことで，提携 $\{1,2,3\}$ が達成できる代替案が $\{a\}$ から $\{a,c\}$ へと増えてしまい，主体 3 にとっての提携 $\{1,2,3\}$ の望ましさが相対的に下がったことが原因である．もし許容会議が P' のような許容範囲を持つ場合には，支援者は主体の許容範囲を小さくするような支援をして，効率が高い提携を出現させなければならない． □

この例でわかるように，提携の有効性と効率性の間にはトレードオフの関係がある．会議を円滑に進めるためには「選好を取り除く」あるいは「選好を付け加える」のうちどちらのタイプの支援が必要かを適切に見極めなくてはならない．Desirability Relaiton や Hopefulness Relation は適切な支援を見出すために有用である．

8.3 提携の安定性

前節で，提携の有効性と効率の間にトレードオフの関係があることを見た．提携の有効性が低い場合には，その提携は集団全体の中で影響力を発揮することができない．提携の有効性を向上させようとすると，そこに属している主体を増やさなければならない．しかし，主体を増やすにつれて提携内で達成され得る代替案が増加していき，各主体にとっての効率性が低下していく．有効性あるいは効率性が低すぎる提携が存続し続けることは難しい．なぜなら，どちらの場合においてもそこに属している主体が満足することができないからである．つまり，適切な有効性を持ち，適切な効率性を持つ提携だけが安定して存在する可能性があるのである．

では，ある提携はどのようなときに安定しているといえるだろうか．ここでは，提携が安定であることの 1 つの定義を提案する．そして，安定な提携が複数存在する場合でも，それぞれが支持している代替案は一致するということを示

8.3. 提携の安定性

し，安定な提携が形成されることは，意思決定主体全体としての決定にとって望ましいことであるということを確認する．

8.3.1 安定な提携

許容会議 $C(P)$ が与えられているとしよう．ここでは，提携 $S \subset N$ が「安定である」ということを，「提携 S が許容ゲームにおいて勝利提携になっている」ことと，「提携 S 内の各主体にとって，提携 S が他のすべての提携に比べて，より望ましい代替案を達成してくれそうである」ということが満たされること，として定義する．許容会議 $C(P)$ において「達成されそうな代替案全体の集合」を表すために $A_{C(P)}$ という記号を用いる．これは，

$$A_{C(P)} = \{a \in A \mid \exists S \in W \text{ s.t. } S_a \in W\}$$

で定義され「許容代替案」と呼ばれる．

定義 8.9 (安定な提携) $C = (N, W, A, R)$ であるような許容会議 $C(P)$ が与えられているとする．このとき，$C(P)$ の許容ゲーム $G_{C(P)} = (N, W_{C(P)})$ を考えることができる．許容ゲームにおける勝利提携 $S \in W_{C(P)}$ が「安定である」とは，ある代替案 $a \in A$ が存在して，$S_a = S$ で，かつ，任意の $i \in S$ に対して，もし $b R_i a$ であるような $b \in A \setminus \{a\}$ が存在するならば $b \notin A_{C(P)}$ である，ということが成り立っている場合をいう．許容会議 $C(P)$ の中の安定な提携全体の集合を $\bar{W}_{C(P)}$ で表す． □

また，安定な提携のいずれかによって支持されている代替案全体の集合を「安定な代替案」と呼び $\bar{A}_{C(P)}$ で表す．つまり，

$$\bar{A}_{C(P)} = \{a \in A \mid (\exists S \in W_{C(P)})((S_a = S) \text{ かつ} \\ ((\forall i \in S)(\forall b \in A \setminus \{a\})(b R_i a \Rightarrow b \notin A_{C(P)})))\}$$

である．

安定な提携と安定な代替案についての例を見よう．

例 8.14 (安定な提携と安定な代替案)

$$N = \{1,2,3\}, \quad W = \{S \subset N \mid |S| \geq 2\}, \quad A = \{a,b,c\},$$

であり，$R = (R_i)_{i \in N}$ が，

$$R_1 = (a,b,c), \quad R_2 = (b,c,a), \quad R_3 = (c,a,b)$$

であるような会議 $C = (N, W, A, R)$ に対して，

$$P_1 = \{(a,b,c),(b,a,c)\}, \quad P_2 = \{(b,c,a)\}, \quad P_3 = \{(c,a,b),(a,c,b)\}$$

という許容範囲 $P = (P_i)_{i \in N}$ を考えると，許容会議 $C(P)$ を1つ得る．この場合，$C(P)$ の許容ゲーム $G_{C(P)}$ は，

$$W_{C(P)} = \{\{1,2\},\{1,3\},\{1,2,3\}\}$$

であるようなシンプルゲーム $(N, W_{C(P)})$ である．また，

$$A_{C(P)} = \{a,b\}$$

となる．さらに，安定な提携全体の集合 $\bar{W}_{C(P)}$ は，

$$\bar{W}_{C(P)} = \{\{1,3\}\}$$

となり，安定な代替案全体の集合 $\bar{A}_{C(P)}$ は，

$$\bar{A}_{C(P)} = \{a\}$$

となる． □

もちろん，安定な提携や安定な代替案が存在しない場合もある．

例 8.15 (安定な提携や安定な代替案が存在しない場合) 例 8.14 と同じ会議を考え，

$$P_1 = \{(a,b,c),(b,a,c)\}, \quad P_2 = \{(b,c,a),(c,b,a)\}, \quad P_3 = \{(c,a,b),(a,c,b)\}$$

という許容範囲 $P = (P_i)_{i \in N}$ を考えると，許容会議 $C(P)$ を1つ得る．この場合，$W_{C(P)} = W$，$A_{C(P)} = A$，$\bar{W}_{C(P)} = \emptyset$，$\bar{A}_{C(P)} = \emptyset$ となり，安定な提携や安定な代替案は存在しない． □

8.3.2 選択の一致

安定な提携や安定な代替案についての重要な性質を紹介してこの章を終えよう．次の命題は，「許容会議のオリジナルゲームが真であれば，安定な代替案の数は高々1つである」ということを示している．この命題により，安定な提携が複数存在する場合でも，それらが支持している代替案は実は一致していて，提携の間で情報交換をすれば互いに合意に至ることができるということがわかる．

命題 8.9 (選択の一致) $C = (N, W, A, R)$ であるような許容会議 $C(P)$ を考え，そのオリジナルゲーム $G = (N, W)$ が真であるとする．このとき，安定な代替案の数，つまり，集合 $\bar{A}_{C(P)}$ の要素の数は，高々1である． □

(証明) 代替案 $a \in A$ が $a \in \bar{A}_{C(P)}$ であるとする．すなわち，ある提携 $S \in \bar{W}_{C(P)}$ で，$S_a = S$ であり，かつ，任意の $i \in S$ と任意の $b \in A \backslash \{a\}$ に対して，もし $b\, R_i\, a$ ならば $b \notin A_{C(P)}$ であるようなものが存在するとする．同様に $a' \in \bar{A}_{C(P)}$ であるとする．したがって，ある提携 $S' \in \bar{W}_{C(P)}$ が存在して，$S'_a = S'$ であり，かつ，任意の $i \in S'$ と任意の $b' \in A \backslash \{a'\}$ に対して，$b'\, R_i\, a'$ ならば $b' \notin A_{C(P)}$ であるとする．$S_a = S$ であり $S_a = S \in \bar{W}_{C(P)} \subset W_{C(P)} \subset W$ なので $a \in A_{C(P)}$ である．同様に $a' \in A_{C(P)}$ である．

オリジナルゲームが真なので，許容ゲーム $G_{C(P)}$ も真である．S と S' はともに $\bar{W}_{C(P)} \subset W_{C(P)}$ の要素なので，$S \cap S' \neq \phi$ である．今，$i \in S \cap S'$ であるような主体 i を考えて，$a \neq a'$ であるとする．R_i は順序なので，$a\, R_i\, a'$ か $a'\, R_i\, a$ が成り立たないといけない．しかし，もし $a\, R_i\, a'$ であるとすると，a' の選び方より，$a \notin A_{C(P)}$ である．同様に，$a'\, R_i\, a$ であれば，a の選び方から，$a' \notin A_{C(P)}$ である．このどちらもが矛盾なので，$a = a'$ である． ∎

この章では「情報交換を通じて適切に妥協する」というタイプの柔軟性を考えて会議を表現・分析してきた．特に，提携の有効性と効率の間のトレードオフの関係があることをもとに，安定な提携の定義を提案した．そして，安定な提携は，たとえそれが複数存在する場合でも支持する代替案が一致するので，円滑な意思決定のためには望ましいものであるということを確認した．

ところで，提携の安定性の定義から，ある提携が安定であるかどうかは，各主体が持っている許容範囲に依存して決まることがわかる．また，安定な提携は十分な有効性を持っているので，会議の最終的な決定も各主体の許容範囲に依存することになる．元々，主体の許容範囲は「情報交換を通じて適切に妥協する」という主体の柔軟性をモデル化したものであり，これは「各主体はどこまで妥協・譲歩するか」ということ表現したものである．したがって，意思決定主体全体としての最終的な選択は，各主体がどこまで妥協・譲歩するかに依存して決まる，ということになる．このことは直感ともよく合う言明である．

しかし，考慮しなければならないのは，このような場合，自分にとってより望ましい代替案を達成したい各主体は次のように考えるということである．つまり，「どこまで妥協・譲歩すれば自分にとって最も望ましい結果になるだろうか」ということである．これは「各主体はどのように許容範囲を選択するべきだろうか」という疑問にほかならない．各主体はこの疑問を持ちながら許容範囲を選択し，最終的な決定を聞くに違いない．最終的な決定を聞いた後，各主体は自分の許容範囲の選択を振り返り，自分の許容範囲の選択が適切だったかどうかを検証しようとするだろう．他のどのような許容範囲を選択したとしても今の決定よりは望ましくなかったとわかれば，その主体は自分の許容範囲の選択に満足する．しかし，自分の許容範囲の選択に不満を持つ主体もいるかもしれない．自分が選択した許容範囲ではない別の許容範囲が選択されていれば，別のより望ましい代替案が最終的な決定になっていたと考える主体がそれである．許容範囲の選択に不満を持っている主体がいるような決定は避けるべきである．なぜなら，不満を持っている主体は「この決定は適切な過程を経ずになされた」という意識を強く持ち，決定のやり直しを訴えたり，決定に伴う実行に非協力的になったりすることが考えられるからである．では，主体に許容範囲の選択に関する不満を持たせないようにするには，どのような決定がなされるべきだろうか．

この疑問は，本書の最後の章である第9章で部分的に答えられる．第9章では，「主体に許容範囲の選択に関する不満を持たせないような決定」を表す概念として，「後悔のない代替案」という考え方を導入する．この考え方の中に，本説で定義した「安定な代替案」という概念が利用されていることを理解してほしい．

第9章　会議と情報交換

　許容会議における安定な提携は，有効性と効率をバランス良く備えている．したがって，安定な提携が支持している代替案，つまり安定な代替案が会議全体の最終的な決定として採用されると考えるのは自然である．しかし，安定な代替案は，各主体がどのような許容範囲を選択するかに依存して変化する．主体は自分にとってより望ましい代替案の達成を望んでいるので，その達成のために自分の許容範囲をできるだけ適切に選択しようとする．他の許容範囲を選択したとしても，望ましくない代替案しか達成できなかったとわかれば，今の選択は適切だったと考えられよう．しかし，他の許容範囲を選択することで別のより望ましい代替案が最終的な決定になっていたのであれば，今の選択に後悔せざるを得ない．

　つまり，会議全体としての最終的な決定に応じて，自分の許容範囲の選択に後悔しているものが存在する場合とそうでない場合があるのである．意思決定としての望ましさを考えると，許容範囲の選択に後悔している主体は存在しない方がよい．ではどのような代替案を最終的な決定として採用すれば主体の後悔を導かないだろうか．

　第II部最後の章であるこの章では，「仮想許容範囲」という考え方を用いて，主体の柔軟性と情報交換，そして主体全体にとって望ましい選択の間の関係についての議論を紹介する．主体の後悔を導かない代替案が会議のコアの概念と結び付くことを理解してほしい．さらに，主体の間の情報交換という側面から主体の許容範囲を捉えなおし，より一般的な意思決定状況に適用できるような枠組を構築する．「代替案が主体の後悔を導かない」ということを「代替案の無後悔性」という概念で表現し，さらに会議のコアの概念の一般化を行ったうえで，

これらの間の関係を述べる．無後悔性とコアとの間の対応関係がわかるはずである．

9.1 仮想会議の定義

会議全体としての最終的な決定と主体の許容範囲の選択の間の関係を調べるために「仮想許容会議」という概念を用いる．その定義に必要な「仮想許容範囲」の定義から見ていこう．

9.1.1 仮想許容範囲

定義 9.1 (仮想許容範囲) $C = (N, W, A, R)$ であるような許容会議 $C(P)$ が与えられているとし，ある代替案 $x \in A$ を考える．主体の許容範囲 $P = (P_i)_{i \in N}$ の代替案 x による仮想許容範囲とは，任意の $i \in N$ に対して，

$$P_i^x = \{r \in L(A) \mid (\max r) R_i x\}$$

であるような主体の許容範囲 $P^x = (P_i^x)_{i \in N}$ である．この場合の代替案 x のことを仮想代替案と呼ぶ． □

仮想許容範囲は，すでに採決の結果として代替案 x が得られたと想定し，各主体がその結果をどのように捉えるかについての考察に基づく概念である．主体の中には決定 x に納得できないものもいるかもしれない．決定に納得できない主体は「もし自分の許容範囲が違ったならば，自分にとってより好ましい代替案が最終的に選ばれたかもしれない」と考えるだろう．つまり仮想許容範囲は，各主体が実際とは異なる許容範囲を設定した仮想の許容範囲のうちの特別なものの1つであり，それを分析することで，実際にはどのような許容範囲を設定するのが適切かを分析するのである．

主体 i の許容範囲 P_i の仮想代替案 x による仮想許容範囲 P_i^x は，主体 i が，自分の選好 R_i に関して，代替案 x 以上に好んでいる代替案をすべて許容すると考えた場合の許容範囲である．したがって，この仮想許容範囲 P^x は，すべて

の主体が, 代替案 x 以上に好んでいる代替案をすべて許容した場合に用いることができる考え方である. 例を見よう.

例 9.1 (仮想許容範囲)

$$N = \{1, 2, 3\}, \quad W = \{S \subset N \mid |S| \geq 2\}, \quad A = \{a, b, c\}$$

であり, $R = (R_i)_{i \in N}$ が,

$$R_1 = (a, b, c), \quad R_2 = (b, c, a), \quad R_3 = (c, a, b)$$

であるような会議 $C = (N, W, A, R)$ に対して,

$$P_1 = \{(a, b, c)\}, \quad P_2 = \{(b, c, a)\}, \quad P_3 = \{(c, a, b), (a, c, b)\}$$

という許容範囲 $P = (P_i)_{i \in N}$ を考えると, 許容会議 $C(P)$ を1つ得る. この場合の, 許容会議 $C(P)$ の代替案 a による仮想許容範囲 $P^a = (P_i^a)_{i \in N}$ は,

$$P_1^a = \{(a, b, c), (a, c, b)\}, \quad P_2^a = L(A),$$

$$P_3^a = \{(c, a, b), (c, b, a), (a, c, b), (a, b, c)\}$$

である. 同様に,

$$P_1^b = \{(a, b, c), (a, c, b), (b, a, c), (b, c, a)\},$$

$$P_2^b = \{(b, c, a), (b, a, c)\}, \quad P_3^b = L(A)$$

であり,

$$P_1^c = L(A), \quad P_2^c = \{(b, c, a), (b, a, c), (c, a, b), (c, b, a)\},$$

$$P_3^c = \{(c, a, b), (c, b, a)\}$$

である. □

9.1.2 仮想許容会議

許容会議において代替案を1つ決めると，その代替案に関する仮想許容範囲が得られる．仮想許容範囲も1つの許容範囲であるから，これをもとにした許容会議を考えることができる．こうして作られる許容会議が「仮想許容会議」である．

定義 9.2 (仮想許容会議) $C = (N, W, A, R)$ であるような許容会議 $C(P)$ が与えられているとし，ある代替案 $x \in A$ を考える．許容会議 $C(P)$ の代替案 x による仮想許容会議とは，主体の許容範囲 $P = (P_i)_{i \in N}$ の，代替案 x による仮想許容範囲 $P^x = (P_i^x)_{i \in N}$ を許容範囲に持つ許容会議 $C(P^x)$ である． □

仮想許容会議 $C(P^x)$ は，1つの許容会議であるから，$C(P^x)$ の許容ゲームや $C(P^x)$ の中で安定な提携，安定な代替案を考えることができる．これらは，それぞれ，$G_{C(P^x)} = (N, W_{C(P^x)})$，$\bar{W}_{C(P^x)}$，$\bar{A}_{C(P^x)}$ と表される．

例 9.2 (仮想許容会議) 例 9.1 の許容会議 $C(P)$ を考える．この場合，許容会議 $C(P)$ の代替案 a による仮想許容範囲 $P^a = (P_i^a)_{i \in N}$ は，

$$P_1^a = \{(a,b,c), (a,c,b)\}, \quad P_2^a = L(A),$$

$$P_3^a = \{(c,a,b), (c,b,a), (a,c,b), (a,b,c)\}$$

であった．したがって，許容会議 $C(P)$ の代替案 a による仮想許容会議 $C(P^a)$ を得る．$C(P^a)$ の許容ゲーム $G_{C(P^a)} = (N, W_{C(P^a)})$ は $W_{C(P^a)} = W$ であるようなものである．また，$C(P^a)$ での許容代替案 $A_{C(P^a)}$ は $\{a, c\}$ である．さらに，$C(P^a)$ での安定な提携全体の集合 $\bar{W}_{C(P^a)}$ は $\{\{2,3\}\}$ となり，安定な代替案全体の集合 $\bar{A}_{C(P^a)}$ は $\{c\}$ となる． □

9.2 仮想会議とコア

許容会議が与えられると，その許容ゲームを考えることができる．許容ゲームを調べることで，安定な代替案や安定な提携などが明らかになる．一方で，許容

会議の仮の決定案として代替案を1つ選ぶと，それに対応して仮想許容会議が決まる．仮想許容会議の許容ゲームを調べると，仮想許容会議での安定な代替案や安定な提携が明らかになる．では一体，仮想許容会議で安定な代替案や提携とはどんなものであろうか．ここではまず，仮想許容会議で安定な代替案が持つ意味について考察し，その後，そのコアとの関係について述べた命題を紹介する．

9.2.1 仮想許容会議で安定な代替案と提携

まず許容会議を次のように捉える．会議に臨んだ主体達は，それぞれ理想の選好を持っていて，会議のはじめにそれを互いに交換する．全体としての選択を完全に決定できるような提携が存在して，その中で選好の調整が可能なのであれば，すぐに全体としての意思決定が行われる．そうでない場合には，内部での選好の調整が可能で十分な決定力を持つ提携が出現するまで，各主体が自分の許容範囲を徐々に他者に明らかにしていく．これは各主体が妥協・譲歩していくことに対応する．

各主体が許容範囲を広げていくと，決定力を持ち内部での選好の調整が可能な提携が必ず出現する．そして，その提携が提案する代替案が全体としての選択，つまり決定案になるのである．注意するべきことは，この決定案の決まり方は，各主体の許容範囲の伝え方に依存することである．つまり各主体が別の許容範囲を他者に伝えれば，別の代替案が決定案になる可能性があるのである．このとき，ある主体が「別の許容範囲の伝え方をしていたらより自分にとって望ましい代替案が決定案になっていた」ということを知ったとしたら，その主体は自分の許容範囲の伝え方に後悔するであろう．この後悔は，最終的な意思決定の価値を下げてしまうので存在するべきではない．では，どのような代替案が決定案であれば，この後悔をなくすことができるであろうか．

ここで仮想許容範囲を，「別の許容範囲の伝え方」の1つとして捉えて，仮想許容会議で安定な代替案について考える．ある許容会議において代替案 x が決定案として選ばれたとする．この決定案に対して後悔する主体がいるとしたらどんなときであろうか．各主体が別の許容範囲の伝え方として仮想許容範囲を

考えるとすると，各主体は仮想許容会議で選ばれそうな代替案，つまり，仮想許容会議で安定な代替案について吟味することになる．代替案 x による仮想許容会議は，元の許容会議における各主体の許容範囲を，「理想の選好に関して代替案 x 以上に好まれているすべての代替案を許容する」という方法で拡大したような許容範囲を持つ許容会議である．したがって，もし仮想許容会議で代替案 x が安定でなく，x 以外の代替案 a が安定になったとしたら，理想の選好に関して代替案 x 以上に代替案 a を好んでいる主体がいるはずである．この主体は「（各主体が決定案 x 以上に好んでいる代替案を許容するという）別の許容範囲の伝え方をしていれば実際の決定案以上に好ましい代替案が選択されていた」と考えて，許容範囲に伝え方について後悔する．逆にいえば，もし仮想許容会議で安定な代替案が x だけであれば，各主体は「別の許容範囲の伝え方をしても決定案は変化しない」と考えて，許容範囲の伝え方については後悔しない．

つまり，ある代替案 x が「代替案 x による仮想許容会議で安定な代替案が x だけである」という性質を満たしているときには，代替案 x はすべての主体に後悔を引き起こさない代替案である，と考えられるのである．したがってここでは，代替案 x のうち「代替案 x による仮想許容会議で安定な代替案が x だけである」という性質を満たしているものを「後悔がないような決定案」と呼ぶことにし，主体全体にとって望ましい代替案であると考える．では，許容会議と決定案 x，そして代替案 x による仮想許容会議での安定な代替案の関係についての例を見よう．

例 9.3 (後悔を引き起こす決定案) 例 9.1 の許容会議 $C(P)$ を考える．これを状況1とする．同じ会議 C に対して，別の許容範囲

$$P_1 = \{(a,b,c),(b,c,a)\}, \quad P_2 = \{(b,c,a)\}, \quad P_3 = \{(c,a,b)\}$$

あるいは，

$$P_1 = \{(a,b,c)\}, \quad P_2 = \{(b,c,a),(c,a,b)\}, \quad P_3 = \{(c,a,b)\}$$

を与えれば，それぞれ別の許容会議になる．これらをそれぞれ状況2，状況3とする．

状況1では提携 $\{1,3\}$ が安定であり代替案 a が安定である．同様に状況2では提携 $\{1,2\}$ が，状況3では提携 $\{2,3\}$ が安定であり，それぞれ，安定な代替案は b, c である（表 9.1 参照）．

表 9.1: 安定な代替案

	状況1	状況2	状況3
$\max P_1$	$\{a\}$	$\{a,b\}$	$\{a\}$
$\max P_2$	$\{b\}$	$\{b\}$	$\{b,c\}$
$\max P_3$	$\{c,a\}$	$\{c\}$	$\{c\}$
$\bar{W}_{C(P)}$	$\{1,3\}$	$\{1,2\}$	$\{2,3\}$
$\bar{A}_{C(P)}$	$\{a\}$	$\{b\}$	$\{c\}$

各状況での，安定な代替案による仮想許容会議を分析したのが表 9.2 である．なお，各状況で後悔していると考えられるのは，元の許容会議で安定な提携に入れなかった主体である．

表 9.2: 仮想許容会議の分析

	状況1	状況2	状況3
安定な代替案	$x=a$	$x=b$	$x=c$
$\max P_1^x$	$\{a\}$	$\{a,b\}$	$\{a,b,c\}$
$\max P_2^x$	$\{b,c,a\}$	$\{b\}$	$\{b,c\}$
$\max P_3^x$	$\{c,a\}$	$\{c,a,b\}$	$\{c\}$
$\bar{W}_{C(P^x)}$	$\{2,3\}$	$\{1,3\}$	$\{1,2\}$
$\bar{A}_{C(P^x)}$	$\{c\}$	$\{a\}$	$\{b\}$

状況1において，各主体が代替案 a 以上に好んでいる代替案をすべて許容していれば，実際の決定案 a よりも好ましい代替案 c が安定な代替案になる．実

際の決定案による仮想許容会議であれば,最悪の代替案 a が避けられたという意味で,主体2は許容範囲の選択について後悔するといえる.同様のことが状況2,3でも起こっている.すなわち,状況2では主体3が,状況3では主体1が後悔することになる. □

次の例では,どの主体の後悔も引き起こさない決定案が存在している.

例 9.4 (後悔を引き起こさない決定案)

$$N = \{1,2,3,4\}, \quad W = \{S \subset N \mid |S| \geq 3\}, \quad A = \{a,b,c\}$$

であり,$R = (R_i)_{i \in N}$ が,

$$R_1 = (a,b,c), \quad R_2 = (b,c,a), \quad R_3 = (c,a,b), \quad R_4 = (a,c,b)$$

であるような会議 $C = (N, W, A, R)$ に対して3つの許容範囲を考えて3つの状況を作る.つまり,状況1の許容範囲 $P = (P_i)_{i \in N}$ は,

$$P_1 = \{(a,b,c)\}, \quad P_2 = \{(b,c,a)\},$$

$$P_3 = \{(c,a,b),(a,c,b)\}, \quad P_4 = \{(a,c,b)\}$$

であり,状況2の許容範囲は,

$$P_1 = \{(a,b,c),(b,c,a)\}, \quad P_2 = \{(b,c,a)\},$$

$$P_3 = \{(c,a,b)\}, \quad P_4 = \{(a,c,b),(c,b,a),(b,a,c)\}$$

である.そして状況3では,

$$P_1 = \{(a,b,c)\}, \quad P_2 = \{(b,c,a),(c,a,b)\},$$

$$P_3 = \{(c,a,b)\}, \quad P_4 = \{(a,c,b),(c,b,a)\}$$

であるとするのである.それぞれの状況での安定な代替案は表9.3のようにまとめられる.状況1では提携 $\{1,3,4\}$ が安定であり,それによって代替案 a が

9.2. 仮想会議とコア

表 9.3: 安定な代替案

	状況1	状況2	状況3
$\max P_1$	$\{a\}$	$\{a,b\}$	$\{a\}$
$\max P_2$	$\{b\}$	$\{b\}$	$\{b,c\}$
$\max P_3$	$\{c,a\}$	$\{c\}$	$\{c\}$
$\max P_4$	$\{a\}$	$\{a,c,b\}$	$\{a,c\}$
$\bar{W}_{C(P)}$	$\{1,3,4\}$	$\{1,2,4\}$	$\{2,3,4\}$
$\bar{A}_{C(P)}$	$\{a\}$	$\{b\}$	$\{c\}$

安定になる．同様に状況2では提携 $\{1,2,4\}$ が，状況3では提携 $\{2,3,4\}$ が安定であり，それぞれの状況での安定な代替案は b, c である．

それぞれの状況での安定な代替案による仮想許容会議の分析が表 9.4 である．元の許容会議での許容範囲の選択に後悔するのは，安定な提携に属していない主体である．

表 9.4: 仮想許容会議の分析

	状況1	状況2	状況3
安定な代替案	$x=a$	$x=b$	$x=c$
$\max P_1^x$	$\{a\}$	$\{a,b\}$	$\{a,b,c\}$
$\max P_2^x$	$\{b,c,a\}$	$\{b\}$	$\{b,c\}$
$\max P_3^x$	$\{c,a\}$	$\{c,a,b\}$	$\{c\}$
$\max P_4^x$	$\{a\}$	$\{a,c,b\}$	$\{a,c\}$
$\bar{A}_{C(P^x)}$	$\{a\}$	$\{a\}$	$\{c\}$

状況1と3では,仮想許容会議での安定な代替案と実際の決定案が一致しているので,許容範囲の選択について後悔している主体はいない.しかし,状況2では,元の許容会議で安定な提携に属していない主体,つまり主体3にとっては,仮想会議で安定な代替案の方が望ましい.したがって,この状況では,主体3は元の許容会議での許容範囲の伝え方について後悔するに違いない. □

9.2.2 後悔のない代替案と会議のコアの関係

許容範囲の選択を考えていくと,それについて後悔している主体が存在する場合と存在しない場合があることがわかる.しかし前にも述べたように,後悔している主体が存在するのは望ましくない.ではどのような代替案が決定案として選ばれれば,許容範囲の選択について後悔している主体が存在しないのであろうか.次の命題は,主体の後悔を引き起こさない代替案と会議のコアとの関係を述べたものである.

命題 9.1 (会議のコアと代替案の不安定性) $C = (N, W, A, R)$ であるような許容会議 $C(P)$ を考え,そのオリジナルゲーム $G = (N, W)$ が真であるとする.もし,会議 C のコア $Core(C)$ が空であれば,任意の代替案 $x \in A$ に対して,代替案 x は,x による仮想許容会議 $G_{C(P^x)}$ において安定でない.すなわち,

$$Core(C) = \emptyset \Rightarrow x \notin \bar{A}_{C(P^x)}$$

である. □

(証明) $Core(C) = \emptyset$ なので,任意の代替案 $x \in A$ は他の代替案 $a \in A \setminus \{x\}$ に支配されている.すなわち $a \; Dom \; x$ である.このことは,ある $S \in W$ と任意の $i \in S$ に対して $a \; R_i \; x$ であることと同等である.このとき,$C(P^x)$ において,任意の $i \in S$ に対して,ある $r \in P_i^x$ が存在して $\max r = a$ である.このことから $S_a = S \in W$ であることがわかり,したがって,$S \in W_{C(P^x)}$ かつ $a \in A_{C(P^x)}$ であることがわかる.

$x \in \bar{A}_{C(P^x)}$ であると仮定すると,$\bar{A}_{C(P^x)}$ の定義から,ある $T \in W_{C(P^x)}$ が存在して $T_x = T$ であり,任意の $j \in T$ に対して,もしある $b \in A \setminus \{x\}$ が存在

9.2. 仮想会議とコア

して $b\,R_j\,x$ を満たすなら，$b \notin A_{C(P^x)}$ が成り立つはずである．

オリジナルゲーム $G = (N, W)$ が真なので，$G_{C(P^x)} = (N, W_{C(P^x)})$ も真である．したがって，$S \in W_{C(P^x)}$ であることと $T \in W_{C(P^x)}$ であることより，$S \cap T \neq \emptyset$ であることがわかる．任意の $k \in S \cap T$ に対して，特に $k \in S$ なので，ある $a \in A \setminus \{x\}$ が存在して $a\,R_k\,x$ かつ $a \in A_{C(P^x)}$ である．同時に，$k \in T$ なので，もし $a \in A \setminus \{x\}$ が $a\,R_k\,x$ を満たすならば，$a \notin A_{C(P^x)}$ でなければならない．これは矛盾である．したがって，$x \notin \bar{A}_{C(P^x)}$ である． ∎

この命題より，元の会議のコアが空であるような許容会議に対しては，どんな代替案が決定案になったとしても，許容範囲の選択に後悔している主体が必ず存在するということがわかる．つまりこの命題は，真なオリジナルゲームを持ち，元の会議にコアが空であるような許容会議における，許容範囲の効率的な選択の不可能性を示している．

では，元の会議のコアが空でない許容会議については何がいえるだろうか．次の命題は，オリジナルゲームが真であるような場合，ある代替案が元の会議のコアに属することと，その代替案による仮想許容会議においてその代替案が安定になることとが同値であることを示している．この命題は，「コアは，許容範囲の選択に関する後悔を引き起こさないような代替案の集まりである」という，コアの新しい解釈を与えているといえる．

命題 9.2 (会議のコアと代替案の安定性) $C = (N, W, A, R)$ であるような許容会議 $C(P)$ を考え，そのオリジナルゲーム $G = (N, W)$ が真であるとする．任意の代替案 $x \in A$ に対して，

$$\bar{A}_{C(P^x)} = \{x\} \Leftrightarrow x \in Core(C)$$

が成り立つ． □

(証明) $C(P^x)$ を考え，$\bar{A}_{C(P^x)} = \{x\}$ であるとする．このとき，ある $S \in W_{C(P^x)}$ が存在して $S_x = S$ であり，任意の $i \in S$ に対して，もし $a \in A \setminus \{x\}$ が $a\,R_i\,x$ を満たすなら，$a \notin A_{C(P^x)}$ である．

今 $x \notin Core(C)$ であるとすると, ある $T \in W$ と $y \in A\backslash\{x\}$ が存在して, 任意の $j \in T$ に対して $y\,R_j\,x$ が存在する. これにより, $C(P^x)$ において $T_y \in W$ であり, したがって, $y \in A_{C(P^x)}$ であることがわかる. オリジナルゲームが真であることから, $S \cap T \neq \emptyset$ である. $k \in S \cap T$ であるような k に対して, 特に $k \in T$ であるので, $y\,R_k\,x$ である. また特に $k \in S$ なので $y \notin A_{C(P^x)}$ であるが, これは $y \in A_{C(P^x)}$ であることに矛盾する. よって, $x \in Core(C)$ である.

$x \in Core(C)$ であるとすると, 任意の $a \in A\backslash\{x\}$ と任意の $S \in W$ に対して, ある $i \in S$ が存在して $x\,R_i\,a$ である. したがって, $C(P^x)$ において, 任意の $S \in W$ と $a \in A\backslash\{x\}$ に対して, $S_a \notin W$ である. これは, 定義より, 任意の $a \in A\backslash\{x\}$ に対して $a \notin A_{C(P^x)}$ であることを意味する. 一方, $C(P^x)$ においては, $N_x = N \in W$ であり, したがって, $x \in A_{C(P^x)}$ である. よって $A_{C(P^x)} = \{x\}$ である. $A_{C(P^x)} = \{x\}$ かつ $N_x = N$ であることは $\bar{A}_{C(P^x)} = \{x\}$ であることを意味するので, 結論を得る. ∎

この命題の証明の後半部分ではオリジナルゲームが真であることを使っていない. したがって, 以下の系が得られる.

系 9.1 $C = (N, W, A, R)$ であるような許容会議 $C(P)$ を考える. 任意の代替案 $x \in A$ に対して,

$$x \in Core(C) \;\Rightarrow\; \bar{A}_{C(P^x)} = \{x\}$$

が成り立つ. □

命題 9.2 においてオリジナルゲームが真であるという条件が必要であるということを示すのが次の例である.

例 9.5 (真であるという条件の必要性)

$$N = \{1, 2, 3, 4\}, \quad W = \{S \subset N \mid |S| \geq 2\}, \quad A = \{a, b, c, d\}$$

であり, $R = (R_i)_{i \in N}$ が,

$$R_1 = (a, b, c, d), \quad R_2 = (d, a, b, c), \quad R_3 = (b, c, a, d), \quad R_4 = (c, b, a, d)$$

であるような会議 $C = (N, W, A, R)$ に対して,

$$P_1 = \{(a,b,c,d), (b,a,c,d)\}, \quad P_2 = \{(d,a,b,c), (a,d,b,c)\},$$

$$P_3 = \{(b,c,a,d)\}, \quad P_4 = \{(c,b,a,d)\}$$

という許容範囲 $P = (P_i)_{i \in N}$ を考える. このとき, $C(P)$ のオリジナルゲームは真ではなく, また, 会議 $C = (N, W, A, R)$ のコア $Core(C)$ は空である.

代替案 $a \in A$ による仮想許容会議 $C(P^a)$ を考えると,

$$P_1^a = \{r \in L(A) \mid \max r = a\}$$
$$P_2^a = \{r \in L(A) \mid \max r = a \text{ or } d\}$$
$$P_3^a = \{r \in L(A) \mid \max r = a \text{ or } b \text{ or } c\}$$
$$P_4^a = \{r \in L(A) \mid \max r = a \text{ or } b \text{ or } c\}$$

である. このとき $\bar{A}_{C(P^a)} = \{a\}$ であることがわかる. この場合には, $Core(C) = \emptyset$ であるが, 同時に $\bar{A}_{C(P^a)} = \{a\}$ である. □

9.3 理想の選好と許容範囲

前節において, 主体の後悔を導かない決定案が会議のコアと密接に関係していることがわかった. コアが存在する会議においては, その中から決定案を選べば, すべての主体に許容範囲の選択に関する後悔をさせないことができるわけである. しかし注意するべきことは, これまでの許容会議の扱いにおいては, 「理想の選好」が大きな役割を果たしてきたということである. コアという考え方は, 元々の会議での選好, つまり, 理想の選好に基づいているし, 仮想許容範囲を定義する際にも, 理想の選好に関して決定案以上に好まれている代替案を最も好ましいとしている選好の集まりを用いた.

ところが, 実際の会議における情報交換の際には, 理想の選好が主体の間で交換されるとは限らない. 主体は, しばしば, 自分の本当の選好を隠したままで情報交換を続け, 選好の調整を行うことがある. このような情報交換が行われるよ

うな意思決定状況を適切に取り扱い，またこのような状況においても情報交換についての後悔がないような代替案を考えられるようにするには，今までの枠組を変更する必要がある．ここでは，理想の選好が明らかになっていないような会議を扱うための枠組を構築し，コアの概念を一般化して，分析の対象となる会議の範囲を拡大することを目指す．

9.3.1 許容会議の再定義

各主体の理想の選好がわかっているとは限らないという前提なので，会議の定義そのものを変更する必要がある．ここでは単純に，以前の会議の定義から理想の選好の部分を取り除いたものを会議として再定義する．

定義 9.3 ((理想の選好がわからない) 会議) (理想の選好がわからない) 会議とは，組 (N, W, A) のうち，(N, W) がシンプルゲームになっているようなものであり，これを C で表す．　　　　　　　　　　　　　　　　　　　　　　　　□

もちろん，N が意思決定主体全体の集合，W が勝利提携全体の集合を表し，シンプルゲーム (N, W) が会議が採用している採決のルールを表す．A は代替案全体の集合である．

さらに，各主体は自分の理想の選好が何であるかを特定することなく選好についての情報交換を行うと考える．つまり，各主体は自分のさまざまな選好を他者に伝えるが，その中に理想の選好が含まれているかどうか，もし含まれていたとしてもどれが理想の選好かはわからないとするのである．各主体が他者に伝える選好それぞれを代替案全体の集合 A 上の弱順序で表すことにすると，各主体の許容範囲は選好の集まりで表現できる．考えられる選好全体の集合を $L(A)$ で表せば，ある主体が他者に伝える選好は，$L(A)$ の空でない部分集合で表現できる．すなわち，任意の $i \in N$ に対して，

$$\emptyset \neq P_i \subset L(A)$$

であるような P_i が，主体 i が他者に伝えた選好の全体である．ここでは，この P_i を「主体 i の許容範囲」と呼ぶ．弱順序の定義も含めて，主体の許容範囲を

9.3. 理想の選好と許容範囲

正確に定義しよう.

定義 9.4 (弱順序) 集合 A を考える. A 上の関係 r は,

- 任意の $a, b \in A$ に対して, $a\, r\, b$ または $b\, r\, a$ である（完備性）, かつ,
- 任意の $a, b, c \in A$ に対して, もし $a\, r\, b$ かつ $b\, r\, c$ ならば $a\, r\, c$ である（推移性）である

ということを満たすとき, A 上の弱順序であるという. A 上の弱順序全体の集合を $L(A)$, あるいは単に L と表す. □

任意の $r \in L$, 任意の $a, b \in A$ に対して, $a\, p\, b$ で, 「$a\, r\, b$ であり, かつ, $b\, r\, a$ ではない」ことを表す. 任意の $r \in L$, 任意の $a, b \in A$ に対して $a\, r\, b$ は, 「弱順序 r において, 代替案 a は代替案 b 以上に好まれている」ということを表す. したがって, 任意の $r \in L$, 任意の $a, b \in A$ に対して, $a\, p\, b$ で, 「弱順序 r において, 代替案 a は代替案 b より好まれている」ということを表す. 次の補題は弱順序についての基礎的な性質について述べている.

補題 9.1 任意の $r \in L$, 任意の $x, a \in A$ に対して, もし $a\, p\, x$ ではないなら, $x\, r\, a$ が成り立つ. □

(証明) 「$a\, p\, x$ でない」ならば, 「$a\, r\, x$ でない」か, あるいは「$x\, r\, a$ でない」ではない. したがって, 「$a\, r\, x$ でない」または「$x\, r\, a$」である. r は完備なので, $x\, r\, a$ であることがわかる. ■

定義 9.5 (許容範囲) 会議 $C = (N, W, A)$ を考える. 任意の $i \in N$ に対して, 主体 i の許容範囲とは, $L(A)$ の空でない部分集合であり, P_i で表される. 各主体の許容範囲を並べたもの $(P_i)_{i \in N}$ を主体の許容範囲と呼び, P で表す. □

会議 $C = (N, W, A)$ と主体の許容範囲 P を組にしたものを $C(P)$ で表し, 許容会議と呼ぶ.

定義 9.6 (許容会議) 会議 $C = (N, W, A)$ と主体の許容範囲 P の組を $C(P)$ で表し，許容会議と呼ぶ． □

新しく定義された許容会議の例を見ておこう．

例 9.6 (許容会議)

$$N = \{1, 2, 3, 4, 5\}, \quad W = \{S \subset N \mid |S| \geq 3\}, \quad A = \{a, b, c\}$$

であるような会議 $C = (N, W, A)$ を考える．また，主体の許容範囲 $P = (P_i)_{i \in N}$ を，

$$P_1 = \{(a, b, c), (b, a, c)\}, \quad P_2 = \{(b, a, c), (b, c, a)\},$$

$$P_3 = \{(a, b, c), (a, c, b)\}, \quad P_4 = \{(a, b, c)\}, \quad P_5 = \{(c, a, b)\}$$

とする．ただし，(x, y, z) は，選好 r が $x \, p \, y$ かつ $y \, p \, z$ を満たすことを表す．このとき，許容会議 $C(P)$ を得る．もし許容範囲として，

$$P'_1 = \{(a, b, c), (b, a, c)\}, \quad P'_2 = \{(b, a, c), (b, c, a)\},$$

$$P'_3 = \{(a, b, c), (a, c, b)\}, \quad P'_4 = \{(a, b, c)\}, \quad P'_5 = \{(c, a, b), (c, b, a)\}$$

であるような $P' = (P'_i)_{i \in N}$ を考えれば，別の許容会議 $C(P')$ を得る． □

9.3.2 会議のコアの一般化

　従来の会議のコアの概念は，主体の理想の選好に基づいて定義されていた．しかし実際には，主体の理想の選好は明らかになっているとは限らない．そこでコアの概念を，主体の理想の選好は明らかになっていないが，許容範囲についての情報はわかっている場合に適用できるように拡張する．拡張は，許容会議に適用できるように行い，また 2 つのタイプの拡張を考える．コアの定義には支配という考え方が必要だった．ここでもまず支配の概念の拡張から行い，それを用いて拡張されたコアの概念を定義する．

9.3. 理想の選好と許容範囲

定義 9.7 (存在支配関係) $C = (N, W, A)$ であるような許容会議 $C(P)$ を考える．任意の代替案 $a, b \in A$ に対して，a は b を $C(P)$ において存在支配するとは，ある $S \in W$ が存在して，任意の $i \in S$ に対して，$a\,p\,b$ であるような $r \in P_i$ が存在する場合をいう．このことを $a\ eDom(C(P))\ b$ と書く．$a\ e\mathrm{Do}\!\!\!/m(C(P))\ b$ は，a は b を $C(P)$ において存在支配していないことを表す． □

定義 9.8 (普遍支配関係) $C = (N, W, A)$ であるような許容会議 $C(P)$ を考える．任意の代替案 $a, b \in A$ に対して，a は b を $C(P)$ において普遍支配するとは，ある $S \in W$ が存在して，任意の $i \in S$ と任意の $r \in P_i$ に対して，$a\,p\,b$ である場合をいう．このことを $a\ uDom(C(P))\ b$ と書く．$a\ u\mathrm{Do}\!\!\!/m(C(P))\ b$ は，a は b を $C(P)$ において普遍支配していないことを表す． □

存在支配と普遍支配の概念が通常の支配の概念の拡張になっていることは明らかである．これらの概念をそれぞれ用いて，「存在コア」と「普遍コア」の概念を定義する．

定義 9.9 (存在コア) 許容会議 $C(P)$（ただし $C = (N, W, A)$ であるとする）に対して，$C(P)$ での存在コアとは，存在支配されない代替案全体の集合であり，$eCore(C(P))$ で表される．すなわち，

$$eCore(C(P)) = \{a \in A \mid \forall b \in A, b\ e\mathrm{Do}\!\!\!/m(C(P))\ a\}$$

である． □

定義 9.10 (普遍コア) 許容会議 $C(P)$（ただし $C = (N, W, A)$ であるとする）に対して，$C(P)$ での普遍コアとは，普遍支配されない代替案全体の集合であり，$uCore(C(P))$ で表される．すなわち，

$$uCore(C(P)) = \{a \in A \mid \forall b \in A, b\ u\mathrm{Do}\!\!\!/m(C(P))\ a\}$$

である． □

2つの拡張されたコアの概念について以下が成り立つ．

命題 9.3 $C = (N, W, A)$ であるような許容会議 $C(P)$ に対して，

$$eCore(C(P)) \subset uCore(C(P))$$

である． □

(証明) $a \in eCore(C(P))$ とする．このとき，$b\, eDom(C(P))\, a$ が任意の $b \in A$ に対して成り立つ．これにより，任意の $b \in A$ に対して，「ある $S \in W$ が存在して，任意の $i \in S$ に対して，$b\, p\, a$ であるような $r \in P_i$ が存在する」というのは真ではない．したがって，任意の $b \in A$，任意の $S \in W$ に対して，ある $i \in S$ が存在して，「任意の $r \in P_i$ に対して $b\, p\, a$」ではない．これはつまり，任意の $b \in A$，任意の $S \in W$ に対して，ある $i \in S$ が存在し，ある $r \in P_i$ が存在して「$b\, p\, a$ ではない」ことを意味する．したがって，任意の $b \in A$ に対して，「ある $S \in W$ が存在して，任意の $i \in S$，任意の $r \in P_i$ に対して $b\, p\, a$」というのは真ではない．つまり，任意の $b \in A$ に対して $b\, uDom(C(P))\, a$ であり，これは $a \in uCore(C(P))$ を意味する． ■

命題 9.4 任意の会議 $C = (N, W, A)$ を考える．2つの許容範囲 P, P' に対して，もし，任意の $i \in N$ に対して，$P_i \subset P_i'$ が成り立っていれば，

$$eCore(C(P')) \subset eCore(C(P))$$

であり，かつ，

$$uCore(C(P)) \subset uCore(C(P'))$$

である． □

(証明) まず，$a \in eCore(C(P'))$ であるとする．このとき，任意の $b \in A$ に対して $b\, eDom(C(P'))\, a$ であるので，任意の $b \in A$ に対して，「ある $S \in W$ が存在して，任意の $i \in S$ に対して，$b\, p\, a$ であるような $r \in P_i'$ が存在する」というのは真ではない．したがって，任意の $b \in A$ と任意の $S \in W$ に対して，ある $i \in S$ が存在して，「任意の $r \in P_i'$ に対して $b\, p\, a$ ではない」．このことよ

9.3. 理想の選好と許容範囲

り, 任意の $b \in A$ と任意の $S \in W$ に対して, ある $i \in S$ が存在して, 「任意の $r \in P_i$ に対して, $b \, p \, a$ ではない」. なぜなら, 任意の $i \in N$ に対して $P_i \subset P_i'$ であるからである. すると, 任意の $b \in A$ に対して, 「ある $S \in W$ が存在して, 任意の $i \in S$ に対して, $b \, p \, a$ であるような $r \in P_i$ が存在する」というのは真ではない. つまり, 任意の $b \in A$ に対して $b \, eDom(C(P)) \, a$ であり, これは $a \in eCore(C(P))$ であることを意味する.

次に, $a \in uCore(C(P))$ であるとする. このとき, 任意の $b \in A$ に対して $b \, uDom(C(P)) \, a$ である. これは, 任意の $b \in A$ に対して, 「ある $S \in W$ が存在して, 任意の $i \in S$ と任意の $r \in P_i$ に対して $b \, p \, a$ である」ということは真ではないということを意味する. したがって, 任意の $b \in A$ と任意の $S \in W$ に対して, ある $i \in S$ とある $r \in P_i$ が存在して $b \, p \, a$ ではない. これは, 任意の $b \in A$ と任意の $S \in W$ に対して, ある $i \in S$ と $r \in P_i'$ が存在して $b \, p \, a$ ではないということを意味する. なぜなら, 任意の $i \in N$ に対して $P_i \subset P_i'$ であるからである. したがって, 任意の $b \in A$ に対して, 「ある $S \in W$ が存在して, 任意の $i \in S$ と任意の $r \in P_i'$ に対して, $b \, p \, a$ である」ということは真ではない. つまり, 任意の $b \in A$ に対して $b \, uDom(C(P')) \, a$ であり, これは $a \in uCore(C(P'))$ であることを意味する. ∎

新しく定義した2つのコアの例を見よう.

例 9.7 (存在コアと普遍コア) 例 9.6 での許容会議 $C(P), C(P')$ を考える. 許容会議 $C(P)$ においては, $eCore(C(P)) = uCore(C(P))$ であることがわかる. 実際, 提携 $\{1,2,4\}$ により, $a \, eDom(C(P)) \, b$ かつ $a \, eDom(C(P)) \, c$ である. さらに, 代替案 a はどの代替案からも存在支配されない. したがって, $eCore(C(P)) = \{a\}$ である. さらに, $a \, uDom(C(P)) \, b$ が提携 $\{3,4,5\}$ によって成立する. また, $a \, uDom(C(P)) \, c$ も提携 $\{1,3,4\}$ により成立する. 代替案 a は普遍支配されないことがわかるので, $uCore(C(P)) = \{a\}$ である.

一方, 許容会議 $C(P')$ では, $eCore(C(P')) \neq uCore(C(P'))$ であることがわかる. 提携 $\{1,3,4\}$ により $a \, eDom(C(P')) \, b$ であり, 提携 $\{1,2,3\}$ により, $a \, eDom(C(P')) \, c$ である. また, $b \, eDom(C(P')) \, a$ が提携 $\{1,2,5\}$ によ

り成り立つ．よって，$eCore(C(P')) = \emptyset$ である．さらに，$b\ uDom(C(P'))\ c$ が提携 $\{1,2,4\}$ により成り立ち，代替案 a, b は普遍支配されない．よって，$uCore(C(P')) = \{a,b\}$ である．□

9.3.3 代替案の安定性と無後悔性

一般化された会議コアの概念，つまり，許容会議の存在コアと普遍コアの特徴付けには，「代替案の安定性」と「代替案の無後悔性」の概念を用いる．代替案の安定性は，以前に登場した安定な代替案の考え方をここでの許容会議に適用可能なように拡張したものであり，代替案の無後悔性は，仮想許容会議での安定な代替案という考え方を拡張したものである．

代替案の安定性を定義するには，許容される選好と安定な選好の定義が必要である．

$C = (N, W, A)$ であるような許容会議 $C(P)$ を考える．$C(P)$ における「許容される選好」とは，少なくとも 1 つの勝利提携の中のすべての主体によって許容されている選好である．任意の $S \in W$ と $r \in L$ に対して，S_r で，提携 S に属している主体のうち，選好 r を許容しているもの全体の集合を表す．つまり，

$$S_r = \{i \in S \mid r \in P_i\}$$

である．さらに，任意の $r \in L$ に対して，$\max r$ で，選好 r において最も好まれいる代替案全体の集合を表す．つまり，

$$\max r = \{a \in A \mid \forall b \in A, a\ r\ b\}$$

である．このとき「許容される選好」は以下で定義される．

定義 9.11 (許容される選好) 許容会議 $C(P)$ における許容される選好とは，集合

$$\{r \in L \mid \exists S \in W, S_r \in W\}$$

の要素である．あるいは，集合

$$\{r \in L \mid \exists S \in W, S_r = S\}$$

9.3. 理想の選好と許容範囲

の要素として定義しても同等である．この集合を $L_{C(P)}$ と書く． □

集合 $\{r \in L \mid \exists S \in W, S_r \in W\}$ と集合 $\{r \in L \mid \exists S \in W, S_r = S\}$ が等しいことは明らかである．実際，前者の集合に属している任意の r に対して，ある $S \in W$ が存在して $S_r \in W$ である．任意の $r \in L$ に対して $(S_r)_r = S_r$ なので，r は後者の集合にも属する．逆に，後者の集合に属している任意の r に対して，ある $S \in W$ が存在して $S_r = S$ である．$S \in W$ であるので，$S_r \in W$ でもある．よって，r は後者の集合に入る．

許容会議 $C(P)$ における安定な選好は，少なくとも 1 つの勝利提携の中のすべての主体によって許容されていて，かつ，その主体それぞれにとってはより望ましい代替案が達成されそうにない，ということが成り立っているような選好のことである．

定義 9.12 (安定な選好) 許容会議 $C(P)$ における安定な選好とは，ある $S \in W$ が存在して $S_r = S$ であり，かつ，任意の $i \in S$ と任意の $r' \in P_i$ に対して，もし $r' \in L_{C(P)}$ ならば，$\max r \subset \max r'$ であるというこが成り立っている r のことであり，安定な選好全体の集合を $\bar{L}_{C(P)}$ で表す．すなわち，

$$\bar{L}_{C(P)} = \{r \in L \mid (\exists S \in W)[[S_r \in W] \text{ かつ} \\ [\forall i \in S, \forall r' \in P_i, [r' \in L_{C(P)} \Rightarrow \max r \subset \max r']]]\}$$

である． □

そして，許容会議 $C(P)$ での安定な代替案は，安定な選好において最も好まれている代替案全体の集合として定義される．

定義 9.13 (安定な代替案) 許容会議 $C(P)$ における安定な代替案とは，集合 $\max \bar{L}_{C(P)}$ の要素，すなわち，

$$\bigcup_{r \in \bar{L}_{C(P)}} \max r$$

である． □

安定な選好に対しては，少なくとも1つの勝利提携が存在して，そこに属しているすべての主体がその選好を許容している．さらに，その主体それぞれにとっては，その選好よりも好ましい選好が達成可能ではない．したがって，会議の最終的な選択は安定な選好に基づいて行われそうである，といえる．安定な代替案についての例を見てみよう．

例 9.8 (安定な代替案) 例 9.6 での許容会議 $C(P)$ を考える．この場合，提携 $S = \{1,3,4\} \in W$ と選好 $r = (a,b,c) \in L$ が，$S_r = S$ を満たしている．また，$S_r = S$ を満たすような他の $S \in W$ と $r \in L$ の組はない．したがって，$L_{C(P)} = \{(a,b,c)\}$ であり，$\max \bar{L}_{C(P)} = \{a\}$ である．同様に，例 9.6 での許容会議 $C(P')$ を考えると，$\max \bar{L}_{C(P')} = \{a\}$ となる． □

代替案の無後悔性を定義するには，「仮想許容会議」の考え方が必要である．ここでは2通りの仮想許容会議，すなわち，「存在仮想許容会議」と「普遍仮想許容会議」を定義する．

会議 $C = (N, W, A)$ と許容範囲 P の組，すなわち許容会議 $C(P)$ を考える．任意の代替案 $x \in A$ に対して，仮想の許容範囲を持つ2つのタイプの許容会議を考える．1つは，代替案 x による存在仮想許容会議 $C(eP^x)$ であり，もう1つは，代替案 x による普遍仮想許容会議 $C(uP^x)$ である．$C(eP^x)$ においては，主体 i の許容範囲 eP_i^x は，

> 主体 i は，ある選好 $r' \in P_i$ が存在して，任意の $a \in A$ について，もし選好 r' において代替案 x よりも代替案 a が好まれているならば，選好 r においても x よりも a が好まれている，ということが成り立っている選好 r すべてを許容する

という仮定に基づいて作られている．一方，$C(uP^x)$ においては，許容範囲 uP_i^x は，

> 主体 i は，任意の $a \in A$ に対して，選好 r において x よりも a が好まれているならば，任意の選好 $r' \in P_i$ に対して，r' において代替案 x よりも代替案 a が好まれている，ということが成り立っている選好 r すべてを許容する

9.3. 理想の選好と許容範囲

という仮定に基づいて作られている．厳密には以下のような定義になる．

定義 9.14 (存在仮想許容会議) 許容会議 $C(P)$ と代替案 $x \in A$ に対して，x による存在仮想許容会議とは，会議 $C = (N, W, A)$ と許容範囲 $eP^x = (eP_i^x)_{i \in N}$ の組 $C(eP^x)$ である．ただし，任意の $i \in N$ に対して，

$$eP_i^x = \{r \in L \mid (\exists r' \in P_i)(\forall a \in A)(x\ r'\ a \Rightarrow x\ r\ a)\}$$

である． □

定義 9.15 (普遍仮想許容会議) 許容会議 $C(P)$ と代替案 $x \in A$ に対して，x による普遍仮想許容会議とは，会議 $C = (N, W, A)$ と許容範囲 $eP^x = (eP_i^x)_{i \in N}$ の組 $C(uP^x)$ である．ただし，任意の $i \in N$ に対して，

$$uP_i^x = \{r \in L \mid (\forall a \in A)(a\ p\ x \Rightarrow (\forall r' \in P_i)(a\ p'\ x))\}$$

である． □

次の命題は存在仮想許容会議と普遍仮想許容会議の間の関係を述べたものである．

命題 9.5 (存在仮想許容会議と普遍仮想許容会議) 任意の許容会議 $C(P)$，任意の $x \in A$，任意の $i \in N$ に対して，

$$uP_i^x \subset eP_i^x$$

である． □

(証明) 任意の $r \in uP_i^x$ に対しては，任意の $a \in A$ に対して，もし $a\ p\ x$ ならば，任意の $r' \in P_i$ に対して，$a\ p'\ x$ である．これより，任意の $a \in A$ に対して，もし「$a\ p'\ x$ ではない」ような $r' \in P_i$ が存在するならば，「$a\ p\ x$ ではない」ということが成り立つことがわかる．今，任意に $r' \in P_i$ と $a \in A$ をとり，$x\ r'\ a$ であると仮定する．このとき，$a\ p'\ x$ であることは「$x\ r'\ a$ ではない」ということを意味するので，「$a\ p'\ x$ ではない」ということが成り立つことがわかる．し

たがって, 「$a\, p\, x$ ではない」ということが成り立つ. 補題 9.1 より, $x\, r\, a$ であることがわかる. つまり, 任意の $r \in uP_i^x$ に対して, r は, 任意の $r' \in P_i$ と任意の $a \in A$ に対して, もし $x\, r'\, a$ ならば $x\, r\, a$ である, ということを満たすということがわかる. これにより, $r \in eP_i^x$ となる. ∎

存在仮想許容会議と普遍仮想許容会議についての例を見よう.

例 9.9 (存在仮想許容会議と普遍仮想許容会議) 例 9.6 での許容会議 $C(P)$ を考える. $x = a \in A$ とすると,

$$eP_1^x = \{r \in L \mid a \in \max r\} \cup \{(b,a,c), (b,[a,c])\}$$
$$eP_2^x = L$$
$$eP_3^x = \{r \in L \mid a \in \max r\}$$
$$eP_4^x = \{r \in L \mid a \in \max r\}$$
$$eP_5^x = \{r \in L \mid a \in \max r\} \cup \{(c,a,b), (c,[a,b])\}$$

となる. ただし, $(x, [y, z])$ は, $x\, p\, y$ かつ $x\, p\, z$ かつ $y\, r\, z$ かつ $z\, r\, y$ を満たしている $r \in L$ を表す. また,

$$uP_1^x = \{r \in L \mid a \in \max r\}$$
$$uP_2^x = \{r \in L \mid a \in \max r\} \cup \{(b,a,c), (b,[a,c])\}$$
$$uP_3^x = \{r \in L \mid a \in \max r\}$$
$$uP_4^x = \{r \in L \mid a \in \max r\}$$
$$uP_5^x = \{r \in L \mid a \in \max r\} \cup \{(c,a,b), (c,[a,b])\}$$

となる. 例 9.6 での許容会議 $C(P')$ を考えて, $x = a \in A$ とすると,

$$eP'^x_1 = \{r \in L \mid a \in \max r\} \cup \{(b,a,c), (b,[a,c])\}$$
$$eP'^x_2 = L$$
$$eP'^x_3 = \{r \in L \mid a \in \max r\}$$
$$eP'^x_4 = \{r \in L \mid a \in \max r\}$$
$$eP'^x_5 = L$$

9.3. 理想の選好と許容範囲

である．また，

$$uP'^x_1 = \{r \in L \mid a \in \max r\}$$
$$uP'^x_2 = \{r \in L \mid a \in \max r\} \cup \{(b,a,c),(b,[a,c])\}$$
$$uP'^x_3 = \{r \in L \mid a \in \max r\}$$
$$uP'^x_4 = \{r \in L \mid a \in \max r\}$$
$$uP'^x_5 = \{r \in L \mid a \in \max r\} \cup \{(c,a,b),(c,[a,b])\}$$

である． □

存在仮想許容会議と普遍仮想許容会議の概念を使って，2つのタイプの「代替案の無後悔性」を定義する．すなわち，「存在無後悔性」と「普遍無後悔性」である．ある代替案 $x \in A$ が存在無後悔である，あるいは普遍無後悔であるとは，代替案 x が，それぞれ $C(eP^x)$ と $C(uP^x)$ において安定であるときをいう．

存在仮想許容会議と普遍仮想許容会議は，両者とも，代替案 x よりも望ましい代替案を達成しようとする主体による仮想的な許容範囲の伝え方である．もし代替案 x が仮想許容会議において安定であれば，代替案 x は仮想的な許容会議においても選択されそうであるということを意味し，したがって，その主体も，元の許容会議における許容範囲の選択に後悔しないと考えられる．

定義 9.16 (**存在無後悔的な代替案**) 許容会議 $C(P)$ を考える．任意の $x \in A$ に対して，代替案 x が許容会議 $C(P)$ において存在無後悔的であるとは，x が $C(eP^x)$ において安定であるとき，すなわち，$x \in \max \bar{L}_{C(eP^x)}$ であるときをいう． □

定義 9.17 (**普遍無後悔的な代替案**) 許容会議 $C(P)$ を考える．任意の $x \in A$ に対して，代替案 x が許容会議 $C(P)$ において普遍無後悔的であるとは，x が $C(uP^x)$ において安定であるとき，すなわち，$x \in \max \bar{L}_{C(uP^x)}$ であるときをいう． □

9.3.4　一般化されたコアの特徴付け

代替案の存在無後悔性と普遍無後悔性の概念を用いて，存在コアと普遍コアの概念を特徴付けることができる．必要となる補題をいくつか与えておこう．

補題 9.2 許容会議 $C(P)$ を考える．任意の $x, a \in A$, 任意の $i \in N$ に対して，もし任意の $r' \in P_i$ に対して $x\,r'\,a$ であれば，任意の $r \in eP_i^a$ に対して $x\,r\,a$ である．　□

(証明) ある $r \in eP_i^a$ が存在して，「$x\,r\,a$ が満たされない」としよう．すると，存在仮想許容会議の定義より，ある $r' \in P_i$ が存在して「$x\,r'\,a$ が満たされない」ということが成り立つ． ∎

補題 9.3 許容会議 $C(P)$ を考える．任意の $x, a \in A$, 任意の $i \in N$ に対して，もしある $r \in P_i$ が存在して $x\,r\,a$ であるならば，任意の $r \in uP_i^a$ に対して $x\,r\,a$ である．　□

(証明) ある $r \in uP_i^a$ が存在して「$x\,r\,a$ が満たされない」とすると，補題 9.1 の対偶より，ある $r \in uP_i^a$ が存在して $a\,p\,x$ である．したがって，普遍仮想許容会議の定義から，任意の $r \in P_i$ に対して $a\,p\,x$ でなければならない． ∎

補題 9.4 許容会議 $C(P)$ を考える．任意の $x \in A$ と任意の $r \in L$ に対して，もし $\max r = \{x\}$ ならば，存在仮想許容会議 $C(eP^x)$ において $N_r = N$ である．　□

(証明) $\max r = \{x\}$ であるような $r \in L$ を考える．存在仮想許容会議の定義から，任意の $i \in N$ に対して $r \in eP_i^x$ であり，したがって，存在仮想許容会議 $C(eP^x)$ においては $N_r = N$ が成り立つ． ∎

補題 9.5 許容会議 $C(P)$ を考える．任意の $x \in A$ と任意の $r \in L$ に対して，もし $\max r = \{x\}$ であれば，普遍仮想許容会議 $C(uP^x)$ において $N_r = N$ である．　□

9.3. 理想の選好と許容範囲   249

(証明) $\max r = \{x\}$ であるような $r \in L$ を考える. このとき, 任意の $a \in A$ に対して「$a\, p\, x$ ではない」ことが成立する. したがって, 普遍仮想許容会議の定義より, 任意の i に対して $r \in uP_i^a$ であり, 普遍仮想許容会議 $C(uP^x)$ において $N_r = N$ である. ∎

命題には, 会議が真であるという条件も用いる. 復習しておこう.

定義 9.18 (会議が真である) 会議 $C = (N, W, A)$ が真であるとは, 任意の $S \subset N$ に対して,
$$S \in W \Rightarrow N \backslash S \notin W$$
が成り立っている場合をいう. □

次の命題は, 存在コアが存在無後悔性によって特徴付けられるということを示すものである.

命題 9.6 (存在コアの特徴付け) 任意の $C = (N, W, A)$, 任意の P, 任意の $x \in A$ に対して, もし $C(P)$ のオリジナルゲーム $G = (N, W)$ が真であれば,
$$x \in eCore(C(P)) \Leftrightarrow x は C(P) において存在無後悔的である.$$
ということが成り立つ. □

(証明) まず $x \in eCore(C(P))$ であるとする. すると, 任意の $a \in A$ に対して $a\, eDo/n\, x$ である. すなわち, 任意の $S \in W$ に対して, ある $i \in S$ が存在して, ある $r \in P_i$ に対して「$a\, p\, x$ ではない」ということが成り立っている. 補題 9.1 より, 「$a\, p\, x$ ではない」ということは, $x\, r\, a$ であるということを導くので, 補題 9.2 より, 任意の $r \in eP_i^a$ に対して $x\, r\, a$ である. したがって, $a \in \max \hat{r}$ かつ $x \notin \max \hat{r}$ であるような任意の $\hat{r} \in L$ に対して, 存在仮想許容会議 $C(eP^x)$ において $S_{\hat{r}} \neq S$ が成り立つ. $S_{\hat{r}} \in W$ であるならば, $(S_{\hat{r}})_{\hat{r}} = S_{\hat{r}} \in W$ でなければならないので, $S_{\hat{r}} \notin W$ を意味する.

結果として, $a \in \max \hat{r}$ かつ $x \notin \max \hat{r}$ であるような任意の $a \in A$ と任意の $\hat{r} \in L$ に対して, $\hat{r} \notin L_{C(eP^x)}$ である. いいかえると, 任意の $r' \in L$ に対して,

もし $r' \in L_{C(eP^x)}$ ならば, $x \in \max r'$ である. 補題 9.4 より, $\max r = \{x\}$ であるような任意の $r \in L$ に対して, 存在仮想許容会議 $C(eP^x)$ において $N_r = N$ である. よって, N と $\max r = \{x\}$ であるような r を考えると, $N \in W$ であり, かつ, $N_r = N$ であり, また, 任意の $i \in N$ と任意の $r' \in eP_i^\alpha$ に対して, もし $r' \in L_{C(eP^x)}$ であれば, $\max r \subset \max r'$ である. これより, $x \in \max \bar{L}_{C(eP^x)}$ であり, つまり, x は $C(P)$ において存在無後悔的であるということがわかった.

次に, $x \notin eCore(C(P))$ であるとする. このとき, ある $a \in A$ が存在して $a\, eDom\, x$ である. すなわち, ある $S \in W$ が存在して, 任意の $i \in S$ に対して, ある $r \in P_i$ が存在して $a\, p\, x$ を満たす. 存在仮想許容会議の定義より, 任意の $i \in S$ に対して, eP_i^α は, $\max \hat{r} = \{a\}$ であるような $\hat{r} \in L$ を要素に持つ. つまり, $S_{\hat{r}} = S \in W$ が成り立ち, これは $\hat{r} \in L_{C(eP^x)}$ を意味する. もし $x \in \max \bar{L}_{C(eP^x)}$ であれば, $x \in \max \bar{r}$ を満たす $\bar{r} \in \bar{L}_{C(eP^x)}$ が存在する. この場合, $\bar{S}_{\bar{r}} = \bar{S}$ と, 任意の $j \in \bar{S}$ と任意の $r' \in eP_j^\alpha$ に対して, もし $r' \in L_{C(eP^x)}$ ならば $\max r \subset \max r'$ であるということを満たしているような $\bar{S} \in W$ が存在する. オリジナルゲーム $G = (N, W)$ は真なので, S と $\bar{S}$ は共通部分を持つ. 任意の $k \in S \cap \bar{S}$ に対して, 特に $k \in S$ なので, ある $\hat{r} \in eP_k^\alpha$ が存在して $\hat{r} \in L_{C(eP^x)}$ である. また, $x \notin \max \hat{r} = \{a\}$ なので, $\max \bar{r}$ は $\max \hat{r}$ に包含されない. このことは, $\bar{r} \in \bar{L}_{C(eP^x)}$ であることに反する. したがって, $x \in \max \bar{L}_{C(eP^x)}$ であり, つまり, x は $C(P)$ において存在無後悔性を満たす. ∎

次の命題は, 普遍コアが普遍無後悔性によって特徴付けられるということを示すものである.

命題 9.7 (普遍コアの特徴付け) 任意の $C = (N, W, A)$, 任意の P, 任意の $x \in A$ に対して, もし $C(P)$ のオリジナルゲーム $G = (N, W)$ が真であれば,

$$x \in uCore(C(P)) \Leftrightarrow x \text{ は } C(P) \text{ において普遍無後悔的である}.$$

ということが成り立つ. □

9.3. 理想の選好と許容範囲

(証明) まず $x \in uCore(C(P))$ であるとする. すると, 任意の $a \in A$ に対して $a\ uDom\ x$ である. すなわち, 任意の $S \in W$ に対して, ある $i \in S$ が存在して, ある $r \in P_i$ に対して「$a\ p\ x$ ではない」ということが成り立っている. 補題 9.3 より,「$a\ p\ x$ ではない」ということは, $x\ r\ a$ であるということを導くので, 補題 9.1 より, 任意の $r \in uP_i^x$ に対して $x\ r\ a$ が成り立つ. したがって, $a \in \max \hat{r}$ かつ $x \notin \max \hat{r}$ であるような任意の $\hat{r} \in L$ に対して, 普遍仮想許容会議 $C(eP^x)$ において $S_{\hat{r}} \neq S$ である. $S_{\hat{r}} \in W$ は $(S_{\hat{r}})_{\hat{r}} = S_{\hat{r}} \in W$ を意味するので, $S_{\hat{r}} \notin W$ である.

結果として, $a \in \max \hat{r}$ かつ $x \notin \max \hat{r}$ であるような任意の $a \in A$ と任意の $\hat{r} \in L$ に対して, $\hat{r} \notin L_{C(uP^x)}$ である. いいかえると, 任意の $r' \in L$ に対して, もし $r' \in L_{C(uP^x)}$ ならば, $x \in \max r'$ である. 補題 9.5 より, $\max r = \{x\}$ であるような任意の $r \in L$ に対して, 普遍仮想許容会議 $C(uP^x)$ において $N_r = N$ が成り立つ. よって, N と $\max r = \{x\}$ であるような r を考えると, $N \in W$ であり, また $N_r = N$ であり, かつ, 任意の $i \in N$ と任意の $r' \in uP_i^x$ に対して, もし $r' \in L_{C(uP^x)}$ なら, $\max r \subset \max r'$ である. これは $x \in \max \bar{L}_{C(uP^x)}$ を意味し, すなわち, x が $C(P)$ において普遍無後悔的であることを示す.

次に, $x \notin uCore(C(P))$ であると仮定する. このとき, ある $a \in A$ が存在して $a\ uDom\ x$ である. つまり, ある $S \in W$ が存在して, 任意の $i \in S$ に対して, $a\ p\ x$ であるような $r \in P_i$ が存在する. 普遍仮想許容会議の定義より, 任意の $i \in S$ に対して, uP_i^x は $\max \hat{r} = \{a\}$ であるような $\hat{r} \in L$ を要素として持つ. したがって, $S_{\hat{r}} = S \in W$ であり, これは, $\hat{r} \in L_{C(uP^x)}$ を意味する. もし $x \in \max \bar{L}_{C(uP^x)}$ であれば, $x \in \max \bar{r}$ であるような $\bar{r} \in \bar{L}_{C(uP^x)}$ が存在する. この場合, $\bar{S}_{\bar{r}} = \bar{S}$ であり, かつ任意の $j \in \bar{S}$ と任意の $r' \in uP_j^x$ に対して, もし $r' \in L_{C(uP^x)}$ ならば, $\max r \subset \max r'$ であるような $\bar{S} \in W$ が存在する. オリジナルゲーム $G = (N, W)$ が真なので, S と $\bar{S}$ は共通部分を持つ. 特に $k \in S$ なので, 任意の $k \in S \cap \bar{S}$ に対して, ある $\hat{r} \in uP_k^x$ が存在して $\hat{r} \in L_{C(uP^x)}$ である. さらに, $x \notin \max \hat{r} = \{a\}$ なので, $\max \bar{r} \subset \max \hat{r}$ である. これは $\bar{r} \in \bar{L}_{C(uP^x)}$ であるということに反する. したがって, $x \in \max \bar{L}_{C(uP^x)}$ であることを意味し, x は $C(P)$ において普遍無後悔的であることを示す. ∎

上の 2 つの命題の十分条件の証明には，オリジナルゲームが真であることが使われていない．次の例は，必要条件においてはオリジナルゲームが真であることが必要であることを示している．

例 9.10 (オリジナルゲームが真でない場合)

$$N = \{1, 2, 3, 4\}, \quad W = \{S \subset N \mid |S| \geq 2\}, \quad A = \{a, b, c, d\}$$

であるような会議 $C = (N, W, A)$ を考える．さらに，主体の許容範囲 $P = (P_i)_{i \in N}$ を

$$P_1 = \{(a, b, c)\}, \quad P_2 = \{(a, b, c)\}, \quad P_3 = \{(b, c, a)\}, \quad P_4 = \{(b, c, a)\}$$

とすると，許容会議 $C(P)$ を得る．この場合，$eCore(C(P)) = uCore(C(P)) = \emptyset$ である．実際，代替案 a は提携 $\{3, 4\}$ を通じて代替案 b により存在支配かつ普遍支配され，また，代替案 b と代替案 c は提携 $\{1, 2\}$ を通じて代替案 a によって在支配かつ普遍支配される．一方，

$$eP_1^x = uP_1^x = \{r \in L \mid a \in \max r\}$$
$$eP_2^x = uP_2^x = \{r \in L \mid a \in \max r\}$$
$$eP_3^x = uP_3^x = L$$
$$eP_4^x = uP_4^x = L$$

である．したがって，

$$\max \bar{L}_{C(_eP^a)} = \max \bar{L}_{C(_uP^a)} = \{a\}$$

である． □

上の 2 つの命題は，存在コアや普遍コアに入っている代替案が集団意思決定の最終的な選択になれば，どの主体も自分の許容範囲の選択についての (存在的あるいは普遍的) 後悔はしない，ということを示しており，また逆に，もし最終的な選択として選ばれた代替案がどの主体にも許容範囲の選択についての

9.3. 理想の選好と許容範囲

（存在的あるいは普遍的な）後悔を引き起こさなければ，その代替案は存在コアや普遍コアに入っている，ということも示している．

この，存在コアや普遍コアの解釈は意思決定支援の分野で重要である．すなわち，もし最終的な決定を存在コアや普遍コアから選択すれば，各主体の許容範囲の選択についての不満を引き起こすことがない．これにより，主体全体の合意を得られやすくなり，また，決定に対する各主体の不満も少なくなる．

最後に，上の2つの命題を支持する例を見よう．

例 9.11 例 9.6 での許容会議 $C(P)$ を考える．このとき，$\max \bar{L}_{C(_eP^a)} = \{a\}$ であり，かつ $\max \bar{L}_{C(_uP^a)} = \{a\}$ である．また，この場合，$eCore(C(P)) = uCore(C(P)) = \{a\}$ である．また，例 9.6 での許容会議 $C(P')$ を考えると，$\max \bar{L}_{C(_eP'^a)} = \emptyset$ かつ $\max \bar{L}_{C(_uP'^a)} = \{a\}$ である．また，$\max \bar{L}_{C(_uP'^b)} = \{b\}$ である．さらに，$eCore(C(P')) = \emptyset$ であり，$uCore(C(P')) = \{a, b\}$ である． □

参考文献

[1] M. Benjamin and A. Powell, The Use of Metagame Analysis as a Diagostic Technique in Decision Situations: The 1988 U.S.–U.S.S.R. Grain Negotiations, *Information and Decision Technologies* 16 (4) (1990) 361–371.

[2] P. G. Bennett and M. R. Dando, Complex Strategic Analysis: A Hypergame Study of the Fall of France, *Journal of Operational Research Society* 30 (1) 23–32.

[3] P. G. Bennett, Hypergames: Developing a Model of Conflict, *Futures* 12 (1980) 489–507.

[4] P. G. Bennett and M. R. Rando, The Arms Race as a Hypergame, *Futures* August (1982) 293–306.

[5] P. G. Bennett and N. Howard, Rationality, emotion and preference change: drama-theoretic models of choice, *European Journal of Operational Research* 92 (1996) 603–614.

[6] S. J. Brams and F. C. Zagare, Deception in Simple Voting Games, *Social Science Research* 6 (1977) 257–272.

[7] S. J. Brams and P. C. Fishburn, Approval Voting, *The American Political Science Review* 72 (1978) 831-847.

[8] S. J. Brams and P. C. Fishburn, Yes-no Voting, *Social Choice and Welfare* 10 (1993) 35-50.

[9] J. Bryant, Hypermaps: A Representation of Perceptions in Conflicts, *OMEGA* 11 (6) (1983) 575–586.

[10] J. Bryant, All the World's a Stage: Using Drama Theory to Resolve Confrontation, *OR Insight* 10 (4) (1997) 14–21.

[11] Theo Driessen, *Cooperative Games, Solutions, and Applications* (1988), Kluwer Academic Publisher, The Netherlands.

[12] J. Eichberger, *Game Theory for Economists* (1993), Academic Press, Inc., California.

[13] E. Einy, The Desirability Relation of Simple Games, *Mathematical Social Sciences* 10 (1985) 155–168.

[14] N. M. Fraser, M, Wang and K. W. Hipel, Hypergame Theory in Two-Person Conflicts with Application to the Cuban Missile Crisis, *Information and Decision Technologies* 16 (4) (1990) 301–319.

[15] J. W. Friedman, *Game Theory with Applications to Economics* (1986), Oxford University Press, New York.

[16] S. Hart, Classical Cooperative Theory I: Core-Like Concepts, in S. Hart and A. Mas-Colell (Ed.) *Cooperation: Game-Theoretic Approaches*, NATO ASI Series, Series F: Computer and Systems Sciences; Vol.155, 1997, 35–42, Springer, Germany.

[17] S. Hart, Classical Cooperative Theory II: Value-Like Concepts, in S. Hart and A. Mas-Colell (Ed.) *Cooperation: Game-Theoretic Approaches*, NATO ASI Series, Series F: Computer and Systems Sciences; Vol.155, 1997, 43–49, Springer, Germany.

[18] 日名子直崇, ハイパーゲーム的状況での学習における必要情報のタイプと使用方法に関する研究, 平成9年度知能システム科学専攻修士論文 (1998), 東京工業大学.

[19] K. W. Hipel, Decision Technologies for Conflict Analysis, *Information and Decision Technologies* 16 (3) (1990) 185–214.

[20] K. W. Hipel, N. M. Fraser and A. F. Cooper, Conflict Analysis of the Trade in Services Dispute, *Information and Decision Technologies* 16 (4) (1990) 347–360.

[21] K. W. Hipel and N. M. Fraser, Cooperation in Conflict Analysis, *Applied Mathematics and Computation* 43 (2) (1991) 181–206.

[22] K. W. Hipel and D. B. Meister, Conflict Analysis Methodology for Modelling Coalitions in Multilateral Negotiations, *Information and Decision Technologies* 19 (1994) 85–103.

[23] N. Howard, *Paradoxes of Rationality: Theory of Metagames and Political Behavior* (1971), M. I. T. Press, Cambridge, Mass..

[24] N. Howard, The Present and Future of Metagame Analysis, *European Journal of Operational Reserach* 32 (1987) 1–25.

[25] N. Howard, Game-Theoretic Analyses of Love and Hate, *Peace and Change* 13 (1988) 95–117.

[26] N. Howard, 'Soft' Game Theory, *Information and Decision Technologies* 16 (3) (1990) 215–227.

[27] N. Howard, The Role of Emotions in Multi-Organizational Decision-Making, *Journal of Operational Research Society* 44 (6) (1993) 613–623.

[28] N. Howard, P. G. Bennett, J. Bryant and M. Bradley, Manifesto for a Theory of Drama and Irrational Choice, *Journal of Operational Research Society* 44 (1) (1993) 99–103.

[29] N. Howard, Drama Theory and its Relation to Game Theory, *Group Decision and Negotiation* 3 (1994) 187–235.

[30] N. Howard, Negotiation as drama: how 'games' become dramatic, *International Negotiation* 1 (1996) 125–152.

[31] N. Howard, n-person 'Soft' games, *Journal of Operational Research Society* 49 (1998) 144–150.

[32] T. Inohara and B. Nakano, Properties of 'Soft' Games with Mutual Exchange of Inducement Tactics, *Information and Systems Engineering* 1 (2) (1995) 131-148.

[33] T. Inohara, A Formal Theory on Decision Making with Interperception, 平成8年度システム科学専攻博士論文 (1997), 東京工業大学.

[34] T. Inohara, On Consistent Coalitions in Group Decision Making with Flexible Decision Makers, *Applied Mathematics and Computation* 109 (2-3) (2000) 101-119.

[35] T. Inohara, S. Takahashi and B. Nakano, Credibility of Information in 'Soft' Games with Interperception of Emotions, *Applied Mathematics and Computation* 115 (2-3) (2000) 23-41.

[36] T. Inohara, Generalizations of the Concepts of Core of Simple Games and their Characterization in terms of Permission of Voters, *Applied Mathematics and Computation* (印刷中).

[37] 井上圭太郎, 中野文平, 認定投票の拡張とその応用に関する研究, 平成5年度システム科学専攻修士論文 (1994), 東京工業大学.

参考文献

[38] D. B. Meister, K. W. Hipel and M. De, Coalition Formation, *Journal of Scientific and Industrial Research* 51 August-September (1992) 612–625.

[39] 宮本弘之, 許容戦略にもとづいた投票方式の研究, 平成元年度経営工学専攻修士論文 (1990), 東京工業大学.

[40] H. Moulin, *Axioms of Cooperative Decision Making* (1988), Cambridge University Press, Cambridge, England.

[41] J. von Neumann and O. Morgenstern, *Theory of Games and Economic Behavior* 3rd. ed. (1953), Princeton University Press, Princeton, N. J.. 銀林浩, 橋本和美, 宮本敏雄監訳, ゲームの理論と経済行動, 全5冊 (1972-73), 東京図書.

[42] 岡田章, ゲーム理論 (1996), 有斐閣.

[43] 岡田憲夫, キース・W・ハイプル, ニル・M・フレーザー, 福島雅夫, コンフリクトの数理 (1988), 現代数学社.

[44] G. Owen, *Game Theory, 3rd ed.* (1995), Academic Press, Inc., San Diego, California.

[45] B. Peleg, *Game Theoretic Analysis of Voting in Committees* (1984), Cambridge University Press, New York.

[46] J. Rosenhead, *Rational Analisis for a Problematic World: Problem Structuring Methods for Complexity, Uncertainty and Conflict* (1989), John Wiley & Sons Ltd, England.

[47] 齋藤俊樹, 猪原健弘, 中野文平, 集団内の提携関係の協力ゲームによる分析とメタゲームによる分析の比較, 平成10年度知能システム科学専攻修士論文 (1999), 東京工業大学.

[48] 鈴木光男, 新ゲーム理論, 1994, 勁草書房.

[49] V. B. Vilkov, Composition of Games without Side Payments, *Cybernetics* 16 (2) (1980) 303–308.

[50] M. Wang, K. W. Hipel and N. M. Fraser, Modeling Misperceptions in Games, *Behavioral Science* 33 (1988) 207–223.

[51] M. Wang, K. W. Hipel and N. M. Fraser, Solution Concepts in Hypergames, *Applied Mathematics and Computation* 34 (3) (1989) 147–171.

[52] 山嵜輝, 猪原健弘, 中野文平, 投票者の許容範囲とシンプルゲームのコアの関係について, 日本オペレーションズ・リサーチ学会 42 (3) (1999) 286-301.

[53] A. Yamazaki, T. Inohara and B. Nakano, New Interpretation of the Core of Simple Games in terms of Voters' Permission, *Applied Mathematics and Computation* 108 (2-3) (2000) 115-127.

[54] A. Yamazaki, T. Inohara and B. Nakano, Comparability of Coalitions in Committees with Permission of Voters by Using Desirability Relation and Hopefulness Relation, *Applied Mathematics and Computation* 113 (2-3) (2000) 219-234.

[55] A.Yamazaki, T.Inohara and B.Nakano, Symmetry of Simple Games and Permission of Voters, *Applied Mathematics and Computation* 114 (2-3) (2000) 315-327.

おわりに

　私たちの実際の意思決定は理論ほど単純ではない．

　私たちの実際の意思決定は理論ほど厳密ではない．

この2つの主張は，私たちの意思決定をどちらも言い当てているような気がする．
　現実の社会におかれている企業組織に関わる意思決定状況や複雑な国際情勢におかれている国家に関わる意思決定状況を完全に記述して分析し，連続する時間の中で最善の行動を選択し続けることは不可能に近い．その中で，意思決定に関連する要因をできる限り洗い出し，データを集め，分析する．不確実性が高い状況でも，持ち得る情報を駆使して選択肢を評価し，行動選択を行う．単純ではない．一方で私たちは，誕生日のケーキの分配やパーティの費用の分担を，理論が想定するほど厳密には行っていない．ケーキの大きさに少々の狂いがあっても大騒ぎになることは少ない．パーティの間に食べた量や飲んだ量がバラバラでも，同額の支払いに文句を言う人は少ない．しかし，企業や国家に関わる意思決定も，パーティの支払いの意思決定も，行っているのはまぎれもなく私たちである．
　私たちは，ゲーム理論が想定してきたように合理的なのだろうか．いやちがう．囚人のジレンマ的な状況も難なくこなすこともあるではないか．費用の分配も「二等分」で納得する場合も多いではないか．では一体，私たちはどんな意思決定主体なのだろう．
　本書ではこの疑問に「柔軟性」という言葉で切り込んだ．状況によって，他者によって，さまざまに振る舞いが変化する主体を想定したのである．従来のゲーム理論の枠組から始め，さまざまなタイプの柔軟性を持った主体による意思決定がどんな結果を導くかを解説したつもりである．柔軟性のタイプに応じて，展開形ゲームの理論やメタゲーム分析の枠組，ハイパーゲームやソフトゲームといった考え方を紹介した．「協力 - 非協力」という分類にこだわらず，意思決定状況に潜む競争的な側面と協力的な側面を同時に扱うことも行った．特に，特性関数形ゲームで表現された意思決定状況における提携の形成についての分析方

法や，選好間の距離を用いた提携の整合性の概念，そして許容会議の理論での安定な提携の議論がこれにあたる．

著者の個人的な興味に基づいて話題を選択したことで本書の内容に偏りが生じたことは事実である．実際，ゲーム理論についての記述は本当に基礎的なレベルである．しかし，ゲーム理論の優れた教科書が多いこと，意思決定主体の柔軟性や非合理性を数理的に扱った理論を体系的にまとめあげている本が少ないことを考慮すれば，これもご容赦いただけるのではないかと考えている．読者の皆さんが意思決定という分野に対して，特に意思決定主体の柔軟性や非合理的な行動に関する理論に対して少しでも興味を持っていただけたのであれば著者としてこんなにうれしいことはない．

なお，姉妹書である「感情と認識 — 競争と社会の非合理戦略 II」では，意思決定主体の主観，特に感情と認識の側面に基づく非合理性についての理論が紹介されている．こちらも是非ご一読いただきたい．

最後に，本書の出版を快く引き受けてくださった勁草書房編集部の方々，特に宮本詳三氏に深く感謝したい．また，私を支えてくれている家族のみんなにもお礼をいいたい．本当にありがとう．

2001 年 12 月 1 日

猪 原 健 弘

索 引

ア行

圧力, 123
α-整合的提携, 182
安定, 91
安定性分析, 153
安定な選好, 242, 243
安定な代替案, 219, 221, 226, 243
安定な提携, 193, 219, 221, 223, 226

一対一の比較のルール, 9
一般化された会議コア, 242
一般ハイパーゲーム, 110
移動, 90

後ろ向き帰納法, 54

応答関数, 75, 78
脅し, 113
オプション, 87, 151
オリジナルゲーム, 195, 232

カ行

会議, 8, 11, 129, 161, 162, 170, 177, 221, 236
会議のコア, 129, 161, 173, 174, 223, 232, 235, 238
会議の理論, 11, 129
解散, 148
改善, 90
階層, 108
外部情報操作, 190
仮想会議, 224
仮想許容会議, 226, 227, 244
仮想許容範囲, 223, 224, 235
仮想代替案, 224
過半数のルール, 8, 9, 163, 165
加法性, 143
関係の完備性, 172
感情, 15, 102, 111, 115, 262
関数, 33, 131
関数の合成, 111, 117
完全勝利選好, 181
完全勝利提携, 180
完備性, 20, 237

客観, 115

競争の意思決定, 3, 4, 10, 15, 17, 26, 43, 124, 129
共有知識, 102
協力ゲーム, 129, 131
協力ゲーム理論, 3, 11, 129, 131, 147
拒否権者, 166, 173, 175
許容会議, 194, 219, 223, 226, 238, 262
許容会議の理論, 129
許容ゲーム, 195, 226
許容ゲーム理論, 4
許容される選好, 242
許容代替案, 219
許容範囲, 129, 194, 223, 235, 237
距離, 161, 178

空集合, 18
クオータ, 169, 201
繰り返しゲーム, 10, 43, 62
車選びの会議の状況, 8, 162
グローブス・メカニズム, 15, 17, 32

結果, 22, 33, 87, 151
決定関数, 116
決定ノード, 46, 55, 63
原ゲーム, 78
献身, 101
原点ノード, 46

コア, 129, 131
後悔, 223, 232, 235

交換選好, 179
攻撃, 102
貢献度の期待値, 141, 149
合成関数, 111
肯定的, 115
行動, 4, 43, 46, 47
行動とノードの対応, 47
行動の有効性, 85
効率, 193, 216, 218, 221, 223
合理的安定, 97
個人が持っている情報と社会の効率性の矛盾, 61
個人の合理性と社会の効率性の矛盾, 6, 10, 15, 17, 26, 31, 43, 52, 62, 75, 76, 85, 86, 99, 124, 129
コンフリクト解析, 11, 15, 75, 85, 101, 129, 131, 147
コンフリクト状況, 88, 151

サ行

採決, 162
採決のルール, 8, 161, 162, 236
最大の超過の最小化, 143
最適応答関数, 75, 78
三角不等式, 162

支持者, 207
辞書式順序, 146
実行関数, 117

索引

支配関係, 174
支配戦略, 27, 36, 76
支配戦略均衡, 17, 26, 28, 33, 76
社会の意思決定, 3, 8, 10, 129, 131, 132, 147, 161
弱順序, 237
シャプレー値, 129, 131, 138, 141, 142
視野, 53, 56
集合, 17, 131
集合関数, 131
集合の大きさ, 18
集合の分割, 132
囚人1から見たメタゲーム, 80
囚人2から見たメタゲーム, 80
囚人のジレンマの状況, 5, 23, 26, 49, 52, 62, 64, 75, 76, 86, 103, 111
集団意思決定支援, 216
終点ノード, 46, 55, 63
柔軟性, ii, 10, 15, 43, 61, 62, 75, 82, 98, 102, 110, 121, 129, 193, 221, 223, 261
主観, 16, 102, 115, 120, 262
主体, 4, 8, 17, 22, 35, 43, 46, 78, 87, 103, 131, 151, 161, 162, 177, 236
主体の意思決定の順番, 48
主体の列, 109
順序, 20

順列, 141
正直な, 119
情報交換, 111, 129, 161, 162, 193, 221, 223, 235
情報集合, 4, 43, 49, 50, 53, 65
情報集合と行動の対応, 4, 43, 49, 50
情報の完備性, 102
情報の利用, 61, 74
勝利提携, 8, 136, 164, 236
ジレンマ, 123
仁, 129, 131, 138, 143, 145, 149, 153
真なルール, 166, 249
シンプルゲーム, 8, 136, 161, 162, 164
信頼する, 119
信頼性, 114

推移性, 20, 237
推論関数, 117

税金, 36
制限許容ゲーム, 197
整合的な提携, 179
制裁, 86, 91
差集合, 44
積集合, 44
選挙, 8, 11, 129
線形順序, 20, 170, 178, 193
選好, 4, 8, 17, 23, 35, 43, 48, 78, 88, 103, 151, 161, 162, 177

選好の中心, 179
選好ベクトル, 96
戦略, 4, 17, 22, 35, 43, 65, 78, 87, 103, 151
戦略的な情報操作, 33, 183, 188

添え字, 19
ソフトゲーム, 15, 111, 261
ソフトゲーム理論, 4, 102, 111
存在仮想許容会議, 244, 245
存在コア, 239, 242
存在支配関係, 239
存在する, 21
存在無後悔的な代替案, 247

タ行

対称性, 161
対称なルール, 168
代替案, 8, 161, 162, 177, 236
代替案の交換, 178
代替案の無後悔性, 223, 242, 244
妥協, 193, 221
ダミー性, 143
単純ハイパーゲーム, 110

チキンゲームの状況, 7, 25, 26
超過, 144
長期的視点, 43, 62, 73
直積集合, 19, 22

提携, 8, 131, 153
提携形成理論, 4
提携構造, 143, 147, 153
提携構造を考慮した協力ゲーム, 148
提携値, 129, 149, 153
提携の形成, 129, 131, 147, 153, 261
提携の強さ, 161, 162, 171, 193, 205
提携の望ましさ, 193, 212, 213
Desirability Relation, 171, 205, 215
手の内を読む, 75, 82, 85, 86, 98
展開形ゲーム, 4, 15, 43, 44, 52, 64, 86, 101, 261

同一視, 152
独裁者, 166
特性関数, 8, 131, 134, 153
特性関数形ゲーム, 8, 131, 134
匿名性, 143
ドラマ理論, 102, 123

ナ行

内部情報操作, 189
中村数, 173, 175, 176
ナッシュ均衡, 17, 26, 28, 53, 71, 75, 76

任意の, 21
認識, 15, 102, 262
認識された実行関数, 118
認識された推論関数, 118

認識体系, 110
認定投票のルール, 8, 9

ノード, 4, 43, 46
ノード間のつながり, 4, 43, 47
ノードと行動の対応, 4, 43
ノードとプレーヤーの対応, 4, 43

ハ行

ハイパーゲーム, 15, 102, 261
ハイパーゲーム理論, 4, 102
パレート最適, 17, 26, 30, 71, 76
反対称性, 20

非協力ゲーム理論, 3, 10
非合理戦略, i, 10
否定的, 115
非負性, 161
評価, 58
標準形ゲーム, 4, 15, 17, 21, 23, 32, 43, 52, 67, 75, 76, 86, 101, 103
費用関数, 134
費用分配問題, 131, 132

部分集合, 18
部分集合の族, 19, 131
普遍仮想許容会議, 244, 245
普遍コア, 239, 242
普遍支配関係, 239
普遍無後悔的な代替案, 247

プレーヤー, 4

β-整合的提携, 182
平均利得, 69
べき集合, 19, 56, 87, 131, 134

Hopefulness Relation, 213, 215

マ行

ムカデゲームの状況, 15, 43, 45, 52, 62
メカニズム, 15
メタゲーム, 77
メタゲーム均衡, 82
メタゲーム戦略, 77
メタゲームの木, 80
メタゲーム分析, 4, 10, 15, 75, 85, 101, 261

問題認識, 162

ヤ行

約束, 112

唯一存在する, 33
優加法性, 134
有効性, 193, 216, 218, 221, 223
誘導戦略, 112
誘惑, 114

要素, 18, 131

ラ行

理想の選好, 235, 238
利得, 8, 33, 45, 48, 88, 131, 134, 148
利得関数, 70
利得構成, 143, 149
利得分配問題, 137

履歴, 66
連続的安定, 97

ワ行

和集合, 44, 132
割引因子, 69

著者紹介

東京工業大学リベラルアーツ研究教育院 教授，同環境・社会理工学院社会・人間科学系 社会人間科学系コース担当．東京都国立市にある桐朋高校を卒業後，東京工業大学に進学．1992年に東京工業大学理学部数学科を卒業し，同大学大学院 システム科学専攻へと進学，1997年に博士（理学）の学位を受ける．日本学術振興会の特別研究員（PD），東京工業大学大学院 知能システム科学専攻 助手，同大学大学院 価値システム専攻 講師，助教授，准教授，教授を経て，2016年4月より現職．

専門分野は，意思決定理論，社会モデリングと，心理学や法学，経営学，社会学など社会科学の間の境界領域に興味を持ち，さまざまな対象を数理的なモデルを用いて分析している．

主な著書に『感情と認識』（勁草書房，2002年），『合意形成学』（勁草書房，2011年）がある．

合理性と柔軟性　競争と社会の非合理戦略 I

2002年2月15日　第1版第1刷発行
2016年4月20日　第1版第4刷発行

著　者　猪　原　健　弘
発行者　井　村　寿　人

発行所　株式会社　勁　草　書　房
112-0005　東京都文京区水道 2-1-1　振替 00150-2-175253
（編集）電話 03-3815-5277／FAX 03-3814-6968
（営業）電話 03-3814-6861／FAX 03-3814-6854
理想社・松岳社

©INOHARA Takehiro　2002

ISBN978-4-326-50222-6　Printed in Japan

JCOPY 〈(社)出版者著作権管理機構 委託出版物〉
本書の無断複写は著作権法上での例外を除き禁じられています．
複写される場合は，そのつど事前に，(社)出版者著作権管理機構
（電話 03-3513-6969，FAX 03-3513-6979，e-mail: info@jcopy.or.jp）
の許諾を得てください．

＊落丁本・乱丁本はお取替いたします．

http://www.keisoshobo.co.jp

猪原健弘
感情と認識
競争と社会の非合理戦略 II
A5判　2,600 円
50223-3

猪原健弘編著
合意形成学
A5判　2,800 円
30196-6

ジョン・フォン・ノイマン，オスカー・モルゲンシュテルン／武藤滋夫訳
ゲーム理論と経済行動
刊行60周年記念版
A5判　13,000 円
50398-8

中山幹夫
協力ゲームの基礎と応用
A5判　2,800 円
50369-8

中山幹夫・船木由喜彦・武藤滋夫
協力ゲーム理論
A5判　2,800 円
50304-9

今井晴雄・岡田章編著
ゲーム理論の応用
A5判　3,200 円
50268-4

今井晴雄・岡田章編著
ゲーム理論の新展開
A5判　3,100 円
50227-1

I. ギルボア，D. シュマイドラー／浅野貴央・尾山大輔・松井彰彦訳
決め方の科学――事例ベース意思決定理論
A5判　3,200 円
50259-2

R. J. オーマン／丸山徹・立石寛訳
ゲーム論の基礎
A5判　3,300 円
93198-9

――――――――――勁草書房刊

＊表示価格は2016年4月現在，消費税は含まれておりません。